KB126305

한국의 전통명주 ⑤

꽃으로 빚는 가향주 101가지

한국의 전통명주 ⑤

꽃으로 빚는 가향주 101가지

처음 인쇄한 날 : 2009 년 9 월 9 일
처음 발행한 날 : 2009 년 9 월 18 일

지은이 : 박록담, 박승현, 권옥자, 곽성근, 최대식, 박기훈, 최원준, 심유미, 김동식, 김영주, 김희전, 한상숙
펴낸이 : 표도연

펴낸곳 : 코리아쇼케이스

출판등록 : 2003 년 10 월 9 일 (제 6-522 호)
주소 : 121-840 서울시 마포구 서교동 395-99 301 호
대표전화 : 0505-460-1064 / 팩스 : 03030-460-1064
e-mail : pody@dreamwiz.com
공급처 : 일공육사 (전화 : 0505-460-1064)

ISBN 978-89-90981-27-1
ISBN 978-89-90981-20-4(set)

값 40,000 원

한국의 전통명주 ⑤

꽃으로 빚는 가향주 101가지

박록담 — 박승현 — 권옥자 — 곽성근 — 최대식 — 박기훈 — 최원준 — 심유미 — 김동식 — 김영주 — 김희전 — 한상숙 共著

Korea Showcase

꽃으로 빚는 가향주와 그 문화에 미래가 있다

세계적으로 술은 그 종류를 막론하고 기호음료(嗜好飮料)이다. 나라와 민족성, 문화, 종교에 관계없이 성인(成人)에 한하여 마실 수 있는 알코올 음료라는 것이 본의(本義)이다. 하지만 이 술을 단순하고 순수한 기능 그대로 취하기 위해 마시는 사람이 있는가 하면, 술이 갖고 있는 향기를 즐기는 사람도 있고, 사교나 접대를 위해 불가분한 것으로 인식하는 사람도 있으며, 특히 우리나라 사람들처럼 마시는 양과 맛을 중시하는 경향도 있다.

내가 과문(寡聞)한 탓일지는 모르겠으되, 진정한 의미에서 좋은 술, 곧 명주(銘酒)와 바른 음주는 이 세 가지를 다 아우르는 것이라야 할 것이다. 물론, 술이 맑거나 깨끗하거나 붉거나 누르거나 하여 나름의 아름다운 색깔을 간직하고 있고, 마시는 사람에게 시각적인 자극을 주어 맛과 향기를 돋울 수 있으며, 그 맛 또한 달고 시고 떫고 쓰고 매운 다섯 가지 맛에 시원한 맛까지 어우러져 풍부한 맛을 즐길 수 있으면 좋은 술이라고 할 수 있을 것이다. 여기에 더하여 포도, 사과, 배, 딸기 등의 향이나 서양인들이 자랑하는 아로마 향기처럼 좋은 방향(芳香)으로 술을 마시는 사람에게 흥취(興趣)를 줄 수 있고, 특히 주인(酒人)과 대모(大母) 등 술 빚는 이의 지극한 정성이 곁들여져 감흥을 받게 할 수 있으면, 명주로서 더 바랄 게 없다 할 것이다.

어느 나라, 어느 민족이든 명주와 우수한 음주문화를 가꾸어 온 경우, 오랜 양조(釀造)의 역사만큼이나 자국민의 사랑과 긍지를 자랑한다. 프랑스의 와인이나 영국의 위스키, 독일의 맥주, 중국의 고량주가 그렇듯 양조의 한 방법으로서 그 나라의 민족성과 함께 고유의 식생활 문화를 반영하고 있는데, 우리나라도 예외는 아니다.

우리나라는 대략 3천 년의 양조 역사를 자랑하는데, 다른 어떤 나라보다 특별한 양조기술과 고유의 식생활 문화를 고스란히 나타내고 있다. 그 가운데서도 술을 빚는 재료는 우리 민족이 영위해 온 식습관으로서 주식(主食)과 밀접한 관련이 있다는 점이다.

우리나라의 술은 우리 민족이 영위해 온 식생활, 곧 밥의 재료가 되는 쌀을 양조의 주재료로 이용해 왔다는 점에서 다른 어떤 민족의 양조문화와 차별된다고 할 수 있다. 특히 술에 꽃이나 과일, 열매 등 자연 재료가 갖는 여러 가지 향기를 부여한 가향주(佳香酒) 문화는 세계에 자랑할 만하다고 생각된다. 이러한 가향주를 즐기는 민족과 나라는 드물다. 또한 수많은 민족과 나라가 자국의 우수한 양조문화와 역사를 자랑하고 있지만, 사계절의 변화에 맞춰 그때그때 얻어지는 향기 좋은 꽃이나 잎, 과실 껍질을 이용한 다양한 가향주 제조와 풍류가 깃든 음주문화를 가꾸어 온 민족은 거의 없기 때문이다.

따라서 우리나라의 이러한 가향주와 그 문화는 세계에서도 찾아보기 힘든, 우리 민족만의 고유하면서도 차별화된 음주문화라고 할 수 있는데, 한때 불운한 시절을 겪으면서 사라지고 잊혀져 버렸으니 안타까운 일이 아닐 수 없다.

우리 민족이 가향주를 즐기게 된 것은 술을 단순히 기호음료로만 인식하지 않고 일월순천(日月順天)의 계절 변화에 따라 그때그때 얻어지는 자연물을 섭생해 온 고유한 식습관에 기인한다. 즉, 계절 변화에 따라 봄이면 꽃이 피고 여름이면 잎이 무성해지며 가을이면 열매와 뿌리가 성해지는 자연의 섭리를 그대로 술에 끌어들이는 지혜를 발휘해, 이른바 가향주와 약용약주를 빚어 즐겨왔던 것이다.

가향주의 재료 대부분은 겨울의 끝 무렵부터 피기 시작하여 이듬해 늦가을까지 피는 꽃을 사용하는 경우가 많으나, 더러 과일이나 열매의 껍질, 또는 향기가 좋은 약용식물을 사용하기도 한다.

봄이면 진달래며 개나리꽃, 창포를 술에 넣어 그 향기와 봄의 정취를 즐기고,

여름이면 장미나 박하, 맨드라미, 연잎이나 연꽃으로 술을 빚어 더운 여름의 계절 감각을 술에 곁들이기도 하며, 가을이면 국화, 유자나 귤과 같이 향기가 좋은 과일 껍질로 술에 향기를 불어넣어 가을이 깊었음을 알리기도 하였다. 또 함박눈이 펄펄 내리는 엄동설한의 설중매는 그 향기가 뛰어나 반쯤 핀 매화를 술잔에 띄워 마시는 풍류를 즐기는 등, 우리네 조상들은 저마다의 심성을 맑게 정화시키는 고유한 음주문화를 낳기도 하였다.

사실, 술이 기호음료라고는 하지만 마시는 술이 달라지면 이 술에 따르는 음식도 바뀌게 되고, 결국에는 식문화까지도 바뀌게 된다.

우리 필자들이 지난 10여 년간 전통주를 대중화하고, 특히 사라지고 잊혀져만 가는 가향주와 그 문화를 되살리자는 취지의 가양주 문화운동을 전개해 온 배경이 여기에 있다. 세계에서도 찾아보기 힘든 독특한 양조와 음주문화를 가꾸어 왔으면서도, 외국의 양조기술과 음주문화의 답습에 열을 올리고 있는 일부의 맹목적인 행태를 두고 볼 수만 없었기 때문이다.

우리의 양조문화는 지금도 여전히 외국의 양조문화를 답습하고 있고, 양조기술은 선진기술이라고 해서 무비판적으로 베끼기에 급급해 있다. 심지어 전통주 개발이라는 미명하에 일본의 양조기술을 그대로 판박이한 상품들이 주류를 이루고 있고, 특히 민간업계나 단체도 아닌 공공기관이 주도하여 일본의 양조기술을 도입하고 보급하기에 이르렀다는 사실에 놀라고 당황하지 않을 수 없다.

그러기에 우리의 양조 현실은 아직까지도 100년 전 일제 강점기의 참혹한 고통과 시련의 늪에서 벗어나지 못하고 있다고 말할 수밖에 없으며, 어쩌면 우리 스스로 그 울타리 안에서 안주하고자 하는지도 모른다는 생각을 떨칠 수가 없다. 그렇지 않고서야 우리의 역사와 전통문화, 오랜 생활양식에 의한 고유의 양조방식과 전승 가양주, 나름의 비법으로 개발한 전통주의 제조 허가나 면허를 얻기가 왜 이렇게나 힘들겠는가! 〈주세법〉이란 것이 어떻게 된 법이고 어느 나라 법이기에 우리 방식이 아닌, 일본식 양조방법이나 개량식이라야만 면허를 받을 수 있는지, 더구나 획일적인 공정에 의한 방법이 아니면 나름의 비법이나 특성을 살린 양조기법으로는 왜 면허를 내줄 수 없는지, 현재의 주세법을 도무지 이해할 수가 없기 때문이다.

주지하다시피 프랑스의 와인, 영국의 위스키, 중국의 백주, 일본의 사케 등 세계적으로 인정받고 있는 명주들은 제조공정의 표준화를 비롯하여 생산설비의 자동화는 말할 것도 없고, 한결같이 우리나라의 주류에 비해 품질과 기술이 앞서 있는 것은 분명하다. 그렇다고 해서 프랑스의 포도주나 독일의 맥주, 영국의 위스키가 우리나라처럼 획일적인 공정과 공식에 의해 생산되고 있다고는 볼 수 없다.

과문한 탓일지는 모르겠으나, 제조공정의 표준화를 비롯하여 생산설비의 자동화가 우리네처럼 획일적인 공정과 제조방식을 의미하는 것은 아닐 것이기 때문이다. 아니 어쩌면 훨씬 더 자율과 다양성을 바탕으로 한 제조공정의 표준화를 비롯하여 생산설비의 자동화로 이어지고, 종내에는 다양한 양조기술의 개발과 생산을 보장해 주고 있어 세계화에 성공했다고 들었다. 그런데 우리는 전통주의 세계화를 외치면서도 제조공정의 표준화를 마치 일본주 제조공정이나 프랑스 와인 제조공정의 틀에 맞춰야만 하는, 그것이 산업화 또는 세계화의 길인 양 천편일률적인 공정의 답습으로 인식하려 드는지 모르겠다.

물론 그렇다고 해서 프랑스의 포도주나 영국의 위스키, 일본의 사케가 한국인에게도 안성맞춤처럼 체질이나 기호에 이르기까지 적합한 술인지는 알 수 없다. 우리의 식생활은 그 기저에 김치를 비롯한 장류와 젓갈류 등 발효음식이 중심을 이루고 있고, 이러한 발효식품에 길들여져 있는 우리나라 사람들의 발달

되고 복잡한 혀끝과 입맛을 사로잡을 수 있는 다른 나라의 그 어떤 술도 발효식품도 없다. 그럼에도 불구하고 특히 선진국의 양조기법을 무비판적으로 도입하고 있는 일부의 과정과 방법에 대해서는 많은 우려를 갖게 된다. 우리 술의 정체성에 대한 혼란만 초래하기 때문이다.

우리나라와 같은 문화권인 일본과 중국의 양조기법은 본디 한 가지이긴 하지만, 술의 맛과 향기 등 주질에 따른 분명한 차이는 다름 아닌 누룩[麯子]에 있고, 이 누룩에서만이 우리나라 술의 정체성을 확보할 수 있다는 생각이다.

삼국이 다 같이 누룩[麯子, 麴子, 麴]을 사용한다는 점에 있어서는 공통점을 찾을 수 있지만, 중국은 국자(麴子)라고 하여, 소맥, 대맥, 완두콩, 노란 콩, 쌀, 쌀겨 등의 곡물로 만들어 석 달 가량 저장해 두면 발효가 되어 누룩이 된다. 더러 약초를 사용하기도 하며, 크기에 따라 대국(大麴) · 소국(小麴)으로 나뉘고, 밀기울로 만든 부국(腐麴)이 사용된다.

중국의 누룩은 우리나라와 비교했을 때 누룩곰팡이와 효모균, 젖산균 등 자연균을 배양한 누룩을 당화와 발효제로 사용한다는 점에서 공통점이 있는 반면, 만드는 방법과 형태에서 차이가 있다. 특히 우리나라는 누룩을 국자(麴子) 또는 국(麴)이라고 하지 않고, 곡자(麯子) 또는 곡(麯)이라고 하여 원형 또는 정방형 형태로 납작하게 압착, 성형한 누룩을 채택하고 있다는 점에서 일본의 누룩과는 차별된다. 또한 일본의 누룩은 찐쌀에 배양한 누룩곰팡이균을 접종하여 만든 코지(Kojji, 粒麴)를 가리키는데, 당화제 역할에 그치는 낱알 형태의 산국(散麴)으로, 병곡(餠麯) 형태의 우리나라와 중국의 누룩[麴]과는 분명한 차이가 있다.

따라서 각국의 양조방식은 누룩 제조에 따른 균주의 선택과 배양방식, 형태에 따라 천차만별의 균주와 발효방식을 유지, 발전시켜왔다고 할 수 있으므로,

쌀 한 가지만으로 양조를 하더라도 이에 따른 술의 맛과 향기, 빛깔까지도 달라질 수밖에 없다. 또한 이러한 양조방식에 따라 주질과 기호, 음주 습관은 나라마다 독특한 문화적 양상을 띨 수밖에 없는 것이다.

그런데도 간편과 편의 위주의 사고방식, 조급증에 사로잡힌 나머지 우리의 양조 경향은 일본주와 프랑스 와인의 카피에 급급해 있어, 오랜 양조역사와 지혜롭고 훌륭한 문화유산을 물려준 조상들에게 그저 부끄럽고 죄송할 뿐이며, 우리의 후손들에게는 죄를 짓고 있다는 생각을 떨칠 수가 없다.

더불어 일본식 양조의 범람과 국적 불명의 주류, 누룩 냄새, 식품 첨가물과 향신료에 의존하고 있는 현대의 양조방식으로 하여 전통주의 정체성은 물론 그 위상이 땅에 떨어져 있는 지금, 우리는 무엇으로 어떤 방법으로 전통주의 세계화를 계획하고 있는지 묻고 싶다. 그리고 그것이 일본주의 카피와 식품 첨가물에 의존하고 있는 현대의 양조방식이 아니기를, 또한 외국의 음주문화를 답습하는 형태의 세계화가 아니기를 빌 뿐이다.

한 가지 예를 들자면, 복분자주는 우리나라의 특산주라고 할 수 있겠는데, 이 복분자주를 외국의 와인 양조 패턴에 맞추려는 노력을 기울이고 있는 것으로 안다. 복분자 자체가 열매이긴 하지만 과실이 아닌데도, 색깔이나 맛이 유사하다고 하여 포도주 공정이나 맛에 접근시키려는 의도로 프랑스 포도주 효모를 들여오고, 그 공정을 동일화시키려는 시도가 그것이다.

복분자주는 별도의 복분자주로 분류하고 고유의 제조공정을 확보한 후 이를 차별화시켜 한국의 술—복분자주로 만들어야만 한다는 것이 우리들의 견해이다. 그렇지 않고서는 복분자주가 와인이 될 수도 없거니와, 와인을 흉내 낸 복분자주로는 절대 세계화를 도모할 수가 없기 때문이다.

마찬가지로, 국내의 일본식 양조의 범람은 결국 일본주(사케)와 유사한 맛의 주류 생산으로 이어질 것이고, 일본주와 유사한 주류가 횡행할수록 우리나라 술의 산업화 · 세계화는 우리의 의도와는 달리, 일본주에 대한 명성과 인지도를 드높여 줄 뿐이라는 우려를 떨칠 수가 없다.

따라서 우리 고유의 음주문화를 되살리고, 특히 기능성이 강조되는 현대의 약용약주 중심의 양조 경향과 음주습관에서 차별화된 양조문화와 가향주 중심의 음주문화를 선도하고자 〈꽃으로 빚는 가향주 101가지〉라는 한 권의 저서를 세상에 내놓는다.

필자들의 이러한 노력은 어쩌면 요원하게 여겨질지도 모를 일이다. 하지만 전통주의 세계화를 위해서라도 우리는 더욱 적극적인 전략을 세우고 이를 추진할 필요가 있다고 판단하기에, '꽃으로 빚는 가향주와 그 문화에 미래가 있다'고 방안을 제시한다.

가향주에는 우리네 조상들이 저마다의 심성을 맑게 정화시키는 등 세계 어느 민족에서도 찾아 볼 수 없는 우리 민족만의 풍류가 깃들어 있으며, 우리의 고유한 가향주와 그 문화는 세계와 견주어도 우수한 관광 상품이 될 수 있다는 확신을 갖기 때문이다.

끝으로, 이 땅에서는 결코 밥이 안 될지도 모르는 〈한국의 전통명주 5 — 꽃으로 빚는 가향주 101가지〉의 출판을 맡아주신 코리아 쇼케이스 표도연 사장님께 감사드리고, 원고의 교정과 사진 정리, 재현 작업 등 과정 과정의 힘든 일을 특히 믿음으로 함께해 준 이정재, 곽귀순, 최윤식 등 여러 회원들과 특히 김수진 양에게 감사와 위로의 뜻을 전한다.

2009년 9월

지은이

차례

제2부 연꽃 핀 누정에 올라 속세를 잊다 / 135

제3부 흥취 깊은 산음과 풍류 깃든 술 / 219

제1부

꽃바람에 취하고 술에 취하고

개나리꽃술

〈개발주〉

우리나라 특산인 꽃 중에서 봄철의 대표적인 꽃나무가 개나리이다. 이른 봄이면 잎보다 먼저 진노랑색의 화려한 개나리꽃을 볼 수 있는데, 꽃이 아름답고 화려하며 내한(耐寒)·내음(耐陰)은 물론이고 공해에도 강할 뿐만 아니라 척박한 땅에서도 활력이 좋아 함경도를 제외한 전국에 분포한다. 생장 속도가 빠르고 보기가 좋아 정원수보다는 울타리 대용이나 가로 조경용으로 많이 심고 가꾼다.

개나리는 한 뿌리에서 여러 개의 줄기가 나오고 줄기 아래로부터 가늘고 긴 가지가 많이 나며, 가지 끝은 아래로 처져서 마치 덤불 형상을 이루는 것을 볼 수 있다. 이러한 개나리꽃은 황홀하다 싶을 정도로 눈부시게 아름다워서 개나리가 군락을 이루어 피어 있는 곳은 주변이 환해지는 것을 볼 수 있다.

4월이면 잎이 나기 전에 지난 해 난 가지의 곁눈에서 1개 또는 3개의 밝은 진노랑색의 꽃이 피어나는데, 꽃받침은 녹색의 통형이고 털이 없다. 꽃잎은 길이 1.5 ~ 2.5센티미터 정도의 크기로 통을 이루는데 끝이 4개로 갈라져 마치 나리꽃 형태와 비슷한 것을 볼 수 있다. 노란 화통 중심의 암술이 있고 화통에 수술이 달려 있는데, 꽃의 화려함과는 달리 향기는 아주 엷어 특별한 매력을 못 느끼는 경우가 있다. 개나리꽃은 지방에 따라 어리자나무 또는 어라리나무 라고도 하고, 더러 어사리, 신리화라고 하는데, 서양에서는 황금종(Golden bel)이라고 한다. 한방과 민간에서는 그 열매를 연요 또는 연교(連翹)라고 하여 종창을 비롯하여 임질과 통경·이뇨·치질·결핵·만성 부스럼·옴 해독에 다른 약재와 함께 이용해 왔음을 알 수 있다.

개나리꽃은 꿀이나 설탕에 재워 차로도 즐기면 색깔과 향기가 좋은데, 쌀과 누룩, 개나리꽃을 함께 넣고 빚은 술은 엷은 황금색을 띠며, 술향기 또한 아름답다. 여성들의 혈행개선에 좋은 것으로 알려지고 있으며, 이뇨효과도 좋아 피부가 고와진다고 한다. 남성들에게는 소변이 원활해져 강장효과를 볼 수 있으며 해독작용도

재료배합 비율로 생각할 때 쌀 양보다 물 양이 50%를 넘는 경우에는 꽃을 담은 자루가 위로 떠올라 오염을 초래할 수가 있으므로, 자루 안에 무거운 돌멩이를 함께 넣으면 좋다.

한다고 알려져 있다.

술을 빚기 위해서는 개나리꽃만을 채취하는데, 면장갑을 끼고 개나리 줄기를 잡고 거꾸로 훑어가면 단시간에 많은 양의 꽃을 딸 수가 있다. 이때 줄기를 한 번에 끝까지 훑어내지 말고 한 번에 10 또는 20센티미터 길이로 훑고, 다시 이어서 훑어내야 꽃이 뭉개지지 않는다. 꽃은 소쿠리나 자배기에 담고 물을 흘려가면서 먼지나 이물질 등을 씻어내, 새 물로 한 번 갈아 준 다음 조리로 꽃송이만을 건져서 탈수기를 이용하여 물기를 제거한다. 따뜻한 구들에 펼쳐서 가능한 짧은 시간에 건조시키면 꽃 모양도 살아나고 색깔도 곱다.

술을 빚을 때는 꽃을 베로 만든 자루나 주머니에 넣고 주둥이를 묶어서 술밑보다 먼저 안치거나 술밑 속에 쑤셔 박고, 그 술밑을 덮어서 발효시킨다. 재료배합 비율로 생각할 때 쌀 양보다 물 양이 50%를 넘는 경우에는 꽃을 담은 자루가 위로 떠올라 오염을 초래할 수가 있으므로, 자루 안에 무거운 돌멩이를 함께 넣으면 좋다.

꽃을 많이 넣으면 발효가 나빠져 그 맛이 시큼해지고, 발효가 잘 이루어진다 해도 종내에는 산화가 빨라지므로 양을 적게 사용하도록 하고, 술이 익으면 즉시 채주하여 병입한 후 숙성시키는 것이 술맛과 향기가 좋다.

개나리꽃술〈개발주〉

술 재료

멥쌀 8㎏, 누룩 1㎏, 개나리꽃 6g(말린 것), 물 6ℓ

술 빚는 법

1. 멥쌀을 물에 깨끗이 씻어 하룻밤 불린 뒤, 건져서 시루에 안쳐 고두밥을 짓는다.
2. 고두밥을 고루 펼쳐서 차게 식힌다.
3. 고두밥에 누룩가루와 물을 섞고, 고루 버무려 술밑을 빚는다.
4. 개나리꽃을 무거운 돌멩이와 함께 삼베자루에 싸서 술독에 쑤셔 넣는다.
5. 술밑을 술독에 담아 안친 뒤, 예의 방법대로 하여 21일 정도 발효시키면, 향기와 맛이 좋은 개나리꽃술이 된다.

* 이와 같은 방법으로 다른 꽃을 이용한 가향주를 빚을 수 있다.

도화주(桃花酒)

〈산림경제〉

도화주는 계절주이자 가향주(加香酒)이다. 복숭아를 한자로 도(桃)라고 하므로, 도화(桃花)는 복숭아꽃을 가리키고, 도화주는 이 복숭아꽃으로 빚는 술이다. 복숭아꽃이 봄철에 피므로 도화주는 봄철의 술(季節酒)이요, 꽃에 그윽한 향기가 있으니 아름다운 향기를 간직한 술[加香酒]이자 가향주(佳香酒)임에 틀림없다.

이 도화주는 언제부터 빚어졌는지는 정확히 알 수 없다. 다만 고려시대 때부터 빚어졌던 술로 알려지고 있으나 기록을 확인할 방법은 없다. 이보다 훨씬 후대인 조선시대 문헌으로 〈고사촬요〉를 비롯하여 〈산림경제〉, 〈증보산림경제〉, 〈임원경제지〉, 〈김승지댁 주방문〉, 〈부녀필지〉 등에 수록되어 있는 것으로 미루어, 우리나라의 전통주가 가양주로 뿌리 내리게 된 시기인 조선조 중기의 대표적인 계절주의 하나로 자리매김해왔을 것으로 추측하고 있다.

〈산림경제〉지의 도화주는 〈규곤시의방〉, 〈고려대규합총서〉, 〈규합총서〉, 〈부녀필지〉의 도화주보다는 그 맛과 향에서 뛰어나지만 〈고사촬요〉나 〈양주방〉의 도화주에는 주질이 떨어진다. 술 빚는 법을 보면, 멥쌀가루에 끓는 물을 부어 범벅을 만든 뒤, 누룩가루와 밀가루를 섞어 밑술을 빚고, 한 달가량 발효시킨 후에 3월이 되어 복숭아꽃이 필 때 덧술을 한다. 덧술은 찹쌀과 멥쌀을 같은 양으로 하여 고두밥을 짓고 물과 밑술을 합하여 빚는다. 술독에 복숭아꽃을 먼저 안치고 이어 술덧을 안치는데, 맨 위에 복숭아꽃 가지 두어 개를 꺾어다 꽂아 두고 밀봉하여 발효시키는 방법으로, 운치 있는 방문(方文)을 보여주고 있다.

본 방문에서 유념해 볼 점은 흐르는 물을 양조용수로 사용한다는 것과 밀가루를 첨가한다는 것이 여느 술 빚기와 다른 점이다. 여기서 흐르는 물은 비교적 경도가 높은 경수로서, 가향재로 사용되는 복숭아꽃의 향기를 드높이기 위한 방법이랄 수 있으며, 밀가루는 부재료(복숭아꽃)의 사용으로 인한 불순물이나 부유물의 제거를 위한 과학적인 접근을 엿볼 수 있다.

“ 향기를 최대한 살리고 맛있게 마시려면 가능한 서늘한 곳에서 발효시키고, 숙성 중 술덧이 가라앉은 후 곧바로 채주해야 한다. ”

복숭아꽃을 채취할 때에는 꽃이 피는 시기를 맞춰 아침에 따는 것이 좋다. 아침 무렵에는 꽃에 생기가 넘치고 꽃봉오리를 터트리기 시작하는 때이기 때문이다. 이 때부터 꽃을 따는데 꽃봉오리가 터진 것부터 따기 시작하면 시간이 지날수록 반쯤 벌어져 계속해서 싱싱한 꽃을 채취할 수 있어 좋다.

꽃송이 외 잔유물이 붙어있지 않도록 하고, 가능한 곧바로 흐르는 물에 먼지나 흙, 부유물을 제거하고 건조시키도록 하면 좋다. 건조는 반드시 그늘지고 바람이 잘 통하는 곳에서 실시하고, 시간이 없을 경우에는 따뜻한 구들방이나 전기장판 위에 탈수시킨 상태로 건조시켜 사용하는데, 술 빚기 바로 전에 어레미에 한 번 쳐내면 꽃받침이나 꽃잎에 붙어있던 잔유물을 제거할 수 있다.

건조시킨 꽃은 예의 방문대로 따르고 생화를 사용할 경우, 선풍기 바람을 이용해서라도 물기를 완전히 제거한 후에 사용하여야 실패가 없다. 꽃잎에 수분이 남게 되면 오염균의 침입 또는 증식을 초래하게 되고, 술이 숙성되어도 잡맛이 남는 등 결코 좋은 맛과 향을 기대하기가 어렵다. 또 향기를 최대한 살리고 맛있게 마시려면 가능한 서늘한 곳에서 발효시키고, 숙성 중 술덧이 가라앉은 후 곧바로 채주해야 한다는 것이다. 이는 가향주일수록 숙성이 요구되긴 하나, 숙성 전에 탁주나 막걸리로 걸러 마시면 단맛이 남아 있어 더욱 좋다.

도화주〈산림경제〉

술 재료

밑술 : 멥쌀 16kg, 누룩 500g, 밀가루 500g, 흐르는 물 36ℓ

덧술 : 멥쌀 24kg, 찹쌀 24kg, 복숭아꽃 140~150g, 흐르는 물 63ℓ, 복숭아꽃 가지 2~3개

밑술 빚는 법

1. 정월에 멥쌀을 백세작말한다.
2. 흐르는 물을 팔팔 끓여 쌀가루에 붓고, 고루 섞은 뒤 차게 식힌다.
3. 범벅에 누룩가루와 밀가루를 섞고, 고루 치대어 술밑을 빚는다.
4. 술독에 술밑을 담아 안치고, 예의 방법대로 하여 찬 곳에 이불로 싸서 둔다.

덧술 빚는 법

1. 복숭아꽃이 필 때가 되면 멥쌀과 찹쌀 각 24kg을 백세한 뒤, 하룻밤 불린 다음 고두밥을 짓는다.
2. 흐르는 물을 팔팔 끓인 뒤, 차게 식힌 다음 고두밥에 섞는다.
3. 고두밥을 고루 펼쳐 차게 식힌 다음, 밑술과 고루 버무려 술밑을 빚는다.
4. 복숭아꽃을 따서 술독에 맨 먼저 안치고, 그 위에 술밑을 담아 안친다.
5. 술독 맨 위에 복숭아꽃 두어 가지를 꺾어 꽂아 둔 다음 예의 방법대로 하여 한 달가량 발효시킨다.

도화주(桃花酒)

〈고사촬요〉

예나 이제나 번민의 속세를 떠나 천연 그대로의 자연에 파묻혀 살고 싶다는 꿈을 가져보지 않은 사람이 없을 것이다. 소위 신선들이 모여 산다고 하는 무릉도원(武陵桃源)의 세계 말이다. 무릉도원이란 말 그대로 복숭아꽃이 흐드러지게 피어 있는 화원을 가리키며, 이 꽃동산에 묻혀 산다는 뜻이니 비록 현실적으로 불가능하다고 할지라도 꿈만은 버리지 말 일이다.

어쩌다 남도길에 복숭아 농원에서 아낙들이 가지치기나 수정하는 작업 광경, 곧 가지마다 만발한 꽃들을 따버리는 모습을 볼 양이면 가슴이 아팠다. 그래서 이때가 되면 어김없이 한번쯤 빚게 되는 것이 도화주였다. 그러나 이제는 꽃을 구하기도 어려울 뿐만 아니라, 복숭아꽃은 손이 많이 가는 까닭에 점차 뒷전으로 밀려나게 되는 술 가운데 하나여서 개인적으로도 안타깝기 그지없다.

'도화주(桃花酒)'란 매화에 뒤이어 피는 복숭아꽃을 '도화(桃花)'라고 한 데서 술 이름을 얻었으며, '벽도화주(碧桃花酒)' '백화주(百花酒)'라고도 부른다.

복숭아꽃은 담홍색꽃(紅桃花)과 흰색꽃(白桃花)이 주류를 이룬다. 더러 '바래복사'라고 하여 붉은 빛이 도는 흰꽃과 '만첩홍도'라고 하는 붉은 빛의 꽃이 있는데, 만첩홍도는 백도화보다 꽃잎이 더 많다. 어느 꽃이나 다 사용할 수 있으며, 계곡이나 들녘에 피는 개복숭아꽃의 향기가 더 좋다. 도화주는 다른 꽃에 비해 많이 넣어도 무방하다.

“ 도화주는 물을 적게 쓸수록 그 맛과 향이 좋아지는 술로, 옛날에는 주막에서 시절주로 시인들과 여행객들에게 인기가 높았으나 지금은 사라진 술이 되고 말았다. ”

따라서 도화주는 복숭아꽃이 필 때 빚는 계절주이면서, 복숭아꽃이 피는 봄의 정취를 한껏 느낄 수 있는 가향주로서, 이 도화주를 즐기는 날은 무릉도원의 신선들이 사는 세계가 이상향만은 아니라는 생각이 든다.

도화주는 개성 지방에서 즐겨 빚어 마셨다고 전해지고 있는데, 〈고사촬요〉를 비롯하여 〈산림경제〉, 〈증보산림경제〉, 〈부인필지〉, 〈동국세시기〉, 〈임원십육지〉, 〈김승지댁 주방문〉 등 여러 문헌에 수록되어 있으면서도 그 어떤 문헌에서도 개성 지방의 토속주였다는 기록을 찾아 볼 수가 없는 데다, 문헌마다 재료나 방법이 조금씩 다르긴 하나 기본적인 술 빚는 법은 같은 점에서 아마도 선비들 사이에서 계절주로 즐겼던 술이었을 것이란 생각을 하기에 이른다.

정월에 먼저 밑술(술밑)을 만들어 두었다가, 복숭아꽃이 피면 꽃과 꽃 가지를 꺾어다 덧술과 함께 넣어 빚어 마시는데, 서늘한 곳에 두고 익히는 까닭에 길게는 3~4개월이 걸리는 장기발효주라는 사실과 함께, 봄철에 빚는 술이긴 하지만 실제로는 초여름에 마시는 술이라는 것이다.

이로써 복숭아꽃이 피는 봄철에 빚고 더워지기 시작하는 여름철에 즐기면서 가는 봄을 노래하던 옛 시인들의 정취와 풍류를 짐작케 해준다고 하겠다.

이러한 도화주는 물을 적게 쓸수록 그 맛과 향이 좋아지는 술로, 옛날에는 주막에서 시절주(時節酒)로 시인들과 여행객들에게 인기가 높았으나 지금은 사라진 술이 되고 말았다.

〈고사촬요〉와 〈양주방〉의 주방문을 근거로 재현했던 도화주는 그 빛깔이 매우 맑고 투명하며 은은한 방향이 코를 찌르는 명주(銘酒)로서, 봄철 가향주의 참맛을 즐기기에 충분하다고 할 수 있다.

도화주〈고사촬요〉

술 재료

밑술 : 멥쌀 19kg, 누룩 500g, 밀가루 500g, 흐르는 물 9ℓ

덧술 : 멥쌀 24kg, 찹쌀 24kg, 복숭아꽃 140g, 흐르는 물 5.4~7.2ℓ, 복숭아꽃 가지 2개

밑술 빚는 법

1. 정월에 멥쌀을 백세작말한다.
2. 흐르는 물 9ℓ를 팔팔 끓여 쌀가루에 붓고, 고루 섞어 범벅을 만든 뒤 차게 식힌다.
3. 범벅에 누룩가루와 밀가루를 섞고, 고루 치대어 술밑을 빚는다.
4. 술독에 술밑을 담아 안치고, 예의 방법대로 하여 찬 곳에 이불로 싸서 둔다.

덧술 빚는 법

1. 복숭아꽃이 필 때가 되면 멥쌀과 찹쌀 각 24kg을 백세한 뒤, 하룻밤 불린 다음 고두밥을 짓는다.
2. 흐르는 물을 팔팔 끓인 뒤, 차게 식혀 고두밥에 섞는다.
3. 고두밥을 고루 펼쳐 차게 식힌 다음, 밑술과 고루 버무려 술밑을 빚는다.
4. 복숭아꽃 400g을 따서 술독에 맨 먼저 안치고, 그 위에 술밑을 담아 안친다.
5. 술독 맨 뒤에 복숭아꽃 두어 가지를 꺾어 꽂아 둔 다음, 예의 방법대로 하여 발효시킨다.

* 이 방법으로 하면 맛이 좋다고 하였다. 이 술은 항상 싸늘한 곳에 두어 익기를 기다려야 하며, 익는 데는 3~4개월이 걸리고, 봄철 시절주로 술집에서 팔기도 하였다.

桃花酒〈부녀필지〉

술 재료

밑술 : 멥쌀 20㎏, 누룩 500g, 진말(밀가루) 500g, 물 22.5ℓ

덧술 : 멥쌀 24㎏, 찹쌀 24㎏, 도화 150g, 물 54ℓ, 복숭아꽃 3~4가지

밑술 빚는 법

1. 정월에 멥쌀을 물에 깨끗이 씻어 작말한다.
2. 솥에 물을 붓고 쌀가루를 넣어 끓여서 죽을 쑨 뒤 차게 식힌다.
3. 죽에 누룩과, 진말을 섞어 고루 버무려 술밑을 빚은 뒤, 술독에 담아 안친다.
4. 술독은 예의 방법대로 하여 서늘한 곳에 두어 복숭아꽃이 필 때까지 발효시킨다.

덧술 빚는 법

1. 복숭아꽃이 필 때 한두 되 가량의 꽃을 채취하여 깨끗이 씻어 둔다.
2. 멥쌀과 찹쌀 각 24㎏을 물에 깨끗이 씻어 불린 후, 함께 고두밥을 짓고 고루 펼쳐 차게 식힌다.
3. 물을 팔팔 끓여서 차게 식힌 후에 고두밥과 섞고, 재차 밑술을 섞어 함께 버무려 술밑을 빚는다.
4. 술독에 복숭아꽃을 먼저 깔고 그 위에 술덧을 담아 안치고, 맨 위에 복숭아꽃 서너 가지를 꽂아 둔다.
5. 술독은 예의 방법대로 하여 2~3개월 발효시켜, 술이 익으면 채주하여 마신다.

* '양을 줄이려면 비율대로 줄이되, 물 1되는 1사발로 한다.'고 기록되어 있다.
* 술이 숙성되면 가능한 빨리 청주를 떠서 보관하고, 나머지도 탁주로 걸러 보관해두고 마시는 것이 좋다.

도화주〈고려대규합총서〉

술 재료

밑술 : 멥쌀 20㎏, 누룩가루 500g, 밀가루 500g, 물 45ℓ
덧술 : 찹쌀·멥쌀 각 24㎏, 물 108ℓ, 복사꽃 140~150g, 꽃가지 3~4개

밑술 빚는 법

1. 정월에 좋은 날을 받아 멥쌀을 백세작말한다.
2. 물을 솥에 붓고 팔팔 끓인 뒤, 쌀가루에 골고루 나누어 붓고 주걱으로 고루 저어 범벅(죽)을 쑤어 익힌다.
3. 범벅이 익었으면 넓은 그릇에 나눠 담고 얼음같이 차게 식힌다.
4. 범벅에 누룩가루와 밀가루를 섞고, 고루 치대어 술밑을 빚는다.
5. 술밑을 소독하여 준비한 술독에 담아 안치고, 예의 방법대로 하여 복사꽃이 필 때까지 발효시킨다.

덧술 빚는 법

1. 멥쌀과 찹쌀 각 24㎏을 백세한 후 물에 하룻밤 불렸다가, 다음 날 씻어 헹구고 소쿠리에 받쳐 물기를 뺀다.
2. 활짝 핀 복사꽃을 따고, 꽃가지 3~4개를 꺾어서 물에 헹군 후, 물기를 빼서 바람이 통하는 곳에 널어서 물기 없이 건조시킨다.
3. 멥쌀과 찹쌀을 물 올린 시루에 한데 안쳐서 고두밥을 짓는다.
4. 멥쌀 고두밥에 물을 팔팔 끓여 한데 합하고, 싸늘하게 식힌다.
5. 물에 불려둔 고두밥과 밑술을 합하고, 고루 버무려 술밑을 빚는다.
6. 소독하여 마련해 둔 술독에 복사꽃을 먼저 안치고, 그 위에 술밑을 담아 안친다.
7. 술독 한가운데에 복사꽃 가지 3~4개를 꽂아 놓은 후, 예의 방법대로 하여 서늘한 곳에서 발효시킨다.

도화주〈규합총서〉

술 재료

밑술 : 멥쌀 16㎏, 누룩가루 500g, 밀가루 500g, 물 45ℓ

덧술 : 멥쌀 24㎏, 찹쌀 24㎏, 복사꽃 140~150g, 물 72ℓ, 꽃가지 3~4개

밑술 빚는 법

1. 정월에 좋은 쌀을 백세작말한다.
2. 솥에 물을 끓여 쌀가루에 붓고 주걱으로 골고루 개어 범벅을 짓는다.
3. 범벅을 얼음같이 차게 식힌 다음, 좋은 누룩가루와 밀가루를 섞어 고루 버무려 술밑을 빚는다.
4. 술독에 술밑을 담아 안치고, 예의 방법대로 하여 3월 첫 해일까지 발효시킨다.

2

3

4

덧술 빚는 법

1. 3월이 되어 복사꽃이 흐드러지게 피거든 꽃을 송이째 채취하여, 흐르는 물에 살짝 씻어 그늘지고 서늘한 곳에 널어 물기 없이 말린다.
2. 3월 첫 해일 하루 전에 멥쌀과 찹쌀 각 24㎏을 백세하여 하룻밤 불렸다가 건져서 물기를 뺀다.
3. 멥쌀과 찹쌀 각각 시루에 안치고 무르게 고두밥을 짓는다.
4. 물을 팔팔 끓여 쪄 낸 고두밥에 섞고, 찬 곳에 재워두어 차게 식기를 기다린다.
5. 고두밥이 식었으면 복사꽃을 먼저 소독하여 마련한 술독 밑에 넣어 안친다.
6. 밑술에 고두밥을 버무려 술밑을 빚은 후, 술독에 담아 안친다.
7. 복사꽃 가지 서넛을 그 가운데 꽂아두고, 예의 방법대로 하여 서늘한 곳에 앉혀두고 발효시킨다.

* 기록에 '원 방문이 이러하나 적게 하려면, 이 방문을 가지고 쌀과 누룩, 물을 대중하여 하고 찬 데 두어 익히라.'고 하였다.

복사꽃술〈양주방〉

술 재료

밑술 : 멥쌀 2.4㎏, 누룩가루 500g, 끓인 물 5.4ℓ

덧술 : 멥쌀 8㎏, 복사꽃 말린 것 3g

밑술 빚는 법

1. 멥쌀을 백세작말한다.
2. 물을 팔팔 끓여 쌀가루에 붓고 개어서 범벅을 만든 뒤, 넓은 그릇에 펴서 차게 식힌다.
3. 쌀 범벅에 누룩가루를 섞고, 고루 버무려 술밑을 빚는다.
4. 술밑을 술독에 담아 안치고, 예의 방법대로 하여 3일간 발효시킨다.

2 3 4 4

덧술 빚는 법

1. 멥쌀을 백세하여 고두밥을 짓고, 고루 펼쳐서 차게 식힌다.
2. 고두밥에 복사꽃 말린 것을 섞는다.
3. 밑술을 고두밥에 쏟아 붓고, 고루 버무려 술밑을 빚는다.
4. 술밑을 술독에 담아 안치고, 예의 방법대로 하여 발효시켜 술이 익는 대로 떠서 마신다.

2 3 4

* 숙성된 술을 독에 오래 두면 맛이 변할 수 있으므로, 떠서 보관해 두었다 마시고, 술덧을 걸러서 탁주로 마시면 좋다.

도화주

〈주찬〉

〈주찬〉의 도화주는 여느 문헌에 수록되어 있는 도화주 제조방법과 비교하여 별반 다를 것이 없다. 주재료나 그 배합비율, 실질적인 제조과정에 있어서도 특별한 차이가 없어, 마치 약속이나 한 듯 동일한 방문을 수록하고 있다는 사실이 오히려 의문을 낳게 한다.

〈주찬〉 이외의 다른 문헌, 곧 술과 관련하여 자주 언급되는 〈규곤시의방〉, 〈수운잡방〉, 〈산림경제〉, 〈고사촬요〉의 방문과 비교해 보면, 공히 밑술의 재료 배합비율에서 약간씩 차이가 있을 뿐이고, 덧술은 거의 모든 문헌에서 동일한 재료 배합비율은 지키고 있음을 볼 수 있기 때문이다. 따라서 도화주의 방문만은 이례적이라고 할 만큼 '매우 정형(定型)을 유지하고 있다'는 사실을 어떻게 이해해야 옳을지 모르겠다.

방문을 보면, 밑술의 비율은 쌀 두 말 닷 되에 가루누룩 한 되, 밀가루 한 되, 물 두 말 닷 되이다. 밑술은 이와 같은 재료 배합비율과 함께 발효제인 누룩과 밀가루를 사용한다는 점에서 밑술의 발효기간을 고려해 보아야 한다.

덧술은 찹쌀 세 말과 멥쌀 세 말, 끓는 물 다섯 말에 두견화 서너 되로, 찹쌀과 멥쌀이 함께 사용되므로, 이들 쌀의 호화도가 동일하게 되도록 증자에 유의해야 할 것이다. 또한 끓는 물을 고두밥에 부어 무른 밥을 만들 때도 찹쌀과 멥쌀의 호화도가 다르다는 사실을 염두에 두고 작업에 임해야만 한다.

> **도화주와 같은 가향주의 방문에는 범벅이라 하여 쌀가루를 끓는 물에 개어 익히는 방법이 이용되는데, 쌀가루가 절반은 익고 절반은 날것 그대로인 소위 반생반숙 상태가 된다.**

이 같은 문제를 극복하기 위해 생각해 볼 방법이라면 멥쌀을 찔 때에 찹쌀보다 살수량을 늘리거나, 아니면 멥쌀에만 끓는 물을 부어 진밥을 만드는 것이다.

다만, 멥쌀에만 끓는 물을 붓고자 할 때에는 멥쌀이나 찹쌀의 살수량을 동일하게 해야 한다.

이 도화주 방문은 다음에 소개할 두견주와 다를 바 없다. 재료 배합비율과 부재료인 꽃의 종류만 다를 뿐 제조기간이나 술 빚는 방법도 동일하다. 이러한 사실로 미루어 한 방문이라는 사실을 짐작할 수 있다.

따라서 이 방문에서 주의해서 볼 것은, '왜 도화주는 밑술 빚는 방법을 한결같이 범벅으로 하는 것이냐?' 하는 궁금증이다. 그렇지 않고서는 도화주를 빚는 이유도, 술빚기에 따른 공부도 아무런 의미가 없다 할 것이다.

그간 수 차례 언급했던 바와 같이 도화주와 같은 가향주의 방문에는 범벅이라 하여 쌀가루를 끓는 물에 개어 익히는 방법이 이용되는데, 이렇게 되면 쌀가루가 여느 방법과 같이 완전히 호화되지 않은, 즉 쌀가루가 절반은 익고 절반은 날것 그대로인 소위 반생반숙(半生半熟) 상태가 된다.

이와 같은 방법은 좀더 발효력이 뛰어난 효모를 육성할 수 있다는 점에서, 가향재로 인한 발효부진이나 이상발효를 극복할 수 있다는 결론에 이른다. 눈에 보이지 않는 미생물을 다룰 줄 알았던 우리 조상들의 지혜가 여기까지 미친 데에 놀라지 않을 수 없다.

도화주〈주찬〉

술재료

밑술 : 멥쌀 10㎏, 찹쌀 10㎏, 누룩가루 500g, 밀가루 500g, 물 45ℓ

덧술 : 멥쌀 24㎏, 찹쌀 24㎏, 탕수 108ℓ, 도화 120g

밑술 빚는 법

1. 정월 첫 해일(亥日)에 찹쌀과 멥쌀을 합한 2말 5되를 백세작말하여 넓은 그릇에 담아 둔다.
2. 물 2말 5되를 팔팔 끓여 쌀가루에 붓고, 주걱으로 휘저어 범벅같이 개서 차게 식힌다.
3. 죽에 가루누룩과 밀가루를 합하고, 고루 치대어 술밑을 빚는다.
4. 술독에 술밑을 담아 안치고, 예의 방법대로 하여 차고 서늘한 곳에 한달 보름가량 발효시킨다.

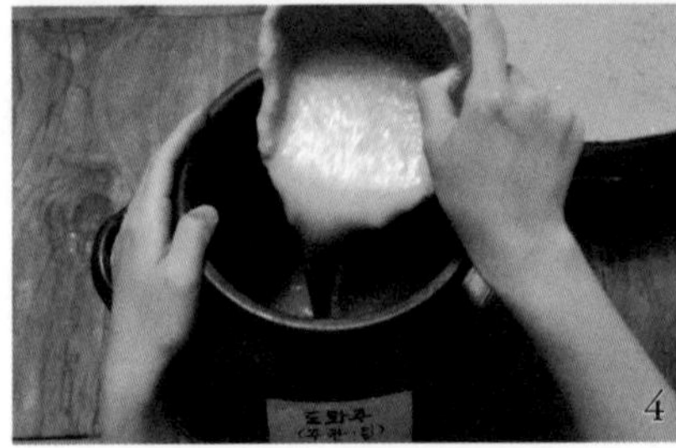

덧술 빚는 법

1. 도화가 필 때 찹쌀과 멥쌀을 백세하여 무른 고두밥을 짓는다.
2. 물을 팔팔 끓여 갓 쪄낸 고두밥에 붓고, 고루 저어서 식기를 기다린다.
3. 고두밥에 밑술을 합하고, 고루 치대어 술밑을 빚는다.
4. 도화를 따다 물에 깨끗이 씻어 물기를 제거한다.
5. 술독에 꽃잎을 먼저 두툼하게 깔고 술밑을 안치는데, 나머지 꽃잎을 켜켜이 안치고, 맨 위에 꽃잎을 많이 덮어준다.
6. 술독은 단단히 봉해 두고, 예의 방법대로 하여 발효시킨다.

벽도화주(碧桃花酒)

〈개발주〉

봄 기운이 완연해지는 4월 초순부터 한 달 동안은 전국 어디에서나 부끄럼을 많이 타는 시골 소녀 같은 복숭아꽃을 볼 수가 있다.

전통적으로 복숭아나무는 집안에 들이지 않는 풍속이 있어, 꼭 과수원이 아니라도 야산이나 밭둑, 하천 가에서도 흔하게 볼 수가 있는데, '복숭아나무는 양기가 강한 나무로서 집안에 심으면 아녀자들이 동하여 바람이 난다'는 속설 때문이다. 이 때문에 술을 빚을 때 동쪽으로 뻗은 복숭아나무 가지—동도지(東桃枝)—로 술밑을 저어주면 부정 타지 않고 술이 잘된다고 하여 동도지를 이용하거나 복숭아나무 가지를 술독에 꽂아두라고 하는 기록을 찾아볼 수가 있다.

복숭아는 홍도와 백도로 나누는데 꽃은 다 같이 야릇한 느낌을 주는 진분홍색을 띤다. 그래서 복숭아꽃을 홍도화라고 하는데, 같은 복숭아꽃이라도 유달리 꽃빛깔이 흰색을 띠는 경우, 이를 벽도화(碧桃花)라고 부른다. 이때의 '벽(碧)'을 자전적으로 해석하면 푸르다는 뜻이나, 그만큼 희다는 뜻으로 이해해야 한다.

벽도화는 홍도화보다 향이 떨어지는 것이 단점이나, 꽃잎이 낱낱으로 잘 떨어지지 않는 장점이 있어 홍도화에 비해 채취와 술 빚기에 좋다.

복숭아꽃을 채취하기 좋은 때는 아침이다. 아침 무렵에는 대부분의 꽃에 생기가 넘치고 해를 따라 꽃봉오리를 터트리기 때문이다. 따라서 아침부터 꽃을 따는

> 채취한 꽃은 꽃송이 외 잔유물이나 꽃 기둥이 붙어 있지 않도록 제거하고, 가능한 곧바로 흐르는 물에 씻어서 먼지나 흙 등 부유물을 제거하고 건조시키도록 하면 좋다.
> 벽도화는 홍도화에 비해 색깔이 옅기 때문에 형광등 불빛 아래에서도 건조 과정에서 탈색이 되는 경향이 짙기 때문이다.

데, 꽃봉오리가 터진 것부터 따기 시작하면 시간이 지날수록 반쯤 봉오리 상태에 있던 꽃도 개화하게 되므로, 계속해서 싱싱하면서도 반개한 향이 좋은 꽃을 채취할 수 있다. 꽃은 송이째 반만 피는 것으로 골라 따는 것이 좋다. 활짝 핀 꽃은 건조나 갈무리하는 과정에서 꽃잎이 낱장으로 떨어져버리므로 좋지 못하고, 술을 빚었을 때도 술이 지저분해지는 경우가 많고, 향기도 떨어지기 때문이다.

재배용 과수가 아닌, 하천가나 야산의 복숭아나무라면 가지 하나에 꽃이 많이 붙은 경우 가지 안쪽에서부터 끝으로 훑어내는 방법도 동원해볼 필요가 있다. 채취한 꽃은 꽃송이 외 잔유물이나 꽃 기둥이 붙어 있지 않도록 제거하고, 가능한 곧바로 흐르는 물에 씻어서 먼지나 흙 등 부유물을 제거하고 건조시키도록 하면 좋다. 건조는 반드시 바람이 잘 통하고 그늘진 곳에서 실시하고, 시간이 없을 경우에는 탈수시킨 상태로 따뜻한 구들방에 건조시켜 사용한다. 이때에도 면보나 검은색 천으로 위를 덮어두면 색깔이 바래는 것을 막는다. 벽도화는 홍도화에 비해 색깔이 옅기 때문에 형광등 불빛 아래에서도 건조 과정에서 탈색이 되는 경향이 짙기 때문이다.

생화를 사용하여 술을 빚고자 할 경우 물기를 완전히 제거한 후에 사용하고, 누룩 양을 늘려주어야 실패가 없다. 꽃잎 속에 함유되어 있는 수분으로 말미암아 술이 변질될 가능성이 많고, 세척 과정에서 남은 물기는 오염균의 침입을 유도하는 결과가 되므로, 결코 안전한 발효를 도모할 수가 없다.

벽도화주〈개발주〉

술 재료

밑술 : 멥쌀 2㎏, 밀가루 500g, 누룩가루 1㎏, 끓는 물 9ℓ

덧술 : 찹쌀 20㎏, 벽도화 5~6g, 누룩 500g, 탕수 18ℓ

밑술 빚는 법

1. 멥쌀을 백세작말하여 넓은 그릇에 담아 놓는다.
2. 끓는 물을 부으면서 고루 개어 범벅을 만든 다음 차게 식힌다.
3. 누룩가루와 밀가루를 차게 식힌 범벅에 넣고, 고루 섞어 술밑을 빚는다.
3. 준비한 술독에 술밑을 담아 안친 뒤, 예의 방법대로 하여 7~9일간 발효시킨다.

덧술 빚는 법

1. 찹쌀 20㎏을 물에 깨끗이 씻은 뒤, 하룻밤 재웠다가 건져서 고두밥을 짓는다.
2. 물을 팔팔 끓인 뒤 차게 식히고, 고두밥도 무르게 푹 익었으면 차게 식혀 둔다.
3. 밑술과 고두밥, 누룩, 식혀 둔 물을 고루 섞고 치대어 술밑을 빚는다.
4. 마련해 둔 흰 복숭아꽃을 준비한 술독 안 맨 밑에 안치고, 그 위에 술밑을 안친다.
5. 꽃이 달린 복숭아나무 가지를 준비하여 술을 안친 술독 한가운데에 꽂아 둔다.
6. 술독은 비교적 서늘한 곳에서 발효시키고, 익는 대로 떠서 마신다.

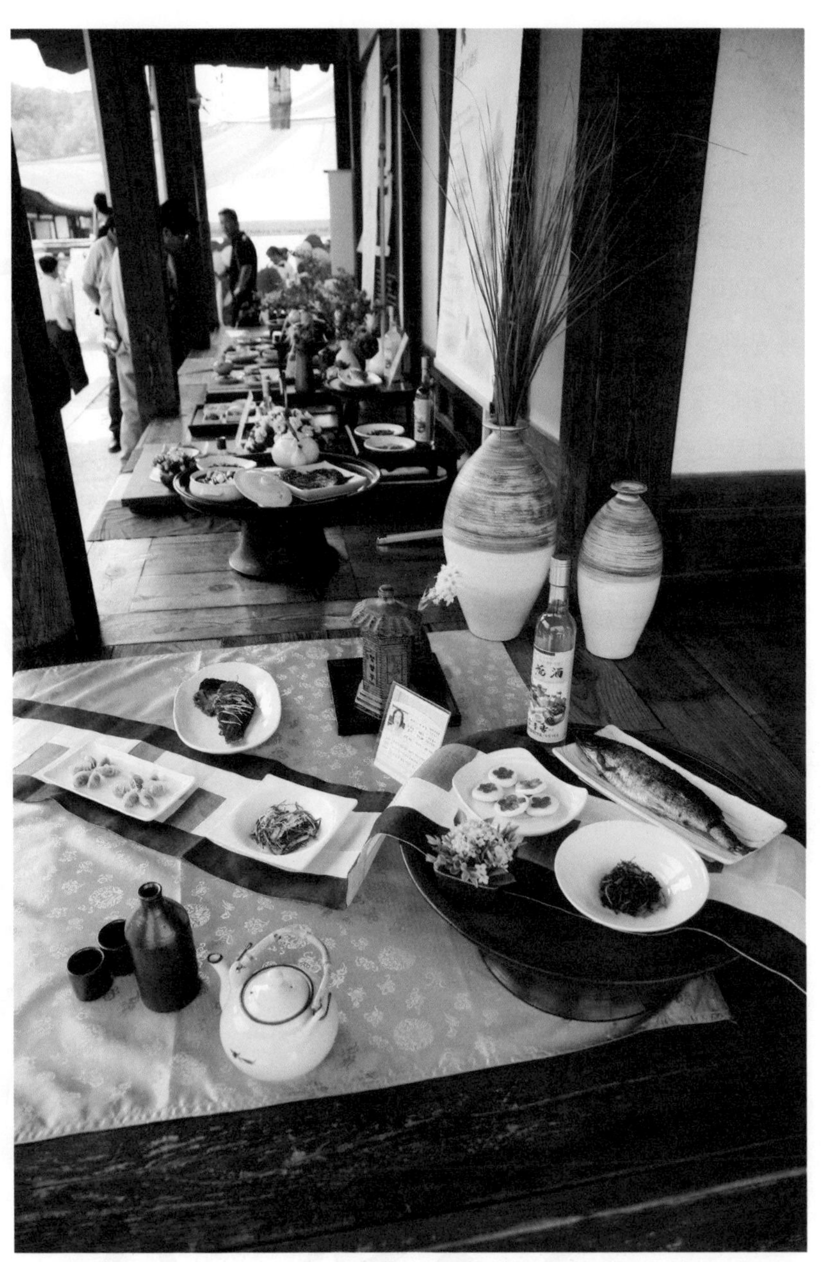
花酒

두견주(杜鵑酒)

〈고려대규합총서〉

〈고려대규합총서〉의 두견주는 〈음식방문〉, 〈양주법〉, 〈규합총서〉, 〈부녀필지〉에 수록된 두견주와 비교했을 때 재료 양에서 차이가 있을 뿐, 방문이 거의 일치한다. 〈고려대규합총서〉의 기록을 살펴보면, 특히 〈규합총서〉나 〈간본 규합총서〉 등 다른 문헌의 두견주 방문과 거의 다름없다는 것을 알 수 있는데, '희게 쓴 멥쌀 두 말 가웃을 정히 씻어 가루 만들고, 물을 소쿠라지게 끓이되, 쌀 가루를 소래기에 담고 고루고루 끓는 물을 퍼 부어 주걱으로 개어 한데 놓아 하룻밤 재워 밑까지 손 넣어 얼음같이 차게 식힌다. 좋은 가루 누룩을 수없이 이슬 맞혀 바래어 빛이 뽀얗도록 하여 깁체에 되었다가 고루 버무린다. 항아리를 깨끗이 우렸다가 벼 담지 않은 빈 섬으로 옷 입히고 속에는 짚불을 살러 항아리를 짚불 붙은 위에 엎어 항아리 속에 짚내 자욱할 재 일으켜 불티는 정한 행주로 낱낱이 훔쳐내고 연기 있는 대로 술밑을 넣어 단단히 싸매어 불기운 · 햇볕 다 안 비취는 곳에 두어라. 삼월에 진달래가 막 흐드러지게 필제 희게 쓿은 멥쌀 서 말 · 찹쌀 서 말을 씻고 씻어 맑은 물에 담갔다가 두 가지 지에에 쌀을 건져 다시 맑은 물에 헤워 건진다. 물을 예순 그릇을 쌀 수대로 되어 놓고 메밥에는 흠뻑 물을 주어 무릇하게(슬지게) 밥을 뻐 없이 찌라. 찰밥은 한 말에 물 한두 되나 뿌려 주어 꽤 쪄서 곧 헤쳐 식히라. 메밥은 소래기에 퍼 덮어 놓고 지에에 주고 남은 물을 모두 다

> 현대의 과학적인 설비와 양조 기술, 선별된 우수한 효모 등에 의해 제조 생산된 주품들이 구전과 대물림, 오랜 세월 체득한 경험과 솜씨로 빚어낸 술의 맛이나 향기를 따라가지 못한다는 사실을 감안할 때, 발효 미생물도 모른 채 답습적으로 빚어 온 가양주라고 해서 언제까지 이렇게 외면할 것인가.

폭폭 소쿠라지게 끓였다가 또 메밥 소래기에 물을 두세 박이나 퍼 헤쳐 덮어 두라. 고루고루 헤쳐 식히되, 손을 두루 넣어 보아 꽤 서늘하고 차도록 식혀 더운 기가 조금도 없은 뒤에 술밑을 내어 메밥과 찰밥을 각각 그릇에 버무리라.'고 하여 그 방법에 있어 매우 복잡하고 까다롭기 그지없다.

이와 같은 여러 두견주 방문은 무엇보다 사용코자 하는 재료의 가공 방법과 술의 이상 발효나 산패를 방지하고자 애쓴 노력의 과정으로 이해하면 좋을 것이다. 즉 재료의 양이나 배합 비율이 중요한 것이 아니라, 특히 부재료의 채택과 관련하여 같은 주재료라고 할지라도 쌀의 가공 방법을 달리함으로써, 얻고자 하는 술의 향기나 약효를 어떻게 극대화시킬 것인가에 골몰했으며, 이에 대한 답을 구할 수 있는 기초 자료가 여러 옛 문헌에 수록된 두견주를 비롯하여 가향주들이라는 것이다.

그리고 여기서 절대 간과할 수 없는 한 가지 사실은, 덧술에 두 가지 쌀을 함께 사용하고 멥쌀을 가공하는 방법이 다른 주품들과 다르다는 것이다. 이는 덧술의 발효와 밀접한 관련이 있으며, 이와 같은 방문의 주품들이 비교적 단맛이 적어 독하게 느껴진다는 사실로써, 이 또한 부재료의 사용 목적과 연계하여 생각해야 한다. 그러니 술 빚는 일이 어찌 쉽다고 할 것이며, 그 목적과 술 빚는 방법을 별도의 것으로 생각할 수 있으랴. 평생을 두고 공부를 해도 옛 선조들의 오랜 경험에 의한 지혜와 솜씨에는 이르지 못할 것이라는 생각을 떨칠 수 없다.

또한 현대의 과학적인 설비와 양조 기술, 선별된 우수한 효모 등에 의해 제조 생산된 주품들이 수 없이 많지만, 과거 우리 어머니들에 의해 구전과 대물림, 오랜 세월 체득한 경험과 솜씨로 빚어낸 술의 맛이나 향기를 따라가지 못한다는 사실을 감안할 때, 위의 예에서 보듯 지극히 과학적이고 위생적이며, 발효 미생물도 모른 채 답습적으로 빚어 온 가양주라고 해서 언제까지 이렇게 외면할 것인가.

두견주〈고려대규합총서〉

술 재료

밑술 : 멥쌀 20㎏, 누룩가루 650g, 밀가루 350g, 물 45ℓ

덧술 : 찹쌀 · 멥쌀 각 24㎏, 물 54ℓ, 진달래꽃 120g

밑술 빚는 법

1. 정월 첫 해일에 멥쌀을 백세작말하여 넓은 그릇에 담아 놓는다.
2. 솥에 쪽박을 띄우고 물을 끓이되 소쿠라지게 끓인다.
3. 쌀가루에 끓는 물을 골고루 붓고, 주걱으로 개어서 범벅(죽)같이 갠 다음, 넓은 그릇에 나누어 하룻밤 재워 얼음같이 차게 식힌다.
4. 가루누룩을 몇 날 며칠 법제하여 깁체에 내려서 650g을 마련한다.
5. 범벅에 가루누룩과 밀가루를 합하고, 고루 버무려 술밑을 빚는다.
6. 술독을 물에 우려 씻어 건조시켰다가 짚불로 소독한 뒤, 그을음을 깨끗하고 마른 행주로 닦아내고, 술밑을 담아 안친다.
7. 술독은 단단히 싸매고 빈 섶으로 옷을 입힌다.
8. 술독은 불기운이나 햇볕이 들지 않는 곳에 두고, 3월에 진달래가 필 때까지 발효시킨다.

덧술 빚는 법

1. 삼월에 진달래가 막 흐드러지게 필 때 산에 가서 꽃을 따서 꽃술을 제거하고, 흐르는 물에 헹궈서 물기를 제거한 다음 그늘에서 말린다.
2. 멥쌀과 찹쌀을 각각 백세하여 불렸다가 새 물에 헹궈서 물기를 뺀다.
3. 쌀 계량한 그릇으로 물을 계량하여 그릇에 담아 놓는다.
4. 쌀을 각각 시루에 안쳐 고두밥을 짓는데, 메밥에는 물을 흠씬 주어 무르게 찌고, 찹쌀은 물을 한두 그릇 정도 뿌려서 무르게 찐다.
5. 각각의 고두밥을 자배기에 담고, 쓰고 남은 물은 팔팔 끓여서 두세 바가지를 메밥에 부어준 다음, 주걱으로 헤쳐 차게 식힌다.
6. 고두밥이 끓는 물을 다 먹고 차게 식었으면 밑술을 나누어 각각 버무리고, 밑술이 부족하면 식혀 두었던 물을 타서 버무린다.
7. 술독에 메밥 한 켜, 찰밥 한 켜, 진달래 한 켜씩 켜켜로 안친 후, 맨 위에 메밥을 한 켜 안친다.
8. 물을 한 사발쯤 남겼다가 그릇을 씻어 나중에 술독에 죄다 쏟아 붓는다.
9. 술독은 예의 방법대로 하여 보름이나 세이레 동안 발효시켜, 술덧이 내려앉았으면 위를 헤쳐보아 개미(밥알)와 꽃이 잔뜩 떠올랐을 것이니, 채주하여 오지병에 담아 가라앉혀서 마신다.

두견주〈규합총서〉

술 재료

밑술 : 멥쌀 20㎏, 누룩가루 650g, 밀가루 150g, 끓는 물 36ℓ

덧술 : 멥쌀 24㎏, 찹쌀 24㎏, 두견화 120g, 끓인 물 108ℓ

밑술 빚는 법

1. 멥쌀을 백세작말하여 끓는 물 18ℓ와 함께 섞어 범벅처럼 갠 다음, 하룻밤 재워 차게 식힌다.
2. 누룩은 생사로 된 깁체에 쳐서 내린, 고운 가루누룩 650g을 이슬을 맞혀 뽀얗게 바랜 것으로 준비한다.
3. 가루누룩을 밀가루와 함께 범벅에 넣고, 고루 버무려 술밑을 빚는다.
4. 술밑을 술독에 담아 안치고, 한지로 밀봉하여 예의 방법대로 36일(12일)간 발효시킨다.

덧술 빚는 법

1. 멥쌀과 찹쌀 각 24kg을 각각 물에 깨끗이 씻어 건져서 시루에 안쳐 고두밥을 짓는다.
2. 멥쌀 고두밥과 찹쌀 고두밥을 각각 고루 펼쳐서 차게 식힌다.
3. 쌀과 같은 양(부피)의 물을 끓여 차게 식혀 놓는다.
4. 밑술을 동량으로 나누어 각각 메밥과 찰밥 한 켜, 진달래 꽃잎 한 켜씩 켜켜로 담아 안친 다음, 메밥을 맨 위에 덮는다.
5. 차게 식혀 둔 물을 술덧 위에 부어주고, 예의 방법대로 하여 14~21일간 발효시킨다.

* 진달래꽃은 활짝 핀 것을 따서 꽃술을 따내고, 흐르는 물에 한번 씻은 후, 그늘지고 서늘한 곳에서 음건하여 보관해 두고 쓴다.
* 술밑을 안친 독은 화기(火氣)와 양기(陽氣)가 없는 곳에 두어 발효시킨다. 꽃을 너무 많이 넣으면 술이 붉어진다.

두견주〈酒方文〉

술 재료

밑술 : 멥쌀 20㎏, 물 45ℓ, 누룩가루 2.5㎏, 진말(밀가루) 2㎏

덧술 : 찹쌀 24㎏, 멥쌀 24㎏, 두견화 100~120g, 물 108ℓ

밑술 빚는 법

1. 정월에 멥쌀을 백세작말한다.
2. 쌀되로 되를 물을 정량한 다음 팔팔 끓인다.
3. 쌀가루를 소래기에 담고 끓인 물을 부어 주걱으로 개어 죽(범벅)을 만든 다음, 차게 식힌다.
4. 쌀죽에 누룩가루와 진말을 넣고, 주걱으로 고루 저어서 버무린 뒤 술독에 담아 안친다.
5. 술독은 예의 방법대로 30~40일간 발효시킨다.

덧술 빚는 법

1. 찹쌀과 멥쌀 각 24㎏을 매우 깨끗하게 씻어 하룻밤 불렸다가 고두밥을 짓는다.
2. 시루에 쌀을 안치는데, 멥쌀을 먼저 안치고 찹쌀을 나중에 안친다.
3. 밥이 익으면 찰밥을 펴서 식히고, 멥쌀밥은 물을 뿌려서 한김 더 올린 후, 펴놓는다.
4. 물을 팔팔 끓인 다음 그중 36ℓ를 붓고, 물이 밥에 다 잦아들면 펼쳐서 차게 식히고 남은 물도 차게 식혀 둔다.
5. 진달래꽃은 꽃술을 제거한 다음, 정히 씻어둔다.
6. 끓여서 식힌 물 서너 바가지를 밑술에 붓고, 풀어서 메밥을 먼저 버무리고, 찰밥은 나중에 버무린다.
7. 술독에 술덧 한 켜, 꽃잎 한 켜씩 켜켜로 안치는데, 나중에 비벼둔 찰밥을 먼저 안치고 나서 꽃잎을 안치며, 다음에 메밥을 안친다.
8. 앞서와 같은 방법으로 술밑을 안치되, 메밥 한 바가지를 남겨두었다가 맨 위에 담아 덮어둔다.
9. 술독은 단단히 밀봉하고 예의 방법대로 하여 햇볕이 안 드는 곳에 앉혀 한 삭(30일) 만에 술덧 위를 걷어내고 채주한다.

* 술밑이 괸 후에는 넘기가 쉬우니, 큰 술독에 담는 것이 좋다.

두견주〈*양주방〉

술 재료

밑술 : 멥쌀 20㎏, 누룩가루 1㎏, 진가루 500g, 끓는 물 40ℓ(20ℓ)

덧술 : 멥쌀 20㎏, 찹쌀 20㎏, 두견화 5g(말린 것), 끓는 물 90ℓ(45ℓ)

밑술 빚는 법

1. 두견화가 피기 20일 전에 멥쌀을 백세하여 하룻밤 물에 담가 불렸다가 건져서 작말한다.
2. 물을 솥에 끓여 쌀가루에 붓되 한 그릇씩 떠서 붓고, 개어서 끓으면 두 세 그릇 붓고, 끓으면 또 넣는 방법으로 하여 범벅을 갠다.
3. 범벅을 두세 그릇으로 나누어 펴서 차게 식힌다.
4. 이튿날 차게 식힌 범벅에 누룩가루와 진가루를 넣고, 고루 버무려 술밑을 빚는다.
5. 술독에 술밑을 담아 안치고, 예의 방법대로 하여 서늘한 곳에서 20여일 발효시킨다.

덧술 빚는 법

1. 활짝 핀 두견화를 꽃잎만 채취하여 꽃술을 제거하고 음지에서 건조시킨 다음, 소독하여 마련한 큰 술독에 넣는다.
2. 멥쌀과 찹쌀을 각각 백세하여 하룻밤 물에 담갔다가, 각각 씻어 헹군 후, 시루에 안쳐 찌되, 물을 주지 말고 익혀서 넓은 그릇에 펴 담는다.
3. 솥에 물을 팔팔 끓여서 각각의 고두밥에 나누어 붓고, 고루 펼쳐서 차게 식힌다.
4. 고두밥이 식었으면 밑술을 나누어 붓고, 고루 버무려 술밑을 빚는다.
5. 술독에 술밑을 담아 안치고, 예의 방법대로 하여 발효시켜 익는 대로 채주한다.

* 술을 빚을 때 날물기를 일절 금한다.
* 〈*양주방〉은 지금까지 알려진 1800년대 전라도 지방의 토속주를 기록한 방문인 〈양주방〉과 다른 문헌이라는 점에서 앞에 *를 붙였다.

두견주〈간본 규합총서〉

술 재료

밑술 : 멥쌀 16㎏, 누룩가루 650g, 밀가루 350g, 끓는 물 18ℓ

덧술 : 멥쌀 24㎏, 찹쌀 24㎏, 두견화 5g, 끓인 물 54ℓ

밑술 빚는 법

1. 정월 첫 해일에 멥쌀을 백세작말한다.
2. 쌀 된 그릇으로 물을 솟구치게 끓여 쌀가루에 붓고, 주걱으로 범벅처럼 갠 다음, 하룻밤 재워 밑까지 얼음같이 차게 식힌다.
3. 생사로 된 깁체에 내린 가루누룩 650g을 법제하여 준비한다.
4. 범벅에 가루누룩과 밀가루를 넣고, 고루 버무려 술밑을 빚는다.
5. 짚불 연기로 소독한 술독에 술밑을 담아 안치고, 단단히 밀봉하여 화기와 양기가 없는 곳에 두어 진달래가 필 때까지(36일간) 발효시킨다.

덧술 빚는 법

1. 멥쌀과 찹쌀 각 24㎏을 각각 백세하여 물에 불렸다가(하룻밤) 새 물에 깨끗이 헹궈서 시루에 안쳐 고두밥을 짓는다.
2. 쌀과 같은 양(부피)의 물을 받아 두었다가, 메밥에는 물을 실컷 주어 뼈 없이 찌고, 찰밥에는 물을 9~10.8ℓ정도 뿌려서 무르게 찐다.
3. 고두밥에 뿌리고 남은 물을 솟구치게 끓여서, 메밥을 퍼두었던 그릇에 두세 바가지나 퍼부어 덮어둔다.
4. 찰밥이 익었으면 재빨리 퍼서 고루 펼쳐서 차게 식힌다.
5. 멥쌀 고두밥이 물을 다 빨아들였으면, 돗자리에 고루 펼쳐서 식힌다.
6. 밑술을 동량으로 나누어 각각 메밥과 찰밥을 버무리되, 밑술이 적고 밥이 많아 버무리기 어렵거든, 끓여두었던 물을 한 바가지(사발)만 남기고 술밑에 타서 술밑을 빚는다.
7. 메밥과 찰밥을 각각 한 켜씩 술독에 안치고, 그 위에 진달래 꽃잎 한 켜씩 켜켜로 담아 안친 다음, 메밥 술밑 한 켜를 맨 위에 덮는다.
8. 남겨둔 물 한 바가지(사발)로 술 빚었던 그릇을 씻어 술덧 위에 부어주고, 예의 방법대로 하여 14~21일간 발효시킨다.

두견주〈음식방문〉

술 재료

밑술 : 멥쌀 1.6㎏, 누룩가루 500g, 진말(밀가루) 500g, 끓는 물 12.6ℓ

덧술 : 찹쌀 3말, 멥쌀 3말, 끓는 물 95.4ℓ, 진달래꽃 4g

밑술 빚는 법

1. 정월에 멥쌀을 백세작말하여 넓은 그릇에 담아 놓는다.
2. 쌀가루에 끓는 물을 붓고, 범벅을 개어 하룻밤 재워 차게 식힌다.
3. 식힌 범벅에 누룩가루와 진말을 함께 넣고, 고루 버무려 술밑을 빚는다.
4. 술독에 술밑을 담아 안친 다음, 예의 방법대로 하여 발효시킨다.

덧술 빚는 법

1. 밑술이 익는 대로 활짝 피어난 진달래 꽃잎을 따서 물에 깨끗이 씻어 물기를 뺀 다음, 3~5일간 음건한다.
2. 멥쌀과 찹쌀 각 24㎏을 백세하여 물에 하룻밤 불렸다가, 건져서 고두밥을 짓는다.
3. 물 95.4ℓ를 끓여서 고두밥에 부어 두었다가 차게 식힌다.
4. 진달래꽃을 술독 맨 밑에 담아 안친다.
5. 고두밥에 밑술을 붓고 고루 버무려 술밑을 빚은 다음, 술독에 담아 안친다.
6. 술독은 찬 곳에 자리를 잡아 앉히고, 발효시켜 술이 익는 대로 채주한다.

* 진달래꽃 대신 복숭아꽃을 넣으면 도화주가 된다.

두견주

〈주찬〉

〈주찬〉의 두견주는 여느 문헌에 수록되어 있는 두견주 제조방법과 비교하여 비교적 비슷한 방문을 보여주고 있다. 두견주의 방문과 도화주의 방문을 비교해 보면 여러 문헌에서 유사점을 찾아 볼 수 있는데, 어느 방문이 먼저였는지를 알 수가 없다. 다만, 두견주의 방문은 밑술을 빚는 방법에서 다양하게 나타나고 있음을 볼 수 있으나, 도화주는 〈주찬〉 이외의 다른 문헌에서도 공통점과 함께 재료의 배합 비율에서도 큰 차이를 찾아 볼 수 없다는 점이 두 가지 술의 차이라고 하겠다.

한 가지 궁금한 것은 두견주나 도화주, 국화주가 다 같이 우리나라의 대표적인 계절주(季節酒)이자, 가향주(佳香酒)라고 하는 점에서는 공통점을 갖는데도, 두견주나 국화주의 방문은 다양하게 나타나고 있다는 것이고, 국화주가 두견주보다 더 다양하다는 사실이다.

역사적으로나 문헌상의 기록으로 보면, 이 세 가지 우리나라의 대표적인 계절주 가운데 국화주의 기록이 가장 앞선다는 점이고, 국화주의 방문에서는 두견주나 도화주의 방문에서 찾을 수 있는 공통점이 없기 때문이다. 또한, 덧술을 안치고 나서 동쪽으로 뻗은 복숭아나무 가지를 가리키는 '동도지(東桃枝) 두세 개를 꺾어다 술독 한가운데에 꽂아 둔다.'고 하였는데, 이러한 방법은 도화주 제조에서나 볼 수 있는 것인데, 〈주찬〉에서는 도화주 외의 두견주에서도 이용되고 있다는 사실이다.

그러면 〈주찬〉에서만 유일하게 덧술을 안치고 나서 동쪽으로 뻗은 복숭아나무

> 조상들은 술의 발효가 더디거나 잘못되는 현상을 부정탔기 때문이라고 여겼다. 이에 대한 대처법으로 갖가지 민간의 방법을 동원하게 되는데, 그중 하나가 동도지였다.

가지를 지칭하는 '동도지(東桃枝)를 두세 개 꺾어다 술독 한가운데에 꽂아 둔다.' 고 하였을까. 이러한 방법은 도화주 제조에서나 볼 수 있는 것인 데다, 〈주찬〉에서는 두견주 외의 어떤 방문에서도 찾아볼 수가 없으니, 이와 같은 방법이 벽사(辟邪)의 의미 외에 다른 이유가 있는지는 알 수가 없다.

그도 그럴 것이 동도지에 담긴 의미는 극양(極陽)의 복숭아 나뭇가지를 이용, '부정(不淨)타는 것을 예방하기 위한' 옛 사람들의 사고방식에서 이 동도지를 이용하여 술독을 저어주는 것이었기 때문에, 그 외에는 다른 이유가 없다고 할 것이다.

'부정탄다는 것'은 술의 발효가 더디거나 감패, 또는 산패되는 현상을 지칭하는 것으로, 술의 발효가 곧 미생물인 누룩곰팡이에 의한 당화와 효모의 대사에 의해 이루어진다는 사실을 알지 못했던 조상들은 술의 발효가 더디거나 잘못되는 현상을 부정(不淨)탔기 때문이라고 여겼다. 이때의 부정은 사악(邪惡)한 기운, 즉 음기(陰氣)가 침범하거나 부정한 것이 들어갔기 때문이라고 보고, 이에 대한 대처법으로 갖가지 민간의 방법(方法)을 동원하게 되는데, 그중 하나가 동도지였다. 즉 양기(陽氣)가 강한 복숭아나무 가지를 이용하여 침입한 음기를 물리침으로써 술이 잘못되는 것을 예방할 수 있다는 발상이었다.

따라서 〈주찬〉의 동도지를 꽂는 예의 방문이 옛사람들이 행해왔던 벽사의 의미가 아니라면, 다른 문헌들에서 나타나는 공통적으로 나타나는 도화주 빚는 방문과 같이 '꽃이 피어 있는 복숭아 꽃가지 서너 개를 꺾어다 술독 한가운데에 꽂아두라.' 고 했어야 하기 때문이다.

杜鵑酒〈주찬〉

술 재료

밑술 : 멥쌀 20㎏, 밀가루 500g, 가루누룩 500g, 끓는 물 27ℓ

덧술 : 찹쌀 24㎏, 멥쌀 24㎏, 끓는 물 90ℓ, 두견화 120g

밑술 빚는 법

1. 멥쌀을 백세작말하여 넓은 그릇에 담아 둔다.
2. 물을 팔팔 끓여 쌀가루에 붓고, 주걱으로 휘저어 범벅같이 개서 차게 식힌다.
3. 죽(범벅)에 가루누룩과 밀가루를 합하고, 고루 치대어 술밑을 빚는다.
4. 술독에 술밑을 담아 안치고, 예의 방법대로 하여 차고 서늘한 곳에 한달 보름가량 발효시킨다.

덧술 빚는 법

1. 두견화가 필때 찹쌀과 멥쌀 각 24kg을 백세하여 무른 고두밥을 짓는다.
2. 물을 팔팔 끓여 갓 쪄낸 고두밥에 붓고, 고루 저어서 차게 식힌다.
3. 고두밥에 밑술을 합하고, 고루 치대어 술밑을 빚는다.
4. 진달래를 따다 물에 깨끗이 씻어 물기를 제거한 다음, 꽃술과 꽃받침을 제거한다.
5. 술독에 꽃잎을 먼저 두툼하게 깔고 술밑을 안치는데, 나머지 꽃잎을 켜켜이 안치고, 맨 위에 꽃잎을 덮어준다.
6. 동도지(東桃枝)를 세 가지 꺾어 독에 꽂고 단단히 봉해 둔다.

* 4월이 될 때까지 그냥 두었다가, 술이 익으면 위에 뜬 막을 제거한다.
* 술을 떠 낸 다음 탕수 5 ~ 6되를 식혀서 붓는다.
* 두견주에 동도지를 꽂는 것이 이채롭다.

두견주

〈면천 지방〉

봄이면 온 산과 들에 연분홍으로 꽃물을 들이는 꽃이 진달래이다. 진달래를 '두견화(杜鵑花)'라고 하는데, '홍두견', '백두견', '영산홍' 등 여러 이름으로 불려진다. 진달래는 봄의 정취를 한껏 돋궈주는 꽃이면서 식용이 가능하여 화전을 부치기도 하고 나물로도 무쳐 먹는데, 진달래를 넣어 빚은 술이 그중 으뜸이다.

진달래술 곧 두견주는 꽃의 향기 뿐만 아니라, 혈액순환 개선과 혈압강하, 피로회복, 천식, 여성의 허리냉증 등에 약효가 인정되어 신분의 구별 없이 가장 널리 빚어 마셨던 국민주였다.

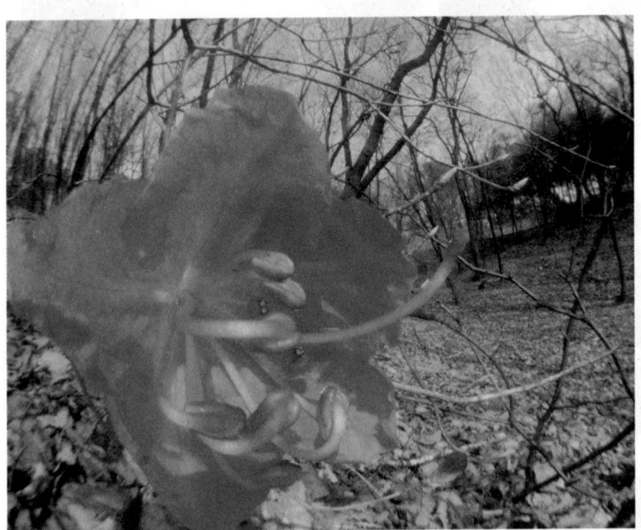

두견주는 충남의 당진이 명산지로 알려져 있으나, 지방에 따라 가전비법에 따라 술 빚는 법에서 약간씩 차이가 있으며, 옛 문헌인 〈고려대규합총서〉를 비롯하여 〈술 빚는 법〉, 〈시의전서〉, 〈김승지댁 주방문〉 등 여러 문헌에도 각각 다른 방법이 수록되어 있다.

일반 가정의 가양주로 전해오고 있는 두견주는 찹쌀로 빚고 있으나, 형편에 따라 멥쌀로 빚기도 하고 찹쌀을 섞어 빚기도 한다. 이러한 두견주는 끈적거릴 정도로 단맛이 강하고 진달래꽃의 꽃빛깔이 그대로 술에 녹아들어 진한 담황색을 자랑하며, 독특한 향취를 간직하고 있어 가향주의 특징을 잘 나타내고 있다고 할 수 있다.

> “ 두견화를 이용한 술 빚기에서 약효를 얻고자 할 때는 고두밥과 꽃잎을 직접 버무려 안치는 것이 좋고, 향기와 술 빛깔이 좋은 술을 빚으려면 시루떡을 안치듯 켜켜로 안쳐 발효시키는 것이 좋은 방법이다. ”

두견주를 빚을 때 진달래 꽃잎을 지나치게 많이 넣지 않도록 해야 한다. 꽃을 많이 넣으면 술 빛깔이 붉게 되고, 쓴맛이 돌아 좋지 못하다. 또한 꽃잎을 채취할 때는 가능한 만개한 꽃을 선택하도록 하고, 꽃술을 완전히 제거한 다음 물에 깨끗이 헹궈낸 후에 건조시켜서 사용해야 한다. 생꽃잎은 약간의 산미가 있어 발효에 지장을 줄 뿐만 아니라 술맛을 떨어뜨린다. 따라서 그늘지고 바람이 잘 통하는 응달에서 2~3일 간격으로 2차례 건조시키는 것이 꽃의 색깔과 향기를 그대로 유지시킬 수 있다. 이 두견화를 이용한 술 빚기에서 약효를 얻고자 할 때는 고두밥과 꽃잎을 직접 버무려 안치는 것이 좋고, 향기와 술 빛깔이 좋은 술을 빚으려면 시루떡을 안치듯 켜켜로 안쳐 발효시키는 것이 좋은 방법이다.

현재까지 민간에서 빚어오고 있는 두견주는 그리 많지 않아 안타깝기 그지없다. 조선시대 후기까지 가장 널리 빚어 마셨던 가향주가 송엽주와 국화주, 그리고 두견주였음에도, 이 두견주가 자취를 감춘 것은 일제의 〈주세법〉에 기인하긴 하지만, 우리가 너무도 빨리 우리 것을 버리고 외면했다는 사실을 지적하지 않을 수 없다.

다행스럽게도 지금까지 면천 지방에 두견주가 전승되고 있는데, 면천 지방의 두견주는 두 번에 걸쳐 찹쌀로 지은 고두밥으로 빚고, 밑술 뿐만 아니라 덧술에도 누룩을 넣으며 진달래꽃을 건조시켜 술을 빚는데, 밑술의 발효기간은 7일로 짧은 반면 덧술 발효기간은 60일이고, 술밑과 진달래꽃을 켜켜로 안치는 것이 여느 문헌에 수록된 두견주와 다른 점이다.

한편, 서울 지방의 두견주는 멥쌀로 지은 고두밥을 이용하여 한 번 빚는 단양주이며, 술밑과 진달래꽃을 켜켜로 안쳐 일반적인 방법으로 상온에서 발효시키는 가향주로서, 가장 서민적인 방문이라고 할 수 있다.

두견주〈면천 지방〉

술 재료

밑술 : 찹쌀 1.6㎏, 누룩 1㎏, 물 1.8ℓ

덧술 : 찹쌀 16㎏, 누룩 1㎏, 진달래꽃 5g, 물 9ℓ

밑술 빚는 법

1. 찹쌀을 깨끗이 씻어 하룻밤 불렸다가, 건져서 물기가 빠지면 시루에 안쳐 고두밥을 짓는다.
2. 고두밥을 고루 펼쳐 차게 식힌다.
3. 누룩과 물을 고두밥에 섞고 잘 버무려 술밑을 빚은 뒤, 소독한 술독에 안친다.
4. 술독은 예의 방법대로 하여 7일 정도 발효시킨다.

덧술 빚는 법

1. 이른봄 활짝 핀 진달래꽃을 따다가 꽃술을 제거하고 그늘에서 7일 음건(陰乾)한 다음 다시 3일간 완건(緩乾)한다.
2. 찹쌀을 백세하여 하룻밤 불렸다가 건져서 물기가 빠지면 고두밥을 짓는다.
3. 고두밥은 고루 펼쳐서 차게 식힌 다음, 법제한 누룩과 물, 밑술을 섞고 버무려 술밑을 빚는다.
4. 소독을 한 술독에 버무린 술밑과 준비한 분량의 진달래꽃을 켜켜로 안친다.
5. 술독은 삼베로 덮고 뚜껑을 씌워 이불로 몸을 싸맨 다음, 따뜻하지도 서늘하지도 않은 곳에 앉혀 발효시키는데, 본 발효가 끝났으면 온도를 낮추어 60일 정도 후발효, 숙성시킨다.
6. 술이 다 익으면 걸러서 여과, 침전시킨 다음 서늘한 곳에서 30일간 2차 숙성시켜서 마셔야 제 맛을 즐길 수 있다.

두견주〈부녀필지〉

술 재료

밑술 : 멥쌀 20㎏, 누룩가루 650g, 진말 350g, 물 45ℓ(22.5ℓ)

덧술 : 찹쌀 24㎏, 멥쌀 24㎏, 진달래꽃 120g, 물 108ℓ(54ℓ)

밑술 빚는 법

1. 정월 첫 해일에 멥쌀을 물에 깨끗이 씻은 뒤, 뜨물이 남지 않게 헹궈낸다. 씻은 쌀을 새 물에 담가 불렸다가 건져서 소쿠리에 밭치고 물기를 뺀다.
2. 불린 쌀을 가루로 빻은(작말) 후 자배기(소래기)에 담아 두고, 물을 팔팔 끓여 쌀가루에 붓고, 쌀가루가 잘 익도록 주걱으로 고루 개어서 범벅을 만든다.
3. 범벅이 담긴 자배기는 김이 새지 않게 뚜껑을 덮고, 하룻밤 재워서 차게 식힌다.
4. 누룩을 사흘 밤낮으로 햇볕을 쬐고 이슬을 맞혀 법제한 후, 가루로 빻고 깁체에 쳐서 고운 가루를 취한다.
5. 범벅에 누룩가루와 진말을 한데 섞고, 고루 버무려 술밑을 빚은 다음 술독에 안치고, 단단히 밀봉하여 햇볕이 닿지 않는 서늘한 곳에 앉혀 2개월 가량 발효시킨다.

덧술 빚는 법

1. 3월이 되어 진달래꽃이 피면 꽃을 채취하여 꽃술을 모두 제거하여 1말을 마련한다.
2. 찹쌀과 멥쌀을 각각 물에 씻어 하룻밤 불렸다가 고두밥을 짓는데, 멥쌀은 물을 흠씬 주어 무르게 짓고, 찹쌀은 물 3사발을 뿌려 푹 익힌 다음 헤쳐서 차게 식힌다.
3. 메밥은 소래기에 퍼 담아 놓고 남은 물을 끓여 메밥에 두세 바가지 퍼 붓고 다시 덮어두면 밥이 되므로, 아침저녁으로 헤쳐서 더운 기가 없게 식혀 놓는다.
4. 밑술을 퍼서 찰밥과 메밥에 각각 나누어 붓고, 밑술이 적으면 끓여서 식힌 물을 각각 나누어 부어가면서 고루 버무려 술밑을 빚는다.
6. 술독에 메밥 한 켜, 찰밥 한 켜, 꽃잎 한 켜씩 켜켜로 안치되, 메밥을 한 바가지 남겨 놓았다가 술밑을 다 안친 뒤, 맨 위에 남겨두었던 메밥 한바가지를 덮는다.
7. 끓여 두었던 남은 물로 술밑을 빚었던 소래기를 씻어 술독에 마저 붓고, 술독을 단단히 밀봉하여 21일간 발효시킨다. 술이 익으면 가운데를 헤치고, 술을 퍼서 술독 가장자리로 부어주면 맑은 술이 용솟음치므로 용수를 박아 채주한다.

* 채주한 후 '오지병에 담아두면 여름이 지나도 변하지 않는다.'고 하였다.

두견주〈서울 지방〉

술 재료

멥쌀 4㎏, 누룩가루 1.3㎏, 진달래꽃잎 50g, 물 5.4ℓ

술 빚는 법

1. 이른봄에 활짝 핀 진달래꽃(참꽃)을 따다가 그늘에서 말리는데 꽃술을 모두 제거한다.
2. 바람이 잘 들고 서늘한 그늘에 고루 펼쳐서 5~7일간에 걸쳐 음건하고, 두고두고 오래 쓰려면 한 번 더 건조시킨다.
3. 멥쌀을 물에 깨끗이 씻은 뒤 찬물에 10시간 가량 담가둔다.
4. 소쿠리에 쌀을 건져서 물기를 빼고 시루에 안쳐 고두밥을 짓는다.
5. 돗자리나 키에 고두밥을 펼쳐서 차게 식힌다.
6. 누룩은 거칠지도 곱지도 않은 상태의 가루로 빻아, 2~3일간 햇볕에 말려서 준비한다.
7. 그릇에 고두밥과 누룩가루를 담아 고루 섞은 뒤, 준비한 물을 부어가면서 다시 혼합하여 술밑을 빚는다.
8. 준비한 술독에 술밑과 진달래 꽃잎을 켜켜로 안친다.
9. 술 안치기가 끝난 술독은 베보자기를 씌운 다음, 온도 25~27도 정도 되는 실내에서 7일가량 발효시킨다.
10. 발효가 끝나면 용수를 박아두고 그 안에 고인 술을 떠서 마시거나, 술자루에 담아 압착하여 걸러낸 다음 한지로 여과하여 마신다.

* 술밑의 반죽 정도는 질척질척한 상태가 좋으며, 물을 많이 부으면 부드러운 술이 되고, 물의 양이 적으면 독한 술이 되므로 취향에 따라 물의 양을 조절한다.

두견주〈백화수복〉

술 재료

밑술 : 멥쌀 16㎏, 누룩가루 1.65㎏, (끓는 물 36ℓ)

덧술 : 멥쌀 24㎏, 찹쌀 24㎏, 두견화 120g, 물 108ℓ

밑술 빚는 법

1. 정월 첫 해일에 멥쌀을 백세작말하여 설기를 찐다.
2. 설기는 (끓는 물과 함께 섞어) 하룻밤 재워 밑까지 차게 식힌다.
3. 누룩은 고운 가루누룩으로 준비하고, 이슬을 맞혀 뽀얗게 바랜 것을 준비하여 죽에 넣고 고루 버무린다.
4. 술독을 짚불 연기로 살균한 후, 연기가 남아 있는 술독에 술밑을 담아 안치고, 밀봉하여 예의 방법대로 36일(12일)간 발효시킨다.

덧술 빚는 법

1. 두견화가 필 때에 멥쌀과 찹쌀 각 24㎏을 각각 물에 깨끗이 씻어 건져서 시루에 안쳐 고두밥을 짓는다.
2. 고두밥은 각각 자배기에 펴 담는다.
3. 쌀과 같은 양의 물을 끓여 고두밥에 붓고, 밥알이 물을 흠씬 발아들이도록 하룻밤 재워 차게 식혀 놓는다.
4. 밑술을 동량으로 나누어 각각 메밥과 찰밥에 넣고 고루 버무려 술밑을 빚는다.
5. 메밥 한 켜, 찰밥 한 켜, 진달래 꽃잎 한 켜씩 켜켜로 담아 안친 후, 메 밥 위에 진달래꽃을 한 켜 덮는다.
5. 술독은 예의 방법대로 하여 14~21일간 발효시킨다.

* 〈백화수복〉은 (주)백화양조의 사보이다.

진달래꽃술〈개발주〉

술 재료

밑술 : 멥쌀 2.4㎏, 누룩가루 500g, 끓인 물 9ℓ

덧술 : 멥쌀 8㎏, 진달래꽃(말린 것) 2g

밑술 빚는 법

1. 멥쌀을 백세작말한다.
2. 물을 팔팔 끓여 쌀가루에 붓고 개어서 범벅을 만든 뒤, 넓은 그릇에 펴서 차게 식힌다.
3. 쌀 범벅에 누룩가루를 섞고, 고루 버무려 술밑을 빚는다.
4. 술밑을 술독에 담아 안치고 예의 방법대로 하여 3일간 발효시킨다.

덧술 빚는 법

1. 멥쌀을 백세하여 고두밥을 짓고, 고루 펼쳐서 차게 식힌다.
2. 고두밥에 진달래꽃 말린 것을 섞는다(술독에 진달래꽃 한 켜를 먼저 깔고, 그 위에 술덧과 꽃을 켜켜로 안친다).
3. 밑술을 고두밥에 쏟아 붓고, 재차 고루 버무려 술밑을 빚는다.
4. 술밑을 술독에 담아 안치고, 예의 방법대로 하여 발효시킨 후, 술이 익는 대로 떠 마신다.

등나무꽃술

〈개발주〉

등나무는 대표적인 덩굴식물의 하나로서 전국의 산야에 자생하는데, 잎과 줄기가 무성해지는 한여름에는 꽃그늘을 만들어주므로, 가정의 정원수를 비롯하여 공원의 조경용으로 널리 재배되고 있다. 그 가운데서도 부산 금정산 범어사 입구의 등나무 군락은 천연기념물이자 이 지역의 명물로 널리 알려지고 있다.

봄기운이 완연해지는 5월경에 이르면 등나무 줄기의 끝 부분에서 엷은 보라색과 흰색이 어우러진 나비 모양의 꽃이 핀다. 등나무꽃은 아카시아꽃과 같이 꽃자루 하나에 수십 개의 꽃이 연달아 피는 송이꽃인 까닭에 여느 꽃과는 달리 채취하기도 쉽다. 등나무꽃은 그 빛깔이 아름답고 향기도 좋은 편이나 만개한 꽃은 향기가 거의 느낄 수 없을 정도로 미미하므로 꽃봉오리가 갓 피어난 송이를 중심으로 채취한다. 꽃송이만을 흐르는 물에 헹궈서 탈수시킨 다음 건조하여 사용한다.

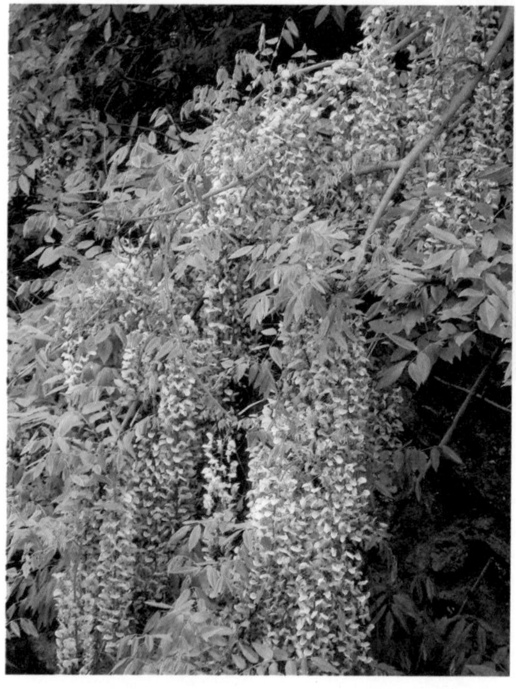

등나무꽃을 물에 씻을 때는 송이째 헹궈내고, 면보나 키친타월을 이용하여 두드리듯 하면서 물기를 씻어내거나 탈수시킨 뒤, 꽃자루의 끝을 잡고 훑어내면서 꽃을 따내면 불필요한 꽃자루와 꽃송이 형태를 갖추지 못한 부분을 제거할 수 있다. 꽃자루와 꽃송이 형태를 갖추지 못한 것에는 수분이 많고 비릿한 냄새와 쓴맛이 많이 나므로 제거하면 술이 다 된 뒤에 오는 풋내와 나쁜 맛을 없앨 수

> 등나무꽃에는 다른 꽃에서는 찾아보기 힘든 '위탈린' 등의 성분이 함유되어 있는데, 이들 성분은 인체에 흡수되어 피로회복은 물론 진정·진통 효과를 나타내는데 술과 함께 마시면 그 효과가 상승하고 빠르다는 장점이 있다.

있다. 따라서 꽃자루 끝부분의 꽃송이 형태를 갖추지 못한 것은 어레미를 이용하여 먼저 제거하거나, 건조시키는 과정에서 그 크기가 적어지므로 역시 어레미를 이용하면 된다.

이 방문은 밑술을 고두밥으로 함으로써 좀더 간편하고 안전한 발효를 도모하는 한편, 덧술에는 물을 넣지 않음으로써 부드러우면서도 감미롭고 향기로운 술을 얻고자 했다. 이 방문에서 유의할 점은 덧술을 할 때 먼저 고두밥과 밑술을 합하여 술밑을 빚은 후, 미리 마련해 둔 등나무꽃을 골고루 뒤섞어 재차 술밑을 빚는 방법으로 혼합하여 술독에 안친다.

이와 같은 방법으로 술을 빚으면 얻고자 하는 술의 빛깔이 좋아진다는 점이다. 또한 덧술에 사용되는 누룩의 양은 등나무꽃의 양과 건조 정도에 따라 가감하도록 하는데, 가능한 잘 혼합하여 술밑을 빚도록 하고, 덧술의 누룩 양은 1되 미만으로 사용하는 것이 더 좋은 술맛을 얻을 수 있다는 사실에 유의한다.

어떤 재료이든지 마찬가지이겠지만 꽃을 채취할 때에도 비가 올 때에나 비를 맞은 꽃은 채취하지 않는 것이 좋다. 술에서 얻고자 하는 향기도 떨어질 뿐만 아니라, 수분 함량이 많아 건조 과정에 어려움이 따르고, 또한 색깔이 지저분해지거나 탈색이 심하여 술 빚기에 좋지 못하기 때문이다.

등나무꽃에는 다른 꽃에서는 찾아보기 힘든 '위탈린' 등의 성분이 함유되어 있는데, 이들 성분은 인체에 흡수되어 피로회복은 물론 진정 · 진통 효과를 나타내는데 술과 함께 마시면 그 효과가 상승하고 빠르다는 장점이 있다. 또한 술이 익은 후에는 매우 은은한 등나무꽃 향기를 느낄 수 있으며, 그 맛은 감미롭다.

등나무꽃술〈개발주〉

술 재료

밑술 : 멥쌀 8㎏, 밀가루 600g, 누룩가루 1㎏, 물 18ℓ

덧술 : 멥쌀 8㎏, 찹쌀 8㎏, 누룩가루 600g, 등나무꽃 5g

밑술 빚는 법

1. 멥쌀을 백세하여 고두밥을 짓는다.
2. 고두밥이 익었으면 고루 펼쳐서 차게 식힌다.
3. 물에 고두밥과 누룩가루, 밀가루를 넣고, 고루 섞어 술밑을 빚는다.
4. 술독에 술밑을 담아 안치고, 예의 방법대로 하여 7~5일간 발효시킨다.

덧술 빚는 법

1. 멥쌀과 찹쌀을 각각 깨끗이 씻은 뒤 하룻밤 재웠다가 건져서 각각 고두밥을 짓는다.
2. 고두밥이 무르게 푹 익었으면 차게 식혀 둔다.
3. 밑술과 고두밥, 누룩가루를 고루 섞고 치대어 술밑을 빚어 놓는다.
4. 흐르는 물에 씻어 건조시킨 등나무꽃을 술밑과 고루 섞어 재차 술밑을 빚는다.
5. 준비한 술독에 술밑을 안친 다음, 예의 방법대로 하여 비교적 따뜻한 곳에서 발효시킨다.

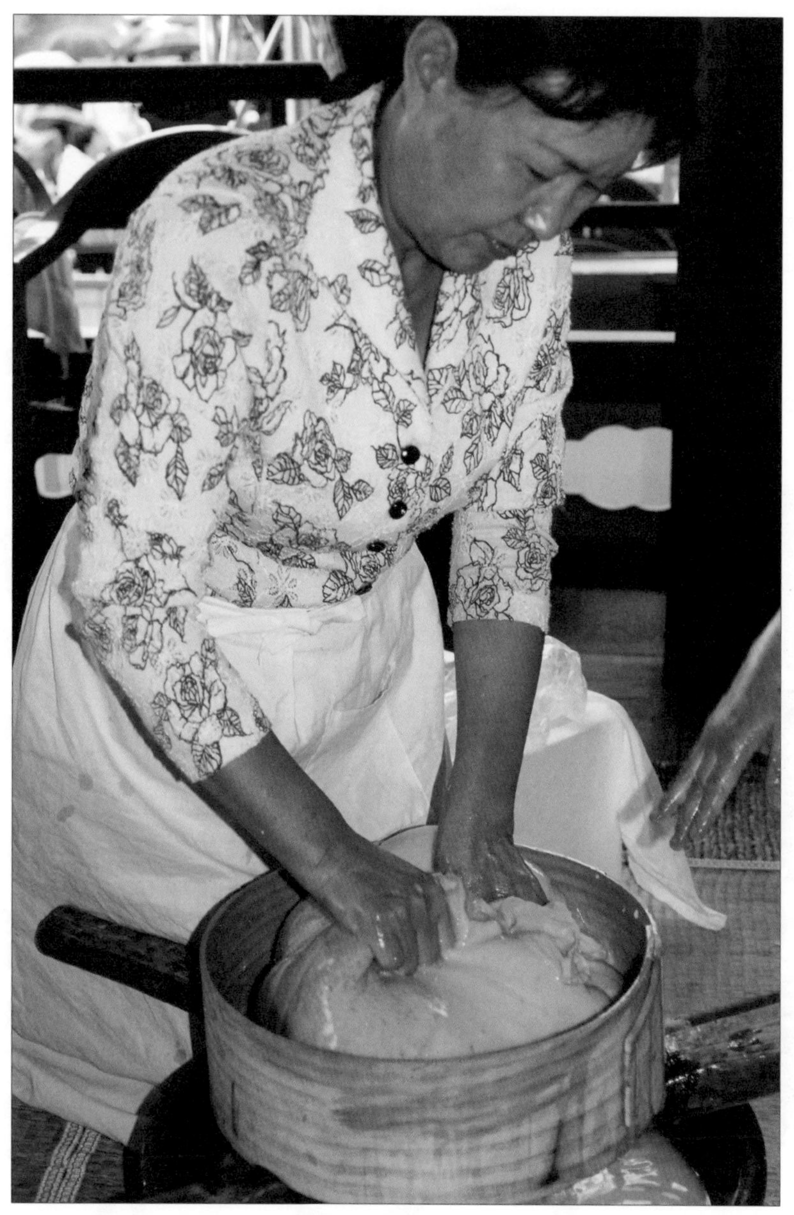

大母 권옥자 씨의 막걸리 거르기 시연 모습.

라일락꽃술

〈개발주〉

물푸레나무과의 꽃나무 가운데 그 향기와 꽃빛깔이 매우 아름다운 것으로 라일락이 있다. 4월과 5월 사이에 라일락꽃이 피면 온 동네가 그 향기에 뒤덮힐 정도로 강한 방향으로 많은 이들의 사랑을 받고 있다. 그런데 이러한 라일락은 외래종으로 아주 비슷한 우리 꽃으로 수수꽃다리와 혼동하는 이가 있다. 또 이들 꽃과 유사한 것으로 개회나무, 정향나무 등도 있다.

더욱 혼란스러운 것은, 우리의 수수꽃다리 유전자가 유럽으로 건너가 개량되어 20세기 우리나라에 역수입되어 '미스킴 라일락'이라는 이름으로 불리는 종도 있는데, 나무 시장에 가면 이 미스킴 라일락이 엄청 인기라고 한다.

수수꽃다리는 이북 지역 석회암지대에서 흔히 자라는 나무인데, 꽃 모양이 '수수와 비슷하다' 하여 수수꽃다리라고 하며, 원래 정원수로서 전국 각 지역에 식재되어왔으며 울타리용으로도 심고 있다.

라일락과 수수꽃다리의 차이는 라일락이 수수꽃다리(약 2~3미터)보다는 좀 더 크게 자라고, 잎 모양도 너무 유사한데 두 나무 모두 잎자루에 잎이 넓게 붙어 있는 아심장저 모양이고, 잎의 크기에서는 수수꽃다리는 7~12센티미터, 라일락은 4~10센티미터로 수수꽃다리의 잎이 약간 더 크다.

> 처음 시도해본 라일락꽃술에서는 꽃 자체의 쓴맛과 향기가 지나치게 강하여 거부감이 많았는데, 꽃의 양을 줄인 결과 쌉쌀한듯 하면서도 진하게 풍겨오는 방향이 매우 좋았다.

수수꽃다리의 꽃은 크기가 약 12~20미리인데 비해 라일락은 약 10미리 정도, 그리고 수수꽃다리는 아주 은은한 향인데 비해 라일락은 향기가 더 강하다. 꽃빛깔에서도 차이가 있다. 수수꽃다리는 연한 자주색인데 비해 라일락은 그보다 진한 자색이고, 재배 품종에 따라 색깔이 다양하다. 가장 큰 차이는 수수꽃다리는 뿌리 부분에서 맹아(새순)가 나오지 않는데 비해 라일락은 맹아가 많이 돋아나므로 뿌리 부분의 맹아를 보고 쉽게 구분할 수 있다.

이렇듯 서로 유전적 유사성 때문에 세상에선 같은 꽃으로 쉽게 치부하고 있지만, 우리 꽃은 라일락이 아니라 수수꽃다리라는 사실이다. 그런데 라일락이든 수수꽃다리이든 어떤 문헌에도 이 나무나 꽃을 이용하여 술을 빚었다거나 빚을 수 있는 방법, 그리고 주품명에 대한 기록은 없다는 것이다.

따라서 일반적인 가향주법에 의거 라일락꽃술을 빚어보기로 했다. 무엇보다 라일락꽃의 향기가 매혹적이라는 사실 때문이었다.

꽃잎을 따서 입에 넣고 그 맛을 음미해 보기도 하고 식용하여도 보았으나, 그 맛이 약간 쓰다는 것 외에는 별다른 부작용을 느낄 수 없다는 사실에서 흥미를 갖게 되었다.

라일락꽃은 그 향기가 매우 자극적이고, 쓴맛과 함께 수분이 많다는 이유 때문에 일단 도화주법에 따르기로 하고 술을 빚어보았다. 처음 시도해본 라일락꽃술에서는 꽃 자체의 쓴맛과 향기가 지나치게 강하여 거부감이 많았는데, 꽃의 양을 줄인 결과 쌉쌀한듯 하면서도 진하게 풍겨오는 방향이 매우 좋았다.

예의 방법으로 건조시킨 꽃을 이용하는 것도 좋은 향기의 술을 빚을 수 있었다.

라일락꽃술〈개발주〉

술 재료

밑술 : 멥쌀 4.8㎏, 누룩 1㎏, 밀가루 500g, 물 18ℓ

덧술 : 찹쌀 16㎏, 누룩 500g, 라일락꽃 4g, 탕수 9ℓ

밑술 빚는 법

1. 멥쌀을 백세작말하여 넓은 소래기에 담아 놓는다.
2. 쌀가루에 물 18ℓ를 부어서 죽을 쑨 다음 차게 식힌다.
3. 누룩가루와 밀가루를 차게 식힌 죽에 넣고, 고루 섞어 술밑을 빚는다.
4. 준비한 술독에 술밑을 담아 안친 뒤 예의 방법대로 하여 2~3일간 발효시킨다.

4

덧술 빚는 법

1. 찹쌀을 깨끗이 씻은 뒤, 하룻밤 재웠다가 건져서 고두밥을 짓는다.
2. 물을 팔팔 끓인 뒤 차게 식히고, 고두밥도 무르게 푹 익혀졌으면 차게 식혀 둔다.
3. 밑술에 고두밥과 누룩, 식힌 물을 고루 섞고 치대어 술밑을 빚는다.
4. 라일락꽃을 준비한 술독 안 맨 밑에 안치고, 그 위에 고루 섞은 술밑을 안친다.
5. 꽃이 달린 라일락나무가지 1개를 준비하여 술독에 꽂아 둔다.
6. 술독은 예의 방법대로 하여 비교적 서늘한 곳에서 발효시키고, 익는 대로 떠서 마신다.

모란화주

〈개발주〉

두통이나 요통에 마시는 술로 알려져 있다. 특히 혈액을 맑게 해주는 효능으로 잘 알려져 있고, 여성들의 월경불순과 자궁질환, 산후에 오는 여러 가지 질병과 증세를 치료하는데도 효과가 뛰어난 것으로도 널리 알려져 있다.

모란꽃은 '목단화' 라고도 하는데, 예로부터 부귀와 아름다움 또는 화려함을 상징하는 꽃으로 알려져, 동양화에서 화조도와 군방도에 빠지지 않을 만큼 많은 선비들로부터 사랑받았다. 또 '탐화봉접(探花蜂蝶)'이라고 하여 꽃에는 으레 벌과 나비가 찾아드는데 '모란에는 향기가 없어 벌과 나비가 깃들지 않는다.'고 하는 이야기로도 널리 알려져 있는 꽃이다.

만주의 목단강(牧丹江)이 원산지라 하여 목단(牧丹)으로 불리며, '꽃 중의 왕'이라 해서 사찰이나 부잣집에서 정원수로 가꾸었다. 5월 이전부터 5월 중순에 걸쳐 꽃이 피기 시작하는데, 꽃이 만개하기 전에 꽃봉오리째 채취하도록 한다.

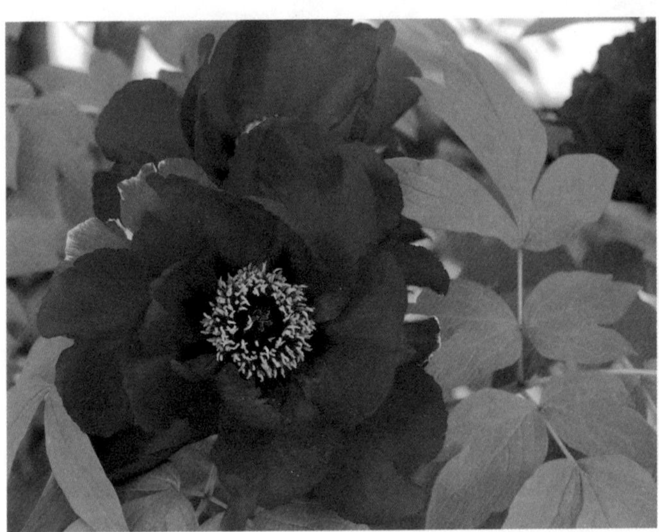

꽃을 갈무리하는 방법으로 흐르는 물에 깨끗하게 헹궈서 건져낸 다음, 고운 망사주머니에 넣고 탈수기에 넣어 탈수를 시키면 꽃봉오리의 형태를 고스란히 간직할 수가 있어 좋다. 물기를 뺀 꽃은 채반이나 소쿠리에 담아 서늘하고 바람이 잘 통하는 곳에 두고 건조시킨다. 이때 완전한 건조를 위해 자주 뒤집어 주다보면 꽃술의 노란 화분이

> 꽃을 술밑과 함께 버무려 술독에 담아 안치는 방법으로 빚어 본 모란화주의 향기는 은은하여 거부감 없이 좋았으나, 약간 쓴맛과 함께 떫은맛도 느껴졌다.

떨어지면서 꽃잎에 달라붙는 경우가 발생하는데, 가능하다면 따뜻한 장판이나 온돌 위에서 단기간에 걸쳐 건조시키도록 하는 것이 좋다. 또한 꽃의 탈색을 막기 위해서는 검은 면보를 이용하여 덮어주는 것도 요령이다.

모란화주를 빚는 방법으로 두 가지를 생각해 볼 수가 있다. 예를 들어 꽃을 먼저 안치고 술밑을 그 위에 덮어 안치는 방법이 그것이다. 이 경우 발효가 활발해지면서 꽃잎이 수면으로 다 떠올라 표면이 오염되는 일이 발생한다.

다른 방법은 꽃을 술밑과 직접 버무리는 것으로 앞의 방법에 비해 효과적이었다. 그리고 생화를 이용해 본 결과 그 빛깔이나 맛, 향기가 썩 좋지를 못하여 건조시킨 모란꽃을 사용하였는데, 꽃 속의 화분이 많은 관계로 발효가 순탄하질 못했고, 주면 위에 엷은 막이 생성되는 것을 볼 수가 있었다. 이는 화분 속 남아 있는 정유성분에 의한 것으로 생각되어 자주 걷어주면서 발효를 진행시켰는데, 여느 가향주와 비교해 발효기간이 7일이나 더 소요되었다.

따라서 모란꽃을 채취할 때에는 꽃술을 제거한 후 건조시키는 방법이 좋을 것으로 생각되며, 꽃을 송이째 채취하여 건조시킨 것이라면 꽃가루를 완전히 제거할 수 없을 것이므로, 덧술의 양조용수에 꽃을 넣고 오랫동안 끓여서 수면으로 떠오른 지방과 꽃가루 등을 바가지를 띄워 제거하는 방법이 좋을 것으로 생각되었다.

꽃을 술밑과 함께 버무려 술독에 담아 안치는 방법으로 빚어 본 모란화주의 향기는 은은하여 거부감 없이 좋았으나, 약간 쓴맛과 함께 떫은맛도 느껴졌다. 이는 꽃가루로 인한 발효지연 또는 약성으로 인한 효모 활동의 억제와 무관하지 않으며, 술이 숙성되기까지 전체적인 발효기간이 길어진다는 것을 의미한다. 따라서 발효가 끝나는 대로 채주하는 것이 술의 변질을 막을 수 있다. 채주하여 냉장고에 넣어 둔지 10여일 경과한 후에는 부드럽게 되었다.

모란화주〈개발주〉

술 재료

밑술 : 멥쌀 4㎏, 밀가루 250g, 누룩가루 1㎏, 끓는 물 9ℓ
덧술 : 찹쌀 16㎏, 모란화 7g, 탕수 9ℓ

밑술 빚는 법

1. 멥쌀을 백세작말하여 넓은 그릇에 담아 놓는다.
2. 쌀가루에 끓는 물을 부으면서 고루 개어 범벅으로 만든 다음, 넓은 그릇에 나눠 담고 차게 식힌다.
3. 누룩가루와 밀가루를 차게 식힌 범벅에 넣고, 고루 섞어 술밑을 빚는다.
4. 준비한 술독에 술밑을 담아 안친 뒤, 예의 방법대로 하여 3~5일간 발효시킨다.

2

4

덧술 빚는 법

1. 찹쌀을 백세한 뒤 하룻밤 재웠다가 건져서 고두밥을 짓는다.
2. 팔팔 끓인 물을 차게 식히고, 고두밥은 무르게 푹 익혀 차게 식힌다.
3. 밑술과 고두밥, 식혀 둔 물을 한데 섞고, 고루 치대어 술밑을 빚는다.
4. 준비한 모란화를 술밑에 넣고, 재차 고루 버무려 술독에 담아 안친다.
5. 술독은 예의 방법대로 하여 비교적 서늘한 곳에서 발효시키고, 익는 대로 떠서 마신다.

목련화주

〈개발주〉

목련(木蓮)은 목련과의 낙엽관목이다. 특히 이른봄이면 메마른 나뭇가지에서 솜털방망이 같은 것이 터지면서 하얗게 꽃봉오리를 터뜨리는데, 그 향기는 비교적 약하지만, 우리나라 사람들은 이 목련화를 순수함과 고귀함을 상징하는 봄철의 대표적인 꽃으로 인식, 정원수로 가꾸고 있다.

3월에서 4월 사이에 나무에 잎이 나기 전 꽃이 먼저 피는데, 색깔은 흰색이며 꽃의 기부는 담홍색이다. 꽃은 지름이 대략 10센티미터 정도인데, 대개 여섯 또는 일곱 장의 꽃잎으로 이루어져 있고, 꽃봉오리를 약재로 쓴다. 목련은 방향성 식물로 향기가 뛰어나 나무껍질에서 방향제의 원료를 추출하기도 한다.

민간에서 백목련(白木蓮), 목필(木筆), 백련(白蓮), 두란(杜蘭), 목련(木蓮), 영춘화(迎春化) 등 여러 이름으로 불리고 있는 목련은 중국이 원산지로서, 우리나라의 목련은 함박꽃이라 불리는 산목련이다. 깊은 산 계곡이나 정상 부근에 자라며, 야생목련, 천녀화, 천녀목란, 옥란, 함박꽃나무 등의 여러 이름이 있으며, 줄기와 잎이 나온 후에 꽃이 피는 것이 일반 목련과 다르고, 꽃모양이 아름다울 뿐만 아니라 향기 또한 매우 좋다.

목련화에는 시트랄과 시네올 등의 많은 방향성 정유성분을 함유하고 있는 까닭에 건위작용을 비롯하여 두통과 비염을 다스리는 약으로 알려져 있다.

술 재료로 사용하기 위해서는 터지지 않은 꽃봉오리를 채취하는데, 이 꽃봉오

> 목련꽃을 술에 넣어 발효시켜 보면, 의외로 목련꽃의 약성이 강해서 이상발효를 초래할 수 있으므로, 누룩의 양을 늘리는 것이 요령이다. 따라서 가능하면 꽃은 정해진 분량보다 적게 넣는 것이 술맛을 좋게 하는 비결이다.

리를 조제한 것을 한방에서는 신(辛)이라고 하며, 꽃이 핀 것을 '신이화(辛夷花)'라고 한다. 또 한방에서는 이 신이가 규(竅)를 통해서 풍을 발산하고 비염을 치료한다고 하여 진정, 진통약으로, 그리고 축농증을 치료하는 전문약으로 이용하고 있음을 알 수 있다. 이밖에도 목련화는 방향제를 비롯하여 구충제로도 이용되고 있다.

술을 빚고자 할 때 꽃봉오리를 딸 수 있으면 더욱 좋고, 반쯤 핀 것도 괜찮다. 피지 않은 것은 건조가 어려우므로, 나무칼로 반쯤 찢어서 그늘지고 서늘하며, 바람이 잘 통하는 곳에서 건조시키는 것이 좋다. 햇볕이 드는 곳은 꽃의 탈색과 변색, 향기가 사라져버리는 결과를 초래하기 때문이다.

따라서 방 안에서 건조시키는 것이 좋은데, 이때에는 전기장판이나 전기판넬을 이용하여 단시간에 걸쳐, 잎이 부스러질 정도로 완전히 말려서 보관해두고 쓰면 좋다. 건조된 목련꽃은 진노랑에 가까운 색깔로 변하고 꽃자루 부분은 짙은 갈색으로 산화된 것을 볼 수 있는데, 단시간에 걸쳐 건조시킬수록 좋은 빛깔을 얻을 수 있으므로, 가능한 잎을 낱낱이 뜯어서 건조시키도록 하고, 반드시 탈수과정을 거쳐 말리는 것이 좋다.

목련꽃을 술에 넣어 발효시켜 보면, 의외로 목련꽃의 약성이 강해서 이상발효를 초래할 수 있으므로, 누룩의 양을 늘리는 것이 요령이다. 많이 넣고자 할 경우 쓴맛이 강하게 되므로 물을 추가하는 것이 발효에 좋기는 하나, 술맛이 떨어지는 것을 감수해야 한다. 따라서 가능하면 꽃은 정해진 분량보다 적게 넣는 것이 술맛을 좋게 하는 비결이다. 약효를 목적으로 빚는 경우라면 술밑을 빚을 때 함께 넣고 치대는 것이 좋고, 향을 목적으로 할 경우에는 꽃을 먼저 술독에 안치는 방법이 좋다.

목련화주〈개발주〉

술 재료

밑술 : 멥쌀 8㎏, 밀가루 500g, 누룩가루 2㎏, 끓는 물 18ℓ

덧술 : 멥쌀 16㎏, 찹쌀 16㎏, 목련꽃 7g, 탕수 18ℓ

밑술 빚는 법

1. 멥쌀을 백세작말하여 넓은 그릇에 담아 놓는다.
2. 쌀가루에 끓는 물 18ℓ를 부으면서 고루 개어 범벅을 만든 다음, 넓은 그릇에 나눠 담고 차게 식힌다.
3. 누룩가루와 밀가루를 식힌 범벅에 넣고, 고루 섞어 술밑을 빚는다.
4. 준비한 술독에 술밑을 담아 안친 뒤, 예의 방법대로 하여 7~9일간 발효시킨다.

덧술 빚는 법

1. 멥쌀과 찹쌀을 각각 깨끗이 씻은 뒤, 하룻밤 재웠다가 건져서 고두밥을 짓는다.
2. 물 18ℓ를 팔팔 끓인 뒤 차게 식히고, 멥쌀 고두밥은 특히 무르게 익혀 차게 식힌다.
3. 밑술과 고두밥, 식혀 둔 물을 한데 섞고, 고루 치대어 술밑을 빚는다.
4. 목련꽃 14g을 준비한 술독 밑에 넣고, 그 위에 덧술을 안친다.
5. 술독은 예의 방법대로 하여 비교적 서늘한 곳에서 발효시키고, 익는 대로 떠서 마신다.

민들레꽃술

〈개발주〉

국화과의 여러해살이 풀꽃 가운데 우리 주변에서 가장 흔하게 볼 수 있는 꽃이 민들레이다. 이른봄이면 전국의 산야와 도심의 길가에서도 이 민들레를 볼 수 있을 뿐만 아니라, 이른봄부터 여름철이 되도록 계속해서 피어나는 민들레꽃은 꽃모양과 그 빛깔이 아름답기 그지없어, 남녀노소 누구에게나 사랑받고 있다. 민들레는 특히 번식력과 생명력이 아주 강해서, 아무리 척박한 땅에서도 잘 자라는 특성 때문에 동양인들은 민들레가 건강에도 도움을 줄 것으로 믿어, 여러 가지 용도로 이용해왔다.

민들레는 하나의 뿌리에 꽃이 한 송이만 피는 특징이 있는데, 잎은 나물로 무쳐 먹고 뿌리는 청열해독, 소염, 건위제로 사용된다. 한방에서는 담즙의 분비를 촉진시켜주는 성분이 있어 소화제와 정장, 건위, 식욕증진의 약으로 이용한다.

민들레의 쌉쌀한 맛은 식욕을 돋우고 기분을 좋게 하므로, 이른봄에 민들레를 캐서 나물로 즐겨 먹는데, 꽃은 소금에 절였다가 살짝 데쳐서 잠시 우려낸 후 나물처럼 무쳐 먹는다. 이러한 민들레의 성분 중에는 이눌린을 비롯하여 팔미친산과 이눌산, 비타민 B와 비타민 C가 많이 함유되어 있어, 민간에서는 간경화증을 비롯하여 변비와 감기, 관절염, 폐암 등에 두루 이용해 오고 있다. 한 임상실험에서는 민들레의 전초를 이용한 결과, 위염을 막고 알코올이나 아스피린 등에 의한 위장질환의 증상을 개선시켜주는 효과가 입증되었다고 한다.

“ 꽃잎만을 넣을 경우에는 덧술에 누룩을 넣지 않아도 되지만, 후자의 경우에는 누룩을 더 넣어야 한다는 것을 잊지 말아야 한다. 민들레의 잎이나 줄기, 뿌리에 고루 분포되어 있는 유즙 형태의 수액은 그 맛이 쓰다. 이 쓴맛 성분이 발효를 저해하기 때문으로 여겨진다. ”

한방에서는 이 민들레를 이용한 차는 커피와 같은 맛이 있어, 즐겨 마시면 피를 맑게 해주어 혈행 개선은 물론이고, 위장병과 위궤양 등 갖가지 염증을 제거해주는 등 현대인들에게 많은 성인병 예방에 매우 좋다고 한다. 민들레의 전초를 이용한 약주를 다양한 방법으로 제조해 보았는데, 각각의 방법마다 맛과 향 등에서 차이가 있었다. 일테면 민들레의 강한 맛과 약성을 어떻게 다스릴 것인가, 무엇보다 그 방법을 찾아야 한다는 결론에 이르렀다.

예를 들면 민들레와 같은 꽃을 술에 이용하고자 할 때에는 분명한 목적을 갖고 술을 빚어야만 한다. 민들레꽃술은 꽃만을 이용할 수도 있고, 꽃과 함께 잎과 줄기 모두를 다 사용해도 좋은데, 향기와 빛깔이 좋은 술이 목적이면 꽃만을 이용하도록 하고, 향기와 맛 외에도 약효까지 얻고자 한다면 잎과 줄기, 뿌리를 다 넣는 것이 좋다. 다만, 꽃잎만을 넣을 경우에는 덧술에 누룩을 넣지 않아도 되지만, 후자의 경우에는 누룩을 더 넣어야 한다는 것을 잊지 말아야 한다. 민들레의 잎이나 줄기, 뿌리에 고루 분포되어 있는 유즙 형태의 수액은 그 맛이 쓰다. 이 쓴맛 성분이 발효를 저해하기 때문으로 여겨진다.

민들레의 꽃을 이용하고자 할 경우에는 술거리를 다 마련해 놓은 다음, 들이나 야산에 나가 갓 꽃봉오리를 터트린 것으로 골라서 채취하는 것이 향기 좋은 술을 빚을 수 있는 비결이다. 반쯤 또는 활짝 핀 꽃은 보기에는 좋지만, 채취 후 건조과정에서 하얗게 쇠어버리기 일쑤이고, 이내 홀씨를 날려 꽃자루만 남게 되기 때문이다.

따라서 꽃을 이용하고자 할 경우, 술을 빚기 직전에 활짝 핀 꽃을 채취하여 흐르는 물에 살짝 헹궈서 씻어낸 후, 물기를 털어내고 끓는 물로 데쳐 두었다가 곧바로 사용하도록 하여야만 헛수고나 실패가 없다.

민들레꽃술〈개발주〉

술 재료

밑술 : 멥쌀 2㎏, 밀가루 250g, 누룩가루 1㎏, 물 9ℓ

덧술 : 멥쌀 12㎏, 누룩 500g, 민들레꽃(민들레13g) 6g, 물 9ℓ

밑술 빚는 법

1. 멥쌀을 백세하여 고두밥을 짓는다.
2. 고두밥이 익었으면 고루 펼쳐서 차게 식힌다.
3. 물 9ℓ에 고두밥과 누룩가루, 밀가루를 넣고, 고루 섞어 술밑을 빚는다.
4. 술독에 술밑을 담아 안치고, 예의 방법대로 하여 3일간 발효시킨다.

덧술 빚는 법

1. 멥쌀을 물에 깨끗이 씻은 뒤, 하룻밤 재웠다가 건져서 각각 고두밥을 짓는다.
2. 고두밥이 무르게 푹 익었으면 차게 식혀 둔다.
3. 민들레 전초를 물에 깨끗하게 씻은 후, 물 9ℓ에 넣고 8ℓ가 되게 끓여서 찌꺼기를 제거한 다음 차게 식힌다.
4. 밑술에 고두밥과 누룩가루, 민들레 끓인 물 8ℓ를 고루 섞고 치대어 술밑을 빚는다.
5. 준비한 술독에 술밑을 안친 다음, 예의 방법대로 하여 비교적 따뜻한 곳에서 발효시킨다.

벚꽃술

〈개발주〉

벚나무의 꽃을 이용한 벚꽃술은 예로부터 피로회복과 식욕증진의 약으로 애용되어왔으나, 그것이 어떠한 근거에 의한 것인지는 정확히 밝혀진 바가 없었다. 다만, 벚꽃의 성분 중에 사쿠라닌과 아미그달린, 케라시아닌 등의 작용에 의한 것이라는 사실이 밝혀지면서부터이다. 이 때문에 예로부터 풍사(風師)를 비롯한 두드러기 등에 민간약으로 이용해 왔음을 볼 수 있다.

벚꽃은 화려하기도 하거니와 향기도 있어, 많은 사람들의 사랑을 받고 있는데,

처음에는 연분홍 빛깔을 띠다가 만개하게 되면 하얀색으로 바뀌는 것을 알 수 있다. 이는 마치 살구꽃의 경우와 같아 술을 빚게 되면 그 색깔을 분별하기에는 어려움이 남는다. 벚꽃은 여러 종류가 있는데, 술을 빚기에는 꽃모양이 아름다운 것 보다는 겹벚꽃 또는 왕벚꽃이나 산벚꽃이 빛깔이나 향이 깊고, 약효도 좋다.

따라서 꽃을 채취할 때에는 깨끗한 곳에 자란 벚나무의 꽃잎을 채취하도록 하는데, 높은 산 속의 산벚꽃이 더 유용하다고 하겠다. 벚꽃 역시 만개한 것은 향이 적으므로, 가능한 한 반개(半開)한 것을 채취하도록 하고, 흐르는 물에 살짝 헹궈서 반드시 탈수를 한 후에 그늘이나 따뜻한 곳에 널어서 가능한 물기를 건조시킨 후에 술빚을 때 넣도록 한다.

덧술은 밑술의 증식된 효모를 이용하기 때문에 큰 문제가 없을 것으로 생각하

> 여느 가향주에서와 같이 단양주보다는 이양주가 좋고 밑술보다는 덧술에 사용하는 것이 술의 발효에 용이하고 향기를 보존하는 방법이라고 하겠다. 술독을 지나치게 따뜻한 곳에 두지 않도록 하고, 술독이 따뜻해지면 즉시 서늘한 곳으로 옮겨두고 21일간 후발효와 숙성을 시키도록 한다.

기 쉬운데, 벚꽃을 비롯하여 어떤 재료든지 날물이 들어가는 것은 오염원을 수반하게 되므로 발효에 지장을 초래하기 쉽다.

여느 가향주에서와 같이 단양주보다는 이양주가 좋고, 밑술보다는 덧술에 사용하는 것이 술의 발효에 용이하고 향기를 보존하는 방법이라고 하겠다.

덧술을 빚을 때 주의할 점으로, 먼저 밑술의 맛이 지나치게 시지 않아야 한다는 것이다. 밑술을 빚은 지 4일이 되기 전이라도 밑술에 산미가 느껴지면 곧바로 덧술을 빚도록 하고, 여의치 않으면 밑술을 냉동실에 넣어두어 발효를 억제시키는 방법도 도모할 필요가 있다.

이어서 덧술(고두밥)이 준비되면 밑술과 누룩, 물을 한데 섞어 두 번째 술밑을 빚은 다음, 술밑을 안치기 직전에 꽃을 먼저 독에 안치고 이어 술밑을 담아 안쳐서 술빚기를 끝낸다. 또 한 가지 방법은 버무리기를 끝낸 술밑에 다시 건조시켜 마련해 둔 벚꽃을 넣고 재차 버무리는데, 꽃잎이 뭉개지지 않도록 살살 버무려 주어야 한다. 술밑을 안친 독은 발효에 들어가는데 있어, 술독을 지나치게 따뜻한 곳에 두지 않도록 하고, 술독이 따뜻해지면 즉시 서늘한 곳으로 옮겨두고 21일간 후발효와 숙성을 시키도록 한다.

이 방문은 벚꽃 특유의 향을 느낄 수는 없으나, 술 빛깔이 매우 밝으면서도 엷은 미색을 띠며, 상큼한 맛을 주는 것이 특징이다. 술맛을 보다 좋게 하려면 덧술의 물을 5되 정도로 줄여서 하는 것도 한 가지 방법이다.

벚꽃술〈개발주〉

술 재료

밑술 : 멥쌀 2.4㎏, 누룩 750g, 물 5.4ℓ

덧술 : 멥쌀 12㎏, 누룩 500g, 벚꽃 6g, 물 9ℓ

밑술 빚는 법

1. 멥쌀을 백세하여, 하룻밤 불렸다가 건져서 물기가 빠지면 시루에 안쳐 고두밥을 짓는다.
2. 고두밥은 고루 펼쳐서 차게 식힌다.
3. 고두밥에 누룩과 물을 넣고 고루 버무려 소독하여 준비한 술독에 담아 안친다.
4. 술독은 예의 방법대로 하여 4일간 발효시키면 술이 익는다.

덧술 빚는 법

1. 멥쌀을 백세하여 하룻밤 불렸다가 건져서 물기를 뺀다.
2. 벚꽃을 물에 깨끗이 씻어 물기가 빠지게 채반에 받쳐 바람이 잘 통하고 서늘한 곳에 널어서 건조시킨다.
3. 시루에 쌀을 안쳐서 고두밥을 짓되, 고두밥은 물을 주지 말고 푹 쪄서 익었으면, 고루 펼쳐서 차게 식힌다.
4. 차게 식힌 고두밥에 누룩과 물을 고루 버무려 술밑을 빚고, 술독에 벚꽃을 먼저 넣고 술밑을 안친다.
5. 술밑을 술독에 담아 안치고, 예의 방법대로 하여 21 ~ 28일간 발효시킨다.

송순주(松荀酒)

〈고려대규합총서〉

송순주(松荀酒)는 반주문화적인 측면에서 가장 한국적인 정취를 간직한 술이라고 할 수 있으며, 다른 한편으로는 가장 세계적인 술로 자리매김할 수도 있는, 가능성이 무궁한 술이라는 것이 필자의 소견이다. 우리나라의 전통 술 빚기에서 가장 널리 사용되고 있는 부재료가 바로 소나무에서 얻어진다는 사실에서다. 우선 소나무는 우리 주변에서 손쉽게 구할 수 있는 재료이면서 가장 친숙하다. 향기뿐만 아니라 여러 가지 성인병에 대한 약효도 인정되고 있다. 특히 송순주는 주독(酒毒) 해소(解消)에 뛰어난 효과를 나타내며, 머리를 맑게 하고 위장병과 풍치, 신경 관계 질환의 치료와 예방, 고혈압과 동맥경화 예방, 관절염 치료, 수족마비 등 풍증(風症)과 마비(痲痺) 증상을 다스리는 효과를 나타낸다. 이렇듯 소나무를 부재료로 한 여러 가지 약주류 가운데 송순주가 으뜸이며, 무엇보다 맛과 향기가 뛰어나다는 데 그 가치가 있는 것이다.

이러한 송순주는 무엇보다 송순의 선택에 술의 품질이 달려있다고 해도 과언이 아닐 만큼, 그 재료의 선택에 유의해야 한다. 이른봄에 새로 자란 송순을 채취하는데, 아직 솔잎이 나지 않고 길이가 15센티 이상인 것으로 모엽(母葉)을 제거하고, 수증기로 쪄서 수분을 제거한 이후에 사용하는 것이 비결이다. 이와 같이 준비한

> 곡주를 빚는 과정에서 송순과 소주를 넣어 발효시키는 혼양주법의 송순주가 있는데, 혼양주법이 선호되었음을 알 수 있다. 또한 이러한 혼양주라야 저장성이 좋고 송순주 고유의 맛과 향기를 배가하여 음미할 수 있기 때문이다.

송순이라야 술맛이 쓰지 않고 향이 좋으며, 이물질과 잡맛이 없는 맑은 술을 얻을 수 있다.

송순주에 대한 기록은 〈치생요람〉, 〈산림경제〉, 〈고려대규합총서〉, 〈규합총서〉, 〈간본 규합총서〉, 〈임원십육지〉, 〈양주방〉, 〈술 빚는 법〉, 〈시의전서〉 등 여러 문헌에 다양한 방법이 수록되어 있음을 볼 수 있다. 이들 문헌에 의한 술 빚기를 보면, 고두밥과 누룩에 송순을 넣는 방법의 술 빚기와 먼저 곡주를 증류하여 소주를 내리고, 다시 곡주를 빚는 과정에서 송순과 소주를 넣어 발효시키는 혼양주법의 송순주가 있는데, 혼양주법이 선호되었음을 알 수 있다. 또한 이러한 혼양주라야 저장성이 좋고 송순주 고유의 맛과 향기를 배가하여 음미할 수 있기 때문이다. 특히 이러한 송순주는 우리 고유의 술 빚기 형태로서 가장 한국적이며, 또한 가장 세계적인 술로 자리매김할 수 있을 것이라고 확신한다.

〈고려대규합총서〉와 〈규합총서〉의 송순주는 혼양주법을 보여주고 있는데, 두 문헌의 방문이 거의 같다는 것을 알 수 있다. 다만 〈고려대규합총서〉에서는 밑술에 들어가는 물의 양이 적고, 덧술을 빚을 때 밑술을 걸러서 술찌꺼기를 제거한 탁주를 이용한다는 점이 〈규합총서〉와 다르다. 흔히 〈규합총서〉를 많이 언급한 것을 볼 수 있는데, 〈고려대규합총서〉의 기록이 보다 앞서고, 특히 주방문에 있어서는 가짓수가 훨씬 많다는 점에서 유념해 살필 일이며, 송순주의 주질을 결정하는 중요한 재료가 제때 채취한 송순과 이취가 없는 소주라는 것을 기억할 필요가 있다.

송순주〈고려대규합총서〉

술 재료

밑술 : 멥쌀 1.6㎏, 누룩가루 1㎏, 물 5.4ℓ

덧술 : 찹쌀 8㎏, 송순 130g, 증류식 백소주 30복자(13.5ℓ)

밑술 빚는 법

1. 멥쌀을 백세하여 물에 하룻밤 담갔다가 헹궈서 작말한다. 체에 친 누룩 가루를 함께 준비한다.
2. 물을 쌀가루에 붓고 주걱으로 골고루 갠 후, 팔팔 끓여 된죽을 만들고 차게 식힌다.
3. 죽에 누룩가루를 넣고 고루 치대어 술밑을 빚는다.
4. 소독하여 마련해 둔 술독에 술밑을 담아 안치고, 예의 방법대로 하여 3~4일간 발효시킨다.

2 3 4 4

덧술 빚는 법

1. 송순을 꺾어다 물에 깨끗이 씻고 수염을 제거한 다음, 끓는 물에 살짝 데쳐서 차게 식혀 놓는다.
2. 찹쌀을 백세하여 시루에 안치고, 고두밥을 지어 얼음같이 차게 식힌다.
3. 술체에 걸러 찌꺼기를 제거한 밑술과 고두밥을 자배기에 한데 합하고, 고루 버무려 술밑을 빚는다.
4. 소독하여 준비한 술독에 술밑과 송순을 켜켜로 안치고, 단단히 싸매어 차지도 덥지도 않은 곳에 두고 7일간 발효시킨다.
5. 준비해 둔 증류식 백소주 30복자를 부어주고, 그대로 두어 소주 냄새가 나지 않고 향기가 좋으면 용수 박아 채주한다.

송순주〈규합총서〉

술 재료

밑술 : 멥쌀 1.6kg, 누룩가루 1kg, 물 9~10.8ℓ

덧술 : 찹쌀 8kg, 송순 130g, 소주 30복자(13.5ℓ)

밑술 빚는 법

1. 멥쌀을 백세하여 하룻밤 침지하였다가 작말한다.
2. 쌀가루에 물을 붓고, 죽을 쑨 뒤 차게 식힌다.
3. 죽에 누룩가루를 넣고, 고루 버무려 술밑을 빚는다.
4. 술독에 술밑을 담아 안치고, 예의 방법대로 하여 3일간 발효시킨다.

2

3

4

4

덧술 빚는 법

1. 찹쌀을 백세하여 고두밥을 짓는다.
2. 송순에 붙은 수염을 떼어내고 살짝 삶은 뒤, 고두밥과 함께 고루 펼쳐 차게 식힌다.
3. 밑술에 고두밥을 합하고 고루 버무려 술밑을 빚은 다음, 술독에 송순과 함께 켜켜로 담아 안친다.
4. 술독을 예의 방법대로 하여 차지도 덥지도 않은 곳에서 1주일간 발효시킨 후, 소주 30복자를 붓고 다시 익힌다.

※ 술 1말이 얻어진다. 양을 많이 하려면 비율대로 하면 된다.

송순주

〈시의전서〉

〈시의전서〉는 조선시대 말엽(1800년대 말)의 문헌으로, 상주 지방 반가의 조리책을 필사한 책이다. 한글 수필 형식의 상하 두 권으로 된 책인데, 한 권에 술 이름과 방문이 수록되어 있으며, '주부(酒部)'편에 소국주 별방을 비롯하여 과하주 별방, 방문주 별방, 벽향주, 녹파주, 성탄향, 황감주, 신상주, 두견주, 두강주, 삼일주, 삼해주, 호산춘, 일엽주, 자하주, 청감주 등과 함께 송순주가 수록되어 있다. 〈시의전서〉 외에도 송순주에 대한 기록은 많은데, 거의 모든 문헌이 조선 중기 이후의

것으로, 송순주 또한 조선조 중엽 가향·약주의 대중화가 이뤄진 시기와 관련이 있을 것으로 미루어 짐작된다.

송순주는 봄에 소나무 가지 끝에 자라는 새순을 이용하여 빚는 발효주와 발효 도중에 소주를 첨가하는 혼양주법의 두 가지 방문으로, 재료 배합 비율과 밑술의 주재료 처리 방법에서 문헌마다, 그리고 가문마다 방문도 각각 차이를 보이고 있다. 이와 같이 서로 다른 방문이 생겨난 것은, 송순주 역시도 일찍이 가양주로 뿌리를 내려 왔던 만큼, 집집마다 술 빚는 법과 방문이 다른 까닭이 여기에 있다.

〈시의전서〉의 송순주 방문은, 다른 방문과도 달리 밑술에 소용되는 쌀의 양이 많다는 것을 알 수 있는데, 이는 밑술의 재료를 죽으로 하여 빚는다는 점과, 덧술에 사용되는 송순의 양이 많다는 사실과 밀접한 관련이 있다. 특히 죽으로 빚는 술은 도수가 낮으므로 송순의 사용량이 많아지면 탄닌 등 송순에 함유된 여러 가지

> 송순주는 문헌마다, 그리고 가문마다 방문도 각각 차이를 보이고 있다. 이와 같이 서로 다른 방문이 생겨난 것은, 송순주 역시도 일찍이 가양주로 뿌리를 내려 왔던 만큼, 집집마다 술 빚는 법과 방문이 다른 까닭이 여기에 있다.

성분으로 말미암아 발효에 지장을 초래하기 때문에, 밑술의 효모 증식이 원활해야 하고 당도 또한 높아야만 솔잎으로부터 유리된 탄닌 농도를 비롯하여 여러 가지 성분의 희석을 유도할 수 있기 때문이다.

본 송순주는 가장 일반적인 방문이라 할 수 있으며, 술에 사용되는 소주의 양과 알코올 함량에 따라 차이가 있을 수 있으나, 여느 방문에 비해 그 맛이 진하고 송순의 향기가 매우 강하며, 후발효기간도 상당히 길어서 최소 40일이 지나야 깊은 맛을 즐길 수 있다는 것이 특징이다.

〈시의전서〉의 기록 가운데는 더러 누락된 부분이 많다. 다른 주품의 경우도 마찬가지이지만, 위의 방문에서 보듯 '밑술의 쌀 8되를 백세작말하여 된죽을 쑤라'고 되어 있을 뿐 물의 양이 나와 있지 않고, 덧술에서도 숙성중인 술덧에 붓는 소주도 알코올 도수를 몇 %로 하라는 것인지 모르겠고, 그 양을 얼마로 하라는 것인지도 알 수 없다. 다만 '소주를 찰랑하게 부으라'고 되어 있다.

따라서 이 경우 된죽의 농도를 가늠하는 기준이 무엇이냐의 문제가 있긴 하지만, 통상적으로 쌀 양과 동량의 물을 섞어 죽을 쑤면 매우 된 죽이 되므로 물 양을 8되~1말로 정하였고, 덧술의 소주 양도 발효 중인 술덧임을 감안하여 쌀 양의 75% 정도이면 술덧 위로 올라와 찰랑거리게 되므로, 그 양을 24ℓ(1말 3.5되)로 계산하였다는 사실을 밝혀둔다. 〈고려대규합총서〉의 송순주와 비교했을 때 그 향기와 맛이 덜하였다.

송순주〈시의전서〉

술 재료

밑술 : 멥쌀 6.4㎏, 누룩 1.4㎏, 물 (14.4~18ℓ)

덧술 : 찹쌀 32㎏, 송순 130g, 소주 (24ℓ)

밑술 빚는 법

1. 멥쌀을 물에 깨끗이 씻어 하룻밤 불렸다가 건져서 작말한다.
2. 솥에 물을 끓이다가 그중 물 10ℓ에 쌀가루를 개서 나머지 끓는 물에 붓고, 주걱으로 저어가면서 된죽을 쑤어 차게 식힌다.
3. 죽에 누룩가루를 넣고, 고루 버무려 술밑을 빚는다.
4. 술독에 술밑을 담아 안치고, 예의 방법대로 하여 3일간 발효시킨다.

덧술 빚는 법

1. 연하고 굵은 송순을 채취하여 물에 깨끗이 씻은 뒤, 숨이 죽을 만큼 삶아서 차게 식힌다.
2. 찹쌀을 물에 깨끗이 씻어 하룻밤 불렸다가, 건져서 고두밥을 짓는다.
3. 고두밥은 고루 펴서 차게 식힌 뒤, 송순과 밑술을 합하고 고루 버무려 술밑을 빚는다.
4. 술독에 술밑을 담아 안치고, 예의 방법대로 하여 (3~4일간) 발효시켜 쓰고 단맛이 나면, 소주를 찰랑하게 붓고 술맛이 나면 마신다.

* 술을 뜨고 나서는 술국이 진하거든 소주를 더 넣어도 좋다.

송순주〈군학회등, 증보산림경제〉

술 재료

밑술 : 찹쌀 40㎏, 누룩가루 1.75㎏, 물 90ℓ

덧술 : 찹쌀 40㎏, 소주 약간, 송이(송순) 약간

밑술 빚는 법

1. 찹쌀을 백세작말한다.
2. 찹쌀가루에 물을 섞고 죽을 끓여서 차게 식힌다.
3. 죽에 누룩가루를 섞고, 고루 버무려 술밑을 빚는다.
4. 술독에 술밑을 담아 안치고, 예의 방법대로 하여 3~4일간 발효시킨다.

덧술 빚는 법

1. 찹쌀을 백세하여 고두밥을 짓고, 익었으면 고루 펼쳐서 차게 식힌다.
2. 5~6cm 길이의 송순(송이)을 따다 모엽을 제거하고, 끓는 물에 살짝 데쳐서 쓴맛을 빼낸다.
3. 밑술에 고두밥과 송순을 넣고, 고루 버무려 술밑을 빚는다.
4. 술독에 술밑을 담아 안치고, 예의 방법대로 하여 5~6일간 발효시킨 후, 소주를 붓고 재차 10일간 발효·숙성시킨다.

* 〈증보산림경제〉 및 〈군학회등〉의 송순주 방문은 글자 한자 틀린 것이 없을 정도로 똑같다. 이는 앞선 기록의 방문을 베낀 것으로 여겨진다. 술을 빚어 본 결과 그 맛이 매우 순하고 싱겁게 느껴졌으며, 덧술에 찹쌀을 사용하였음에도 여느 주품에서처럼 부드럽고 감치는 맛이 덜하였다. 이는 덧술에 비해 밑술의 쌀 양이 지나치게 많고 상대적으로 누룩 양은 적은 데서 기인한다. 또한 방문 그대로 덧술을 해본 결과 덧술의 발효시 품온이 지나치게 빨리 상승하여, 자칫 산패를 초래하는 등 문제가 있기 때문에 밑술의 발효기간을 4~5일간으로 하는 것이 좋을 것으로 판단하였으며, 밑술의 쌀 양을 50%로 줄이고 대신 덧술의 쌀 양을 늘려서 하는 것도 궁리해 볼 필요가 있다고 생각되었다.

송순주〈음식방문〉

술 재료

밑술 : 찹쌀 6.4㎏, 누룩 400g, 물 18~27ℓ

덧술 : 찹쌀 32㎏, 송순 (100~200g), 소주 적당량(10~15ℓ)

밑술 빚는 법

1. 찹쌀을 매우 깨끗이 씻어 하룻밤 물에 담궜다가 건져서 작말한다.
2. 물에 쌀가루를 풀어 넣고 된 죽을 쑨 다음, 차게 식힌다.
3. 차게 식힌 죽에 누룩을 넣고, 고루 버무려 술밑을 빚는다.
4. 술독에 술밑을 담아 안치고, 예의 방법대로 하여 서늘한 마루에 둔다.
5. 술밑에 단맛과 쓴맛이 돌면 덧술을 준비한다.

덧술 빚는 법

1. 송순이 막 자랄 때(필 때) 많이 따다 모엽을 다듬고 끓는 물에 넣어 숨이 죽을 정도로 삶는다.
2. 송순은 서늘하게 식혀둔다.
3. 찹쌀을 물에 깨끗이 씻어 하룻밤 담가 두었다가 건져서 고두밥을 무르게 짓는다.
4. 밑술을 체에 밭쳐 막걸리를 거른다.
5. 막걸리에 고두밥과 송순을 넣고, 나물을 무치듯 고루 버무려 술밑을 빚는다.
6. 술독에 술밑을 담아 안친 후, 예의 방법대로 하여 발효시킨다.
7. 술덧이 달고 쓴맛이 들면 소줏고리를 이용하여 내린 소주를 붓는다.

* 맛이 들면, "달고 매워 마치 기절하니라. 술국이 진하거든 다시 소주를 또 고아 부어도 좋다."고 하였다.
* 밑술의 죽은 '의미만치 쑨다'고 하였으나, 덧술의 송순과 소주량이 나와 있지 않아 임의대로 하였다.

松荀酒〈가양주〉

술 재료

밑술 : 찹쌀 2.4㎏, 송순 120g(솔잎), 누룩 500g, 물 10.8ℓ

덧술 : 찹쌀 4.8㎏, 누룩 500g, 물 10.8ℓ

밑술 빚는 법

1. 준비한 분량의 송순이나 솔잎 중 각각 준비한 분량을 물에 깨끗이 씻어 솥이나 찜통에 넣고 살짝 쪄서 차게 식힌다.
2. 찹쌀을 백세작말하여 물을 섞고, 예의 방법대로 흰죽을 쑤어 차게 식힌다.
3. 찹쌀죽에 송순과 솔잎, 법제한 누룩을 넣고 고루 버무려 술밑을 빚는다.
4. 준비한 술독에 밑술을 담아 안치고, 예의 방법대로 하여 3~4일간 발효시킨다.

덧술 빚는 법

1. 찹쌀을 백세하여 고두밥을 짓고 차게 식힌다.
2. 발효가 끝난 밑술에 고두밥과 누룩, 물을 합하고 고루 버무려 술밑을 빚는다.
3. 술독에 술밑을 담아 안치고, 예의 방법대로 하여 10~15일 정도 발효, 숙성시켜 채주한다.

* 밑술은 15~18℃에서 6~7일, 덧술 15℃에서 40~60일간이 발효시키는 것이 원칙이나, 여름철에는 상온에서 밑술 3~4일, 덧술은 10~15일간 저온에서 발효시키는 것이 안전했다.

송순주〈개발주〉

술 재료

밑술 : 멥쌀 1.6㎏, 누룩 500g, 물 7.2ℓ

덧술 : 찹쌀 6.4㎏, 송순 130g, 누룩 250g, 탕수 1.8ℓ, 소주 3.6ℓ

밑술 빚는 법

1. 멥쌀을 깨끗이 씻어 한나절 물에 담갔다가 건져서 작말한다.
2. 쌀가루를 물에 풀어서 아이죽을 쑨 다음, 솥에 넣고 팔팔 끓여 넓은 그릇에 펴서 차게 식힌다.
3. 죽에 누룩 500g을 함께 섞고, 힘껏 치대어 술밑을 빚는다.
3. 소독한 술독에 술밑을 담아 안치고, 3~4일간 발효시켜 밑술이 익으면 덧술을 빚는다.

덧술 빚는 법

1. 송순을 시루에 담고 살짝 쪄서 차게 식힌 다음, 바람이 잘 통하는 그늘진 곳에서 5~10일간 건조시켜 준비한다.
2. 찹쌀을 예의 방법대로 하여 하룻밤 불렸다가 고슬하게 고두밥을 짓고, 익었으면 고루 펼쳐서 차게 식힌다.
3. 고두밥에 누룩과 송순, 밑술을 섞고, 고루 치대어 술밑을 빚는다.
4. 새로 준비한 새 술독에 술밑을 담아 안치고, 예의 방법대로 하여 3일간 발효시킨다.
5. 4일째 되는 날 증류한 소주를 붓고, 재차 2~3개월 숙성시킨 후, 용수를 박아 맑은 술을 떠낸다.

3

4

아카시아꽃술

〈개발주〉

아카시아꽃술은 향기가 좋은 술이다. 그 때문에 아카시아꽃은 좋은 밀원으로도 널리 알려져 있는 바, 그 향기를 얻고자 술 빚기에 도입한 예이다. 필자의 경험이긴 하지만 아카시아꽃술의 매력을 유감없이 과시한 기억이 있어 여기에 소개한다. 그 때의 감동이란 말할 수 없을 정도이다.

지금은 대학생이 된 큰 아이의 돌잔치 때였다. 당시만 해도 양주가 꽤 비싼 값에 거래되던 터여서 돌잔치에 오실 손님들의 접대를 위해 아이의 할아버지께서 시바스리갈 두 병을 구해주셨다. 손님은 가족과 친지를 제외하고 직장 동료만도 53명에 이르렀는데, 이때 술안주로는 흑산 홍어를 주로 하고, 양주와 희석식소주 그리고 내가 빚은 아카시아꽃술을 내놓게 되었다.

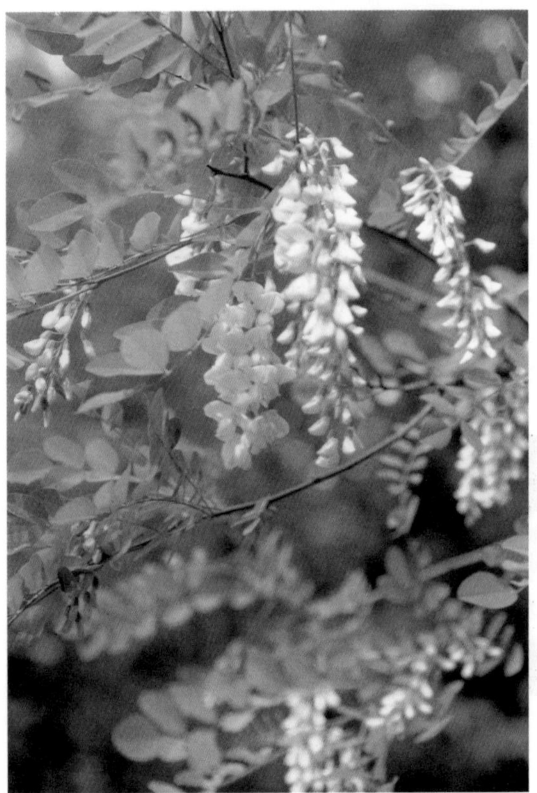

아카시아꽃술은 처음 빚어본 술이기에 자신도 없고, 양주가 있는데 이런 술을 드시랴 싶어 볼품없는 주전자에 담아 내놓게 되었는데 반응은 의외였다. 아카시아꽃술은 두 말 들이 독이 다 비워지도록 인기가 높은데 반해, 양주는 한 병이 채 비워지지 않았던 것이다. 희석식 소주는 빈병 두 개가 나왔을 뿐이었다. 혼자 생각에 희석식 소주는 흔하기도 하거니와 자주 마셔본

> 아카시아꽃술은 처음 빚어 본 술이기에 자신도 없고, 양주가 있는데 이런 술을 드시랴 싶어 볼품없는 주전자에 담아 내놓게 되었는데 반응은 의외였다. 아카시아꽃술은 두 말 들이 독이 다 비워지도록 인기가 높은데 반해, 양주는 한 병이 채 비워지지 않았던 것이다.

탓이려니 하는 생각과 남녀의 비율로 보아 남자가 많았으니, 비싼 독주가 자연 인기가 높을 것이라는 나의 예측은 여지없이 빗나가고 말았다.

아카시아꽃은 이르면 4월 하순에 남쪽부터 꽃이 피기 시작하여 5월 하순이면 만개한 것을 볼 수 있는데, 봉오리가 터지지 않았거나 갓 피어난 것이 좋고, 만개한 것도 시들지만 않았으면 사용할 수는 있다. 술을 빚고자 할 경우에는 가능하면 먼지나 이물질이 덜 묻은 깊은 산중의 것을 채취하도록 하고, 여의치 않으면 물로 한 번 헹궈낸 후에 사용하는 것이 좋은데, 송이째 채취한 후에 꽃자루를 잡고 훑으면 꽃만을 얻을 수 있으므로, 꽃자루를 제거하면 더욱 좋다.

물로 씻어낸 꽃은 그늘지고 서늘한 곳에서 약간 꾸들꾸들해지도록 건조시켜 사용하는 것이 안전한 발효를 도모할 수 있으므로, 가능하면 꽃에 묻은 수분은 제거하여야 한다. 또 사용하고 남은 것은 꽃잎이 바스러질 정도로 그대로 계속 건조시켜서 종이봉투나 비닐봉투에 담아 밀봉하여 보관해두고 사용하는데, 말린 꽃을 사용할 때에는 생화를 사용했을 때보다 그 양을 부피로 2배 정도 더 넣어도 무방하다.

술 빚기에 있어 강한 방향 외에 꽃을 이용한 경우에는 그 향기가 잘 발현되도록 하는 것이 목적이므로, 밑술 제조에 특히 유의해야 한다. 강력한 효모 증식이 요구되기 때문이다.

아카시아꽃술〈개발주〉

술 재료

밑술 : 멥쌀 1.6㎏, 밀가루 150g, 누룩가루 500g, 끓는 물 4.5ℓ

덧술 : 멥쌀 16㎏, 아카시아꽃 4g, 누룩 1㎏, 탕수 18ℓ

밑술 빚는 법

1. 멥쌀을 백세작말하여 끓는 물을 부으면서 범벅을 갠다.
2. 범벅은 넓은 그릇에 펴서 차게 식힌다.
3. 누룩가루와 밀가루를 차게 식힌 범벅에 넣고, 고루 치대어 술밑을 빚는다.
4. 준비한 술독에 밑술을 담아 안친 뒤, 예의 방법대로 하여 3~4일간 발효시킨다.

4

덧술 빚는 법

1. 멥쌀을 백세한 뒤, 하룻밤 재웠다가 건져서 고두밥을 짓는다.
2. 고두밥이 무르게 푹 익혀졌으면, 고루 펼쳐서 차게 식혀 둔다.
3. 물을 팔팔 끓인 뒤, 차게 식힌다.
4. 밑술과 고두밥, 누룩, 식혀 둔 물을 섞고, 고루 치대어 술밑을 빚는다.
5. 먼저 아카시아꽃 중 90%를 준비한 술독에 안치고, 그 위에 술밑을 안친 다음, 나머지 꽃 10%를 맨 위에 덮는다. 누룩가루는 한 줌 남겼다가 그릇을 씻어 맨 위에 덮어준다.
6. 술독은 예의 방법대로 하여 따뜻한 곳에서 발효시킨다.

원추리꽃술

〈개발주〉

술 빚는 데 사용할 수 있는 꽃으로, 가장 원시적인 형태의 꽃이 원추리꽃이 아닌가 싶다. 전국의 야산에서 주황색 바탕에 검은 반점이 박혀 있는 백합 형태의 이 원추리꽃을 볼 수 있는데, 어린잎과 꽃은 나물 등으로 식용해왔다. 한편 원추리 뿌리를 훤초근(萱草根)이라 하는데 '시름을 잊게 해준다'는 고사에서 유래한 이름이다. 한방과 민간에서는 산모(産母)의 젖이 잘 나오지 않거나 유방염과 유방암에 달여서 복용하는가 하면, 술로 인한 황달 증상으로 인하여 전신이 누렇게 되었을 때도 훤초근의 즙을 복용하면 다스려지는 것으로 알려져 있다.

원추리에는 비타민 A, B, C를 비롯하여 포도당과 지방, 회분, 무기질, 아스파라긴산 등의 영양소를 다량으로 함유하고 있어 식용해왔으며, 아데닌과 코린, 이루기니 등의 특수 성분도 풍부해 한방에서는 이뇨작용 및 지혈, 소염, 간질환 등의 질환과 빈혈이나 종기의 치료에 처방해 오고 있다.

원추리꽃을 말려서 소주에 담가 마시는 약용주는 자양강장 효과와 함께 피로회복에 좋다고 알려져 있다. 또한 잎과 함께 줄기, 뿌리, 꽃 등을 함께 넣고 달여서 복용하면 과음으로 인한 주독(酒毒)을 푸는 데 이용되었다.

중국에서는 원추리 꽃봉오리에 끓는 물을 끼얹고 재빨리 건져서 말린 것을 요

> 약효를 얻기 위한 방문으로는 꽃을 비롯하여 줄기와 잎, 뿌리를 함께 삶은 다음 찌꺼기를 제거하고, 달인 물을 양조용수로 하여 술을 빚어도 좋고, 꽃만을 달인 물을 사용하여도 된다.

리에 이용하는데, 이것을 금침채 또는 화채, 황화채라고 한다. 우리나라에서는 꽃술을 제거하고 쌈을 싸 먹기도 했으며, 쌀에 넣고 끓여 색반(色飯)을 지어먹기도 하였다. 또 구근은 구황식으로도 이용되었는데, 전분이 많아서 솥에 넣고 쪄먹기도 하고, 녹말을 만들어 쌀이나 보리와 함께 떡을 만들어 먹기도 했던 것이다.

술을 빚을 때에는 꽃을 채취하되, 진달래와 같이 꽃술을 모두 제거한 다음, 흐르는 물에 살짝 헹구듯 씻어낸 후에 물기를 제거하여 사용한다. 건조를 할 경우에는 완전건조에 힘써야 한다. 원추리꽃은 여느 꽃잎들과는 다르게 잘 마르지 않는데다, 건조과정에서 뒤집기를 하다보면 바닥에 들러붙거나 자칫 꽃의 형태가 뭉그러지는 현상이 있으므로, 바람이 잘 통하는 서늘한 곳에서 행하고, 따뜻하게 난방을 한 곳에서 단기간에 걸쳐 끝내도록 해야 한다. 생화보다는 건조시킨 꽃이 술맛이 좋다.

약효를 얻기 위한 방문으로는 꽃을 비롯하여 줄기와 잎, 뿌리를 함께 삶은 다음 찌꺼기를 제거하고, 달인 물을 양조용수로 하여 술을 빚어도 좋고, 꽃만을 달인 물을 사용하여도 된다. 달인 물을 사용하는 두 가지 방법을 택할 경우에는 물의 양이 절반이 될 때까지 뭉근한 불로 5~6시간에 걸쳐 천천히 달여서 완전히 차갑게 식힌 후에 써야 한다.

방문 대로 빚어본 원추리꽃술은 향기를 얻기 위한 가향주(加香酒)라기보다는 약용 목적의 약주(藥酒)에 가깝다고 할 수 있다. 술 향기를 얻기 위해서 빚었던 원추리꽃술이 기대치에는 미치지 못하였기 때문이다.

원추리꽃술〈개발주〉

술 재료

밑술 : 멥쌀 2㎏, 밀가루 250g, 누룩가루 1㎏, 물 9ℓ

덧술 : 멥쌀 8㎏, 누룩 500g, 원추리꽃 2g

밑술 빚는 법

1. 멥쌀을 백세하여 고두밥을 짓는다.
2. 고두밥이 익었으면 고루 펼쳐서 차게 식힌다.
3. 물에 고두밥과 누룩가루, 밀가루를 넣고, 고루 섞어 술밑을 빚는다.
4. 술독에 술밑을 담아 안치고, 예의 방법대로 하여 3일간 발효시킨다.

덧술 빚는 법

1. 멥쌀을 물에 깨끗이 씻은 뒤, 하룻밤 재웠다가 건져서 고두밥을 짓는다.
2. 고두밥이 무르게 푹 익었으면 차게 식혀 둔다.
3. 원추리꽃은 물에 씻은 후, 음건하여 준비한다.
4. 밑술에 고두밥과 누룩가루, 물, 원추리꽃을 고루 섞고 치대어 술밑을 빚는다.
5. 준비한 술독에 술밑을 안친 다음, 예의 방법대로 하여 비교적 따뜻한 곳에서 발효시킨다.

자두화주(紫桃花酒)

〈개발주〉

술 빚는 일이 다시 재미있어진다. 술의 향기 때문이다. 그 동안 우리는 술의 맛과 맑은 정도, 그리고 향기 순으로 술을 즐기는 경향이 짙었다. 술이 맛있어야 한다는 것이 음주의 기준이었으므로, 자연 술의 향기에 대해서는 등한시하게 되었다. 그런데 정보의 세계화 · 바다화로 대변되는 세상을 살면서 술의 기호에 대한 생각을 바꾸게 되었다. 술은 맛보다는 향기 위주로 마시는 세계인들의 음주경향에 동화되기 시작하면서, 우리 전통주에서도 향기를 논하게 된 것이다.

과거의 잘못된 양조문화와 음주습관으로 말미암아 잃어버린 전통주의 향기를 찾는 노력이 결코 쉽지만은 않은, 많은 시간과 노력을 필요로 한 일이었지만, 뒤늦게나마 우리 전통주의 향기를 찾고 즐기려는 인구가 늘면서 다양한 시도를 해오고 있다.

그 가운데 한 가지 방안이 곡주에 자연의 향기를 불어넣는 방법인데, 갖가지 꽃이나 과실 등에 함유되어 있는 향기를 발효과정을 통해 추출해내는 방법이다. 즉, 일반적인 곡주 제조법에 가향재들을 이용하는 것으로, 가장 대표적인 술로 봄철의 두견주와 도화주, 창포주, 송순주 등이 그 예이다.

예의 자두화주는 도화나 행화와 같은 가향재들을 채취하는 과정에서 착안한, 필자에 의해서 개발된 대표적인 가향주의 하나라고 할 수 있으며, 백화주를 제외하고는 이제까지 그 어떤 가향재를 이용한 술보다도 더한 매력을 느낄 수 있는 술이라고 자신한다.

그러나 자두화주는 다른 어떤 가향재들보다도 꽃의 채취와 갈무리가 힘들다는

> 온 집안에 자두꽃 향기로 뒤덮인다고 할 만큼 진한 향기에 그만 반하고 만다. 그리고 그 느낌이나 감동만큼 술의 향기나 맛에서 술 빚는 이의 기대와 욕구를 충족시킬 수 있을 것이라고 확신한다.

점에서 지극한 정성이 요구되는 술이라고 하겠는데, 우선 꽃을 채취할 때에 꽃잎이 떨어지지 않도록 반쯤 핀 것을 따되, 꽃자루를 남김없이 재거해야만 술이 맑고 잡맛이 느껴지지 않는다는 사실에 유의해야 한다.

자두꽃은 여느 과수의 꽃에 비해 꽃송이가 작고 꽃잎이 부드러우며, 특히 꽃송이가 뭉쳐서 피기 때문에 물에 씻는 일과 꽃자루를 제거하는 일이 여의치 않다. 또한 건조과정에서 꽃잎이 낱낱이 떨어져 나가게 되면 볼품이 없어지는 등 갈무리 과정이 매우 까다롭다는 점에서 어려움이 많다고 할 것이다.

하지만 꽃을 건조하는 과정에서도 느낄 수 있듯이 온 집안에 자두꽃 향기로 뒤덮인다고 할 만큼 진한 향기에 그만 반하고 만다. 그리고 그 느낌이나 감동만큼 술의 향기나 맛에서 술 빚는 이의 기대와 욕구를 충족시킬 수 있을 것이라고 확신한다. 다만 밑술을 빚을 때 쌀을 불리지 말고 가루로 빻도록 하고, 누룩도 가루로 빻아서 고운 체에 내려서 무거리를 제거한 후 사용해야 한다. 또 덧술에서 자두꽃은 켜켜로 안쳐도 좋지만, 고두밥과 밑술을 혼합할 때 직접 혼합하는 것이 향취가 좋으므로, 한차례 치댄 후에 넣고 살짝 버무려서 안치는 것이 요령이다. 그리고 덧술의 용수는 반드시 끓여서 차게 식힌 후에 사용하도록 하고, 누룩은 거친 것을 사용하여 빚고 가능한 더운 곳 보다는 약간 서늘한 곳에서 발효시키는 것이 풍미가 좋은 술을 얻을 수 있다는 점을 잊지 말아야 한다.

자두화주〈개발주〉

술 재료

밑술 : 멥쌀 1.6㎏, 누룩가루 500g, 끓는 물 5.4ℓ

덧술 : 찹쌀 8㎏, 자두꽃 3g, 누룩 500g, 탕수 5.4ℓ

밑술 빚는 법

1. 멥쌀을 백세작말하여 끓는 물을 부으면서 고루 익도록 저어주면서 범벅을 갠다.
2. 범벅을 서늘한 곳에서 천천히 차게 식힌다.
3. 누룩가루를 차게 식힌 죽에 넣고, 고루 섞어 술밑을 빚는다.
4. 준비한 술독에 밑술을 담아 안친 뒤, 예의 방법대로 하여 3일간 발효시킨다.

덧술 빚는 법

1. 찹쌀을 물에 깨끗이 씻은 뒤, 하룻밤 재웠다가 씻어 건져서 고두밥을 짓는다.
2. 고두밥이 무르게 푹 익었으면 차게 식혀 둔다.
3. 밑술에 고두밥과 누룩, 자두꽃, 끓여서 차게 식힌 물을 고루 섞고 치대어 술밑을 빚는다.
4. 술밑을 안친 술독은 예의 방법대로 하여 비교적 서늘한 곳에서 발효시키고, 익는 대로 떠서 마신다.

제비꽃술

〈개발주〉

제비꽃은 낮은 야산의 양지쪽에서 흔하게 발견되는 토종 야생화이다. 제비꽃은 3월부터 5월까지 봄에 피는 꽃으로, 진한 보라색을 띠는 꽃이 주류를 차지하는데, 더러 하얀 꽃잎 바탕에 가늘고 연한 줄무늬를 띠고 있는 흰제비꽃을 볼 수도 있다. 제비꽃은 여러 이름으로 불리는데, 오랑캐꽃을 비롯하여 씨름꽃, 장수꽃, 외나물 등 꽃으로만 분류 하면 60여 가지나 되는 것으로 알려져 있다.

제비꽃의 어린잎은 나물로도 먹고 짓찧어서 상처나 환부에 바르면 해독, 소종(消腫), 지혈과 진통악창 등에 효과가 있으며, 전초(全草)는 근근채(菫菫菜)라 하여 피부병의 일종인 태독, 중풍, 설사, 통경, 발한, 부인병, 간장기능부진 해소 및 해독 등에 이용된다.

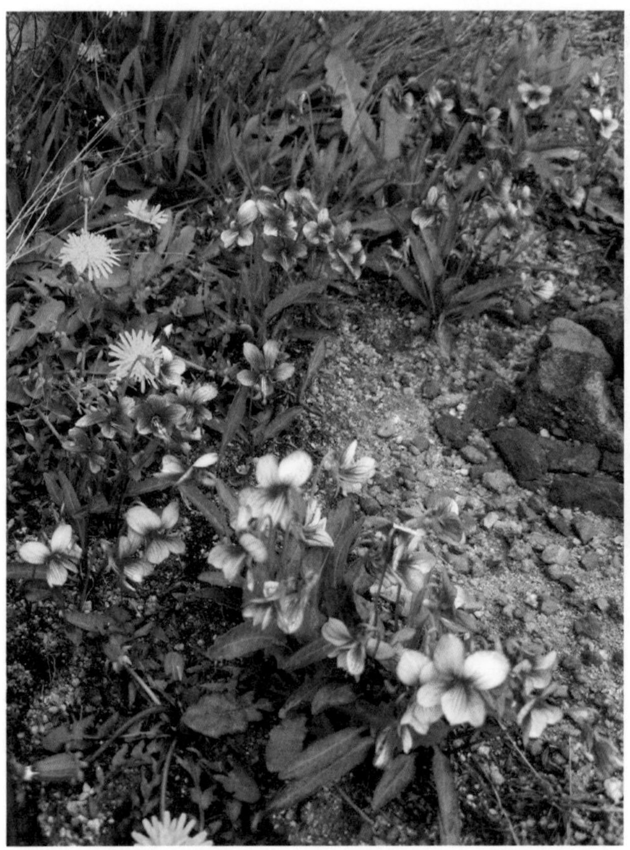

제비꽃술은 루틴, 살리신 등이 함유되어 있어 혈압강하에 효과가 좋으며, 이뇨작용 등과 부인과 질환의 치료에도 효능이 인정되고 있다. 제비꽃을 부재료로 사용하여 빚은 술인 만큼, 이 술은 가향주이자 봄을 알려주

> 밑술의 상태를 보아 신맛이 많이 나거나 충분이 삭지 않았으면 끓여서 차게 식힌 물 1.8 ~2.7ℓ를 추가하면, 발효도 잘 일어나고 양도 늘릴 수 있으므로 주인의 뜻대로 한다.

는 상징적인 절기주라고도 할 수 있는데, 어떤 문헌이나 기록에서도 찾아 볼 수 없는 개발주이다.

제비꽃은 번식력이 좋고 척박한 땅에서도 잘 자라므로 채취가 손쉬운 점이 있으나, 꽃이 매우 작기 때문에 술을 빚을 수 있는 양을 채취하려면 시간이 꽤 걸린다. 또한 지나치게 활짝 핀 꽃은 건조과정에서 부스러지기 쉬운 까닭에 좋지 못하다. 꽃을 달고 있는 꽃자루(화병, 花柄)가 가늘고 길게 자란 것을 볼 수 있는데, 생것을 사용할 경우라도 제거해야 한다. 갓 채취한 제비꽃을 이용하여 술을 빚을 때에는 꽃자루가 들어가지 않도록 하고, 건조시킨 꽃을 사용할 때에는 생것을 사용할 때보다 그 양을 늘려 잡도록 한다.

술 빚는 법에 있어서는 밑술이 좋아야 하는데, 죽이 푹 퍼지도록 무르게 쑤어야 한다. 자칫 죽을 쑤는 과정에서 죽이 눋게 되거나 탄 경우에는 누룽지 같은 것이 들어가지 않도록 해야 한다. 덧술은 밑술을 빚은 지 3일이 지나서 4일째 되는 날 찹쌀로 고두밥을 짓는데, 고두밥은 질지 않도록 찌고 무르게 익은 고두밥은 가능한 차갑게 식힌 후에 사용해야 실패가 없다.

덧술을 할 때 밑술의 상태를 보아 신맛이 많이 나거나 충분이 삭지 않았으면 끓여서 차게 식힌 물 1.8 ~2.7ℓ를 추가하면, 발효도 잘 일어나고 양도 늘릴 수 있으므로 주인의 뜻대로 한다. 다만 누룩은 반드시 법제를 한 후에 사용하는 것이 발효도 잘 일어나고 누룩 냄새를 없앨 수 있으므로 습관을 들이도록 할 일이다.

꽃은 술밑을 버무릴 때 함께 넣는 직접혼합법을 채용하는 것이 좋은데, 자두화주처럼 한차례 버무린 술밑에 꽃을 넣고 살짝 버무린 후 술독에 안치는 것이 좋은 술빛깔을 얻는 요령이다.

제비꽃술〈개발주〉

술 재료

밑술 : 멥쌀 1.6㎏, 누룩 500g, 물 5.4ℓ

덧술 : 찹쌀 8㎏, 제비꽃 4g, 누룩 500g, 물 5.4ℓ

밑술 빚는 법

1. 멥쌀을 깨끗이 씻어 한나절 물에 담갔다가 건져서 작말한다.
2. 쌀가루를 물에 풀어서 아이죽을 쑨 다음, 솥에 넣고 팔팔 끓여 넓은 그릇에 펴서 차게 식힌다.
3. 죽에 조곡 500g을 함께 섞고, 힘껏 치대어 술밑을 빚는다.
4. 소독한 술독에 술밑을 담아 안치고, 3~4일간 발효시켜 밑술이 익으면 덧술을 빚는다.

덧술 빚는 법

1. 반쯤 핀 제비꽃을 채취하여 물에 살짝 씻어 헹군 다음, 바람이 잘 통하는 그늘진 곳에서 4~5일간 건조시켜 준비한다.
2. 찹쌀을 예의 방법대로 하여 하룻밤 불렸다가 고슬하게 고두밥을 짓고, 익었으면 고루 펼쳐서 차게 식힌다.
3. 고두밥에 누룩과 제비꽃, 물, 밑술을 섞고 고루 치대어 술밑을 빚는다.
4. 새로 준비한 새 술독에 술밑을 담아 안치고, 예의 방법대로 하여 21일간 발효시킨다.

* 아이죽 : 쌀가루를 물에 개어 풀어 놓은 것.

창포주(菖蒲酒)

〈임원십육지〉

'창포(菖蒲)' 하면 단오날(端午日)이 연상되는 것처럼, 단오절에 마시는 절기주가 창포주이다. 창포주는 찹쌀고두밥에 누룩과 창포뿌리를 짓찧어 낸 즙으로 빚은 술인데, 단오날에 창포주를 마시는 풍습은 그 역사가 매우 깊다.

창포주에 대한 기록으로 〈동국이상국집〉을 비롯하여 〈포은집〉과 〈목은집〉 등 고려 말기의 문인들에 의해 씌여진 문집들이 가장 오래된 문헌인데, 이들 기록이 고려말, 조선 초기의 문헌인 점을 감안하면 최소한 고려 말에 창포주를 마셨다는 것을 알 수 있다. 또한 조선시대에 접어들면 〈동의보감〉을 비롯 〈임원경제지〉, 〈고사십이집〉, 〈농정회요〉, 〈산림경제집요〉, 〈양주방〉 등에도 창포주에 관하여 기록하고 있음을 볼 수 있다. 〈임원경제지〉의 창포주 제조법을 보면, '5~6월 경에 창포뿌리를 캐어 즙을 낸 다음, 찹쌀로 지에밥을 쪄서 누룩과 합하여 빚는다.'고 하였다. 또 별법으로 잘 익은 청주(淸酒)에 단오일 며칠 전에 창포뿌리를 침지하여 빚는 창포주도 소개하고 있는데, 이렇듯 단오날 창포주를 빚어 마시는 풍습은 창포의 방향성과 약성을 함께 취함으로써, 더워지는 여름을 대비하여 건강을 도모하는 데 그 목적이 있다.

이러한 창포주는 초백주, 국화주와 더불어 고려시대 때부터 선비들 사이에서 즐겼던 대표적인 절기주의 하나였는데, 조선 후기의 문신 정수강의 시문집인 〈월헌집〉의 오언율시 중 '端午 呈君度(단오에 군도에게 바치다)'란 시에 '共惜天中節 年年一度回 一長將北至 風軟正南來 酒用青蒲飲 衣從白紵裁 念君多逸興 病眼向江開病逢端午節 幽興尚依依 麥秀含秋色 梅黃映日暉 蒲醪生舊味 艾虎貼前扉 遙羡江亭會 賓朋樂未歸(함께 천중절을 아끼는 것은 해마다 한 번씩 돌아오기 때문이네. 날은 길어 장차 북쪽에 이르고, 바람은 연하여 바로 남쪽에 오네. 술은 푸른 창포를 써서 마시고, 옷은 흰모시를 따라 재단하였네. 생각건대 그대는 일흥이 많겠지만, 병든 눈으로 강을 바라보네. 병든 몸이 단오절을 만나니, 아늑한 홍취가 항상

"창포주로 서로 맞이하니 얼굴이 붉도록 취하고, 서울거리에 먼지가 이니 태양이 타는 듯하네. 다리엔 채색 실을 걸고 다투어 웃고 즐기니 농가에 양식이 떨어진 것도 아랑곳 하지 않네."

무성하네. 보리 이삭은 가을빛을 머금고, 매화 열매는 햇빛에 비치네. 창포주는 옛맛이 나고 애호는 앞문에 붙이네. 멀리 강정회를 부러워하니, 손과 벗이 즐거워 돌아가지 않네.)' 라고 하여 창포주를 노래한 시가 있다.

또한 김종직의 〈점필재집〉에도 '蒲酒相邀醉面紅 六街塵起日如烘 盡橋綵索爭歡笑 遮莫田家半菽空(창포주로 서로 맞이하니 얼굴이 붉도록 취하고, 서울거리에 먼지가 이니 태양이 타는 듯하네. 다리엔 채색 실을 걸고 다투어 웃고 즐기니 농가에 양식이 떨어진 것도 아랑곳 하지 않네.)' 하고 노래한 시를 보아 알 수 있듯, 조선시대 후기에 이르기까지 시인묵객들 사이에서 널리 애음의 대상이었음을 알 수 있으며, 이후에도 사림과 풍류객들 사이에서도 전해지는 등 창포주가 단오절의 절기주로 뿌리를 내려왔음을 짐작할 수 있다.

따라서 〈임원십육지〉의 창포주 방문은 우리나라 세시풍속 중 대표적인 명절의 하나였던 단오의 의미와 당시 절기주의 종류와 양조기법을 살펴볼 수 있는 중요한 단초가 된다고 하겠다.

술을 빚을 때 주의할 일은 창포즙을 마련하는 일에 따라 성패가 갈린다는 것을 잊지 말아야 한다. 방문에는 나와 있지 않으나 절구에 찧을 때 물을 쳐가면서 충분히 우려내도록 하고 그 농도를 묽게 하는 것이 술이 되었을 때 역겨움을 없애는 방법이다. 창포뿌리가 많지 않을 때는 창포잎을 이용해도 되는데, 즙액의 농도가 지나치게 높아서는 역겨운 맛을 지울 수 없기 때문이다.

창포주〈임원십육지〉

술 재료

창포뿌리(창포잎)즙 18ℓ, 찹쌀 16㎏, 누룩 3㎏, 물 9ℓ

술 빚는 법

1. 5~6월에 창포를 캐어 그 뿌리(또는 잎)를 물에 깨끗이 씻는다.
2. 창포 뿌리(또는 잎)를 절구에 넣고, 절구공이로 찧어 즙을 낸다.
3. 찌꺼기를 제거한 후 그 즙만을 취한다.
4. 찹쌀을 백세하여 하룻밤 불렸다가 건져서 고두밥을 짓는다.
5. 고두밥을 고루 펼쳐서 차게 식힌다.
6. 고두밥에 창포 즙과 누룩가루, 물을 한데 합하고 고루 버무려 술밑을 빚는다.
7. 술독에 술밑을 담아 안치고 예의 방법대로 하여 21일간 발효시킨다.

* 중풍을 치료하는데 효능이 있다고 알려져 있다. 〈포은집〉, 〈목은집〉, 〈동의보감〉, 〈고사십이집〉, 〈임원경제지〉, 〈농정회요〉에도 수록되어 있다.

* 술이 발효되는 것으로는 창포 뿌리보다는 창포 잎을 이용하는 것이 가향주에 부합된다고 할 수 있으므로, 잎을 삶은 물로 술을 빚어 볼 것을 권한다.

大母 장미란 씨의 창포주 빚는 모습.

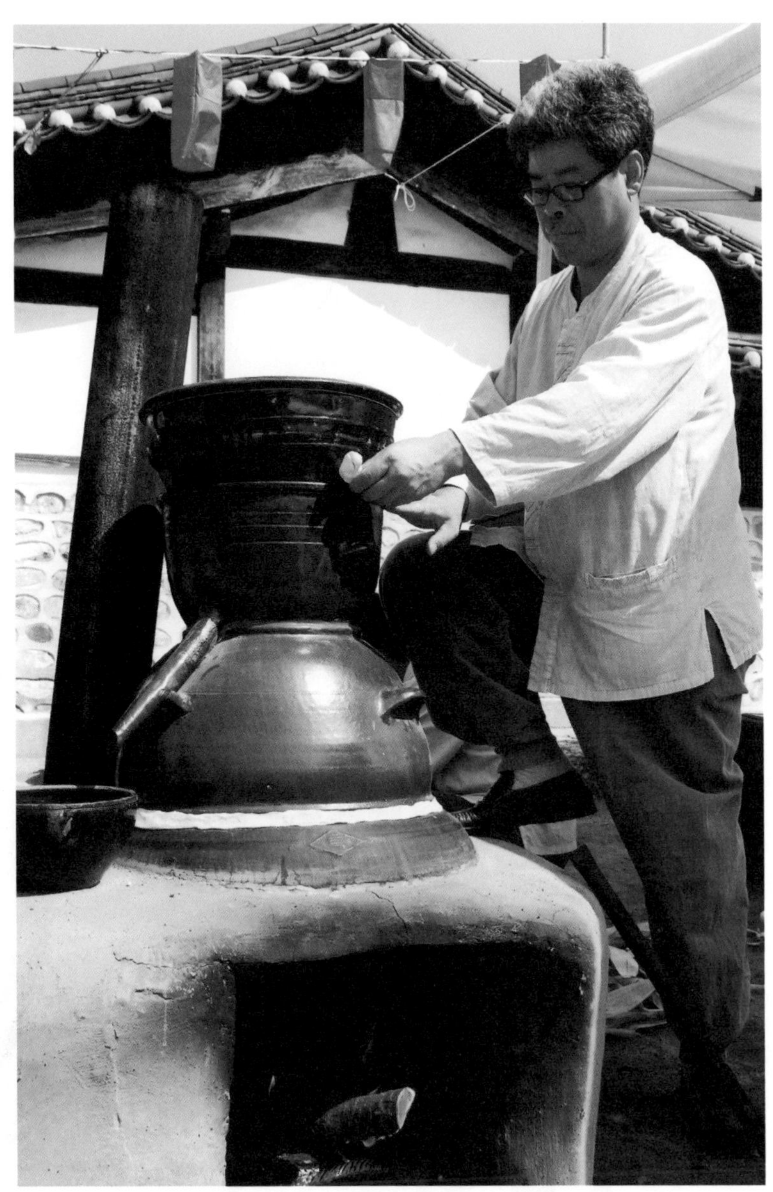

酒人 박승현 씨가 소주번을 붙이는 모습.

창포주(菖蒲酒)

〈양주방〉

매년 단오날이면 서울의 남산골 한옥마을을 비롯하여 전국 각지에서 세시축제가 벌어지는데, 이때 빠지지 않고 등장하는 것이 창포이다. 창포 목욕과 머리 감기, 비녀꽂이 등 세시풍속이 재연되고 있기 때문이다. 이에 따라 창포는 국화 못지않게 우리나라 여성들에게 친숙한 식물로 다가오고 있다. 그런데 이런 행사 때 머리 감기며 비녀꽂이 등에 사용하고 있는 창포를 보면 더러 실망하게 된다. 대개가 꽃창포를 사용하고 있기 때문이다.

우리가 창포라고 부르고 있는 것들에는 창포와 꽃창포가 있고, 이것들이 같은 종류로 알고 있어 주의할 필요가 있다. 꽃창포는 붓꽃과인 반면, 창포는 천남성과로서 전혀 다른 종류의 식물이다. 꽃창포를 창포로 알고 있는 이유 가운데는 우선, 꽃창포는 그 잎이 창포와 비슷하게 생겼고 꽃이 아름답기 때문이라는 것이고, 이들 두 가지 식물이 다 물을 좋아하고 초여름에 꽃을 피우는 점에서도 비슷하기 때문이다. 하지만 창포는 꽃창포와는 꽃의 형태가 전혀 다르다. 창포는 같은 꽃대에 아주 작은 꽃들이 수없이 달라붙어있는 육수화서라고 하여 특이한 꽃차례를 이루고 있다. 또한 꽃자루가 조이삭처럼 생긴데다 곧추 서 있기 때문에 자세히 살펴보지 않고서는 언제 꽃이 피어 있는지 잘 알 수 없을 정도로 드러나지 않는 특성이 있다.

창포(菖蒲)는 석창포라고 하는 천남성과의 다년초로, 전국의 연못이나 호숫가에 자생하는데, 이 창포의 향기가 뛰어나 악병을 쫓을 수 있다고 믿어 민가에서 애

창포는 항균작용을 하는 성분도 함유하고 있어 술과 함께 마시면 건강에도 좋다. 그래서 옛날 여인들은 창포를 달인 물로 목욕을 하고 머리를 감으면 피부와 머리를 부드럽고 촉촉하게 해주어 아름다움을 가꿀 수 있다고 믿었던 것이다.

용해왔다. 창포는 창포와 석창포로 크게 나뉘는데, 석창포가 창포보다 약효가 우수하여 쓰임새가 더 많은 것으로 알려지고 있다.

석창포의 약리작용을 보면, 주성분으로 정유성분(아세톤)과 배당체를 함유, 그 성질이 따뜻하고 매운 맛이 있으며, 정신을 맑게 하고 혈액순환을 개선시킨다고 한다. 따라서 이 창포를 이용한 창포주가 중풍을 치료하는데 효과가 크며, 한방과 민간에서는 담습을 없애고 입맛을 돋우며 독을 풀어준다고 하여 특히 선비들 사이에서 창포주를 즐겼는데, 창포의 잎과 뿌리에는 특별한 향취가 있기 때문이었다.

창포잎을 손바닥에 놓고 부비면 독특한 향기가 난다. 뿐만 아니라 항균작용을 하는 성분도 함유하고 있어 술과 함께 마시면 건강에도 좋다. 그래서 옛날 여인들은 창포를 달인 물로 목욕을 하고 머리를 감으면 피부와 머리를 부드럽고 촉촉하게 해주어 아름다움을 가꿀 수 있다고 믿었던 것이다. 이 밖에도 귀먹은 데, 목 쉰 데, 배 아픈 데, 이질, 풍한, 습비에도 효능을 발휘하며, 창포주를 5홉들이 잔으로 한 잔씩 하루에 세 번 마시면 기운이 화(和)하고 무병하여진다고 하며, 중풍을 치료하는 데 효과가 좋다고 알려져 있다.

창포주는 〈양주방〉에 수록된 단양주법 외에도 〈임원십육지〉의 이양주법, 그리고 마시는 술에 창포잎을 띄워 마시는 방법들을 볼 수 있는데, 고려 말기에서 조선 후기에 이르기까지 선비들의 시문집 가운데 〈양주방〉의 '별법'과 같이 이미 빚어 둔 부의주(浮蟻酒)나 동동주, 기타 청주에 때맞추어 창포뿌리나 잎을 넣어 재차 숙성시키거나, 그 향기와 약성을 침출하여 술과 함께 마시는 방법이 널리 퍼졌다는 것을 알 수 있다.

이같은 예는 창포주가 계절변화에 맞추어 즐기는 절기주로서, 더워지는 여름철을 대비하는 지혜와 방향(芳香)으로서 잡귀를 쫓고자 했던 벽사풍속의 단면을 엿볼 수 있다.

창포주〈양주방〉

술 재료

창포물(즙) 90ℓ, 찹쌀 40㎏, 누룩 2.5㎏

술 빚는 법

1. 창포 뿌리를 물에 깨끗이 씻은 뒤, 짓찧어 찌꺼기를 제거한 즙을 준비한다(창포 뿌리를 술빚는 물과 함께 끓여서 차게 식혀서 찌꺼기를 제거한다).
2. 찹쌀을 물에 깨끗이 씻어 불렸다가, 건져서 시루에 안쳐 고두밥을 짓는다.
3. 고두밥이 익었으면 고루 펼쳐서 차게 식힌다.
4. 창포즙(창포 끓인 물)에 고두밥과 누룩가루를 풀어 넣고, 고루 버무려 술밑을 빚는다.
5. 소독을 한 술독에 술밑을 담아 안치고, 단단히 밀봉하여 21일간 발효시킨다.
6. 술이 익으면 술자루에 담아 압착 여과하여 하루에 900㎖씩, 하루에 세 번 마신다.

1 2 5 6

* 5~6월에 캔 석창포의 뿌리를 사용한다.
* 혈액순환을 돕고, 풍, 마비 증세에 효과가 있고 정신계통을 맑게 하며, 눈과 귀를 밝게 한다(임원십육지).

* 고려시대부터 단옷날 마시는 술로, 전날부터 마시는 풍속이 있으며, 술을 마시면 창포의 향기로 모든 악병을 쫓는 것으로 믿어오고 있다.

大母 김영주 씨의 창포주 빚는 모습.

탱자꽃술

〈개발주〉

탱자꽃술은 순전히 필자의 호기심 때문에 실험으로 빚어 본 방문이다. 하이얀 탱자꽃이 아름다워서였다. 세상에 아름답지 않은 꽃이 어디 있으랴만, 하 많은 꽃들 가운데 탱자꽃처럼 하얀고 가녀린 꽃도 드물다는 생각이 들었고, 특히 요즘은 탱자꽃을 구경하기가 결코 쉽지 않다는 것이 그 이유였다.

필자의 고향 생가는 계단식 구조로 되어있는 한옥이었다. 대문을 사이로 창고와 헛간, 뒷간, 닭장이 있는 행랑채를 지나면 안채가 일자로 자리를 잡고 들어앉아 있다. 넓은 앞마당의 양 켠으로 허리가 굽은 살구나무 두 그루가 연분홍 꽃을 피우는데, 그때의 생가는 참으로 아름다운 풍경이 아닐 수 없다. 해마다 3월이면 앞마당에선 살구꽃이 만발하여 어린 가슴을 흠씬 적셔놓곤 했는데, 다시 5월경이면 뒤란에선 춘설 같은 꽃의 행렬을 볼 수 있었다.

안채의 부엌 뒤로 돌계단을 몇 개 오르면 볕이 잘 드는 위치에 외양간과 장독대가 뒤란을 이룬다. 다시 이 뒤란의 계단을 돌아서 올라서면 수령이 7~8백년은 넘는 팽나무 한 그루가 서 있는데, 이 팽나무의 가지를 우산 삼듯 초가 형태의 우상각(友想閣)이라고 하는 자그마한 정자가 들앉아 있다.

이 정자에 올라앉아서 보면 동네가 한눈에 들어오는데, 우측으로는 대밭이 울타리를 하고 있고, 앞쪽과 왼쪽은 두세 마지기 크기의 텃밭이다. 이 텃밭의 울타리가 탱자나무로 둘러 싸여 있는데, 이 탱자나무 울타리는 집 뒤란의 울타리를 겸하

> **필자의 경험에 따르면, 탱자꽃의 향기가 매우 약하여 여느 꽃들과 같이 건조시키는 것은 바람직하지 못하다는 것이다. 양조실험 결과 탱자꽃 향기를 느낄 수 없었기 때문이다.**

고 있어, 탱자꽃이 필 때면 '탱자나무 울타리에 피어오른다?' 던가 하는 유행가 가사를 흥얼거리곤 하였다.

탱자나무는 특히 가시가 많은데, 그 사이로 얼굴에 상처 하나 내지 않은 채 새하얗게 꽃을 피우고 있는 것이었다. 어렸을 때 재미삼아 오며가며 꽃을 따서 입에 넣고 오물거리면 자극적인 향기와 함께 새콤한듯하면서도 달보드레한 맛에 기분이 좋았던 기억이 새롭다.

운향과의 낙엽관목인 탱자나무는 대개 키가 3미터 정도에 이르는 것으로 되어 있는데, 가시가 많아 농가에선 울타리로 삼는 일이 많았다. 탱자꽃은 열매인 탱자에 비해 향기가 적고 약성도 밝혀진 것이 없으나, 가냘프기 짝이 없다 할만큼 청아한 모습이 특히 눈길을 붙들어 맨다.

탱자꽃을 채취할 때에는 반쯤 핀 꽃이 좋은데, 활짝 핀 꽃이라도 상관이 없다. 송이째 채취하되 따온 즉시 물에 살짝 헹군 다음, 면보나 키친타올 위에 펴고 덮어서 살짝 두드려서 물기를 제거한 뒤, 비닐 봉투에 담아서 공기가 새지 않게 밀봉한 다음, 냉장고에 보관했다가 술을 빚을 때 사용한다. 이와 같은 방법은 필자의 경험에 따르면, 말린 탱자꽃은 향기가 매우 약하여 여느 꽃들과 같이 건조시키는 것은 바람직하지 못하기 때문이다. 양조실험 결과 탱자꽃 향기를 느낄 수 없었기 때문이다.

따라서 가능한 생화를 사용할 것을 권하고 싶은데, 부득이 술을 빚을 형편이 아니면 건조시켰다가 여러 겹으로 된 종이봉투에 담아 보관해두고 사용하도록 하되, 색깔이 갈색으로 변하는 것 뿐만 아니라, 향기를 느낄 수 없을 정도로 풀냄새가 나는 것을 알 수 있다. 그럴 때에는 제비꽃술을 빚을 때와 같이 술밑과 함께 직접 버무려 빚는 것이 좋다.

탱자꽃술〈개발주〉

술 재료

밑술 : 멥쌀 2㎏, 누룩 1.25㎏, 물 4.5ℓ

덧술 : 찹쌀 10㎏, 누룩 500g, 탱자꽃 4g, 탕수 7.2ℓ

밑술 빚는 법

1. 멥쌀을 백세하여 하룻밤 불렸다가 고두밥을 짓는다.
2. 물에 누룩을 풀어 5~6시간 불려 놓는다.
3. 고두밥을 고루 펼쳐 차게 식힌 후에 수곡에 넣고, 고루 버무려 술밑을 빚는다.
4. 준비한 술독에 술밑을 담아 안친 뒤, 예의 방법대로 하여 3~5일간 발효시킨다.

덧술 빚는 법

1. 찹쌀을 물에 깨끗이 씻은 뒤, 하룻밤 재웠다 건져서 고두밥을 짓는다.
2. 물을 팔팔 끓여서 차게 식히고, 고두밥도 무르게 익었으면 고루 펼쳐서 차게 식힌다.
3. 밑술과 고두밥, 누룩, 식혀 둔 물을 고루 섞고 치대어 술밑을 빚는다.
4. 술밑에 탱자꽃을 고루 섞고 재차 술밑을 버무린 다음, 술독에 담아 안친다.
5. 술독은 예의 방법대로 하여 비교적 따뜻한 곳에서 발효시키고, 익는대로 떠서 마신다.

행화주(杏花酒)

〈개발주〉

술은 빚는 이의 취향이나 성격에 따라 여러 형태와 성격을 띠게 된다. 살구꽃술이라고 할 수 있는 이 행화주 역시도 문헌에는 없는 술이다. 따라서 술 빚는 이의 재료 선택에 의해 탄생된 방문이요, 계절주이고 가향주이며, 향을 즐기고자 빚은 술이니 가향주라도 맑은 술인 청주가 본색이라고 할 것이다.

복숭아는 물론이고 자두, 배, 사과, 매실, 대추, 밤, 감 등은 다 같이 우리 민족의 사랑을 받는 과실로서 한결같이 꽃이 피는 때부터 사람들의 사랑을 받아오고 있다. 그런데 이들 과실 가운데 복숭아꽃이나 매화를 이용한 가향주법의 주방문은 있는데, 기타의 꽃을 이용한 술 빚기는 찾아 볼 수가 없다. 그 이유가 어디에 있는가를 생각하게 된 것이 이 살구꽃을 비롯하여 다양한 종류의 과일의 꽃을 이용한 방문을 쓰게 된 배경이다. 또한 살구꽃은 개인적으로도 매우 좋아하는 꽃이라는 데서 본 방문을 개발하기에 이르렀다는 것이 솔직한 고백이다.

필자의 생가에는 마당에 두 그루의 큰 살구나무가 있었다. 3월이 되면 메말라서 죽은 것만 같았던 나뭇가지에 물이 오르고 푸른 살이 돋으면서 어린애 젖꼭지만한 움이 트는 모습이 정말이지 신기했다. 오래지 않아 마치 까만 두건을 벗고 앉은 비구니의 파르란 머리같이 느껴지더니 금세 붉은 빛으로 바뀌면서 하루가 다르게 커지는 것이었다.

붉은 꽃망울이 맺힌 지 닷새도 되지 않아 꽃봉오리가 터지고 연분홍의 살구꽃을 보게 되었는데, 온 집안이 다 환해지는 것을 느낄 수 있었다. 그 모습은 가히 환

> 행화주는 발효가 진행 중일 때를 제외하고 숙성이 될 때까지 시간이 지날수록 별다른 향기를 느낄 수 없는데, 숙성이 끝난 술을 채주하여 저온에서 21일 이상 숙성시키면 예의 살구꽃 향기를 즐길 수 있다.

상적이라고 할 수 밖에 달리 표현할 수가 없었다. 그리고 시나브로 꽃이 지는 모양은 어린 가슴을 저미는 듯 아파왔다. 다시 6월로 접어들 무렵 꼭 매실 같아 보이던 살구에 도톰한 살이 오르고 주황색의 물이 드는 모습이 정말 신기하고 재미있어, 나무에 올라 그것을 입에 넣었다. 새콤달콤한 맛이 좋아 하나 둘 따먹다보면 나중에는 신맛도 느낄 수 없게 되는데, 그것이 다 익기도 전에 나무에 달린 살구의 절반은 내 몫이었던 것이다. 그리고 얼마 되지 않아 배가 아프기 시작했다. 저물무렵 들에서 논에서 돌아오신 어른들에 의해 나의 죄과가 드러났고, 어머니는 어른들의 불편한 심기를 대신하여 심한 매질로 나를 다스렸다. 이러한 추억 때문에 살구꽃은 언제 어디서 보더라도 추억이 새롭고, 그 꽃에 쏠리는 애정이 남다르다.

살구꽃을 채취할 때에는 가능한 반쯤 핀 것을 골라서 송이째 따되, 곧바로 흐르는 물에 헹궈서 면보나 키친타월 등으로 살짝 두드려서 물기를 씻어내고 사용한다. 술을 빚을 계획이 없으면 소쿠리나 돗자리를 깔고 그 위에 얇게 펼쳐서 그늘지고 바람이 잘 통하는 곳이나, 따뜻한 구들방에 면보나 깨끗한 종이를 깔고 널어서 단시간에 건조시킨다. 이러한 방법은 가능한 살구꽃의 색상을 살리기 위한 방법이자, 꽃의 향기를 잃지 않기 위함이다. 꽃이 물에 담겨 있는 시간이 길면 길수록 건조 후의 꽃빛깔은 엷어지고 결국에는 하얗게 바래는데다 향기 또한 사라져 버리기 때문이다.

따라서 꽃빛깔을 살리는 모든 방법을 동원할 필요가 있는데 열풍건조는 꽃의 색깔을 살릴 수는 있으나, 향기가 달아나게 되므로 피해야 한다. 행화주는 발효가 진행 중일 때를 제외하고 숙성이 될 때까지 시간이 지날수록 별다른 향기를 느낄 수 없는데, 숙성이 끝난 술을 채주하여 저온에서 21일 이상 숙성시키면 예의 살구꽃 향기를 즐길 수 있다.

행화주〈개발주〉

술 재료

밑술 : 찹쌀 1.6kg, 밀가루 500g, 누룩가루 1kg, 물 7.2ℓ

덧술 : 찹쌀 12kg, 살구꽃 3g, 탕수 5.4ℓ

밑술 빚는 법

1. 찹쌀 1.6kg을 백세작말한다.
2. 물 7.2ℓ에 쌀가루를 풀어 넣고 갠 다음, 죽을 끓인 뒤 차게 식힌다.
3. 누룩가루 1kg을 차게 식힌 죽에 넣고, 고루 섞어 술밑을 빚는다.
4. 준비한 술독에 밑술을 담아 안친 뒤, 예의 방법대로 하여 3~4일간 발효시킨다.

덧술 빚는 법

1. 살구꽃 20g을 물에 살짝 헹궈서 물기를 뺀 다음, 서늘한 곳에서 물기만 가시게 건조시킨다.(미리 준비해 건조시켜 둔 것은 물에 살짝 헹궈서 물기를 뺀 후에 사용하는데, 생화였을 때보다 더 많이 넣어도 된다.)
2. 찹쌀을 물에 깨끗이 씻은 뒤, 하룻밤 재웠다가 건져서 무른 고두밥을 짓고, 무르게 푹 익었으면 차게 식혀 둔다.
3. 밑술과 고두밥, 탕수를 고루 섞고 치대어 술밑을 빚는다.
4. 버무리기를 끝낸 술밑에 살구꽃을 넣고 재차 살짝 버무려준다.
5. 준비한 술독에 술밑을 안치고, 예의 방법대로 하여 따뜻한 곳에서 발효시킨다.

제2부

연꽃 핀 누정에 올라 속세를 잊다

계관화주(鷄冠花酒)

〈개발주〉

화단에 관상용으로 널리 심고 있는 맨드라미는 여름철의 대표적인 꽃 가운데 하나이다. 꽃 모양이 닭의 볏같이 생겼다고 하여 계관화(鷄冠花), 계두화(鷄頭花)라고도 부른다. 한여름에 곧게 자라는 줄기 끝부분에 붉은색 또는 노란색의 닭 볏과 같이 밀집한 꽃술과 함께 꽃술의 밑이 서로 달라붙어 넓게 주름진 꽃이 피는데, 하늘을 향해 곧추세워 피어 있는 것이 특징이다.

맨드라미의 분류명 중 속명이 cristata인 것이나, 영명이 cock's comb라 하여 '닭의 볏 모양 같다'는 뜻인 바, 동서양이 다 같이 이 맨드라미꽃을 '닭의 볏 같다'는 뜻에서 연상된 꽃 이름을 붙여 부르고 있음은 이 꽃의 특징을 잘 말해준다고 하겠다.

맨드라미는 줄기나 키 높이에 비해 꽃이 너무 크기도 하거니와, 여러 송이의 꽃을 한데 뭉쳐놓은 것 같기도 하고 벌집 같기도 하며, 꾸불꾸불한 형태는 내장과도 닮았다. 이 때문에 한방에서는 맨드라미꽃을 계관화라고 하고, 종자를 계관자라고 하여 약재로 사용해 왔는데, 주로 탕약으로 사용하고 환약이나 가루약으로도 사용한다. 토혈과 출혈, 하리, 구토, 거담, 적백리 등의 질환과 여름철에 자주 찾아오는 설사를 비롯한 이질 등에 다른 약재와 함께 처방된다.

그 예로 맨드라미꽃 말린 것 한주먹을 물 2홉으로 달여서 1홉이 되면, 1일 3회 식간 복용하는데 여성들의 백대하와 월경불순, 이질에 특효하다고 알려져 있다. 또 맨드라미꽃을 줄기와 함께 잎 10g을 말려서 가루로 빻은 뒤, 물에 달여서 하루

“ 소주에 담가 빨갛게 우려낸 약용주는 빛깔이 좋아 우선 구미를 돋우기도 하거니와, 상비약으로 갖춰두고 여름철 설사와 이질 등 전염병에 대비해 왔다. 우리 조상들의 놀라운 지혜와 맨드라미꽃의 다양한 쓰임새를 알 수 있게 해준다. ”

에 3회 마시면 3일 안에 변비가 해소되고, 계속해서 오랫동안 복용하면 요통이 낫는다고 알려져 있다. 그리고 흰맨드라미꽃은 임질의 치료에 효과가 좋은 것으로 전해지고 있다. 이밖에 맨드라미꽃은 염료와 꽃꽂이용으로 많이 쓴다.

민간에서는 '달떡'이라고 하여, 전병과 같이 둥글납작하게 빚어 번철에 지져먹는 떡을 만들 때 염료로 사용하는 지초(芝草)가 없으면 빨간색의 맨드라미꽃을 짓찧어 만든 즙으로 붉은 색을 대신하기도 하였고, 진달래화전과 국화전처럼 별도의 맨드라미화전을 부쳐 즐겨 먹었다. 이때의 맨드라미화전은 시절식이면서 여름철 질병에 대비하기 위한 지혜에서 비롯되었던 것이라고 볼 수 있다. 또한 가정에서 소주에 담가 빨갛게 우려낸 약용주는 빛깔이 좋아 우선 구미를 돋우기도 하거니와, 상비약으로 갖춰두고 여름철 설사와 이질 등 전염병에 대비해 왔다. 우리 조상들의 놀라운 지혜와 맨드라미꽃의 다양한 쓰임새를 알 수 있게 해준다.

맨드라미꽃을 이용하여 술을 빚고자 할 때에는 꽃을 채취하여 물에 깨끗하게 씻어 말리는데, 물에 담가 둔 시간이 길어질수록 탈색이 심해지므로 물에 한번 헹궈내는 정도로 씻도록 하는 것이 요령이고, 꽃송이는 가능한 얇고 잘게 찢어서 짧은 기간에 건조시켜야 썩지 않으며, 꽃 색깔이 바래는 것을 막을 수 있다. 덧술을 할 때 꽃을 넣어 술밑과 함께 버무리는데, 밑술과 덧술 재료를 섞고, 고루 버무려서 빚은 후에 맨드라미꽃을 넣고 한 차례 더 버무려주는 것이 요령이다.

이렇게 해서 잘 숙성된 맨드라미꽃술은 그 맛이 상큼하고 쓴맛이 있어 반주로 마시기에 좋다. 한 번에 많은 양을 마시지 않도록 하는 것이 좋다.

계관화주〈개발주〉

술 재료

밑술 : 멥쌀 1.6㎏, 누룩 1㎏, 물 3.6ℓ

덧술 : 찹쌀 8㎏, 맨드라미꽃 30g, 누룩 250g, 물 3.6ℓ

밑술 빚는 법

1. 멥쌀을 백세하여 하룻밤 불렸다가, 씻어 건져서 시루에 안쳐 무른 고두밥을 짓는다.
2. 고두밥을 고루 펼쳐서 얼음같이 차게 식힌다.
3. 차게 식힌 고두밥에 누룩 1㎏과 물 3.6ℓ를 섞고, 고루 버무려 술밑을 빚는다.
4. 술독에 밑술을 안치고, 예의 방법대로 하여 3~5일간 발효시킨다.

덧술 빚는 법

1. 밑술이 괴기 시작하면, 찹쌀 8kg을 예의 방법대로 하여 고두밥을 짓는다.
2. 물 3.6ℓ를 끓여서 차게 식히고, 고두밥도 익었으면 퍼내서 차게 식힌 후, 밑술과 누룩을 함께 섞고 고루 버무려 술밑을 빚는다.
3. 밑술과 고두밥이 고루 버무려졌으면, 맨드라미꽃을 넣고 다시 한 번 더 버무린다.
4. 술밑을 술독에 담아 안치고, 예의 방법대로 하여 발효시킨다.
5. 술이 익어 밥알이 동동 떠올랐다가 가라앉으면 술이 익은 것이므로, 용수를 박아 두고, 2~3일 후에 용수 안에 고인 맑은 술을 떠서 마신다.

* 용수를 박아두고 맑은 상태가 되었으면 가능한 빨리 많이 떠내고, 별도의 용기에 담아 숙성시킨다.

능소화주(凌宵花酒)

〈개발주〉

꽃이 드문 장마철에 계속해서 크고 화려한 주홍색의 꽃을 피우는 능소화는 정원수로 사랑받아 왔다. 우리나라의 중부 이남에서 관상용으로 심는데, 중국이 원산지로 금등화, 대화능소화, 자위 등으로 불려진다.

능소화의 줄기는 길이가 10미터에 달하고, 큰 것은 지름 7센티미터 정도의 원줄기에서 군데군데에서 짧은 흡근이 자라 바위나 나무 담장 등을 타고 올라가며 자라는 덩굴식물이다.

한여름에 주위의 나무나 벽을 타고 높이 올라가면서 가지를 뻗는데, 7~9월경에 가지 끝에서 커다랗고 주홍색의 나팔 또는 깔때기 모양의 꽃이 5~15개 정도가 달리면서 아래로 처지는 원추꽃차례를 이루며, 바람이 불면 마치 시계추처럼 흔들리는 것을 볼 수 있다.

꽃은 지름 6~8센티미터 정도이고 안쪽은 황홍색이지만 겉면은 적황색이다. 이강웅예라 하여 두 개의 수술과 한 개의 암술이 있는 깔때기 모양의 통꽃이 가지 끝에 달린다.

옛날에 서민층에서 이 능소화를 심으면 잡아다 곤장을 쳐서 다시는 능소화를 심지 못하게 하였다고 하여 양반꽃이라고도 한다.

꽃을 피울 때는 상하로 열리지만 손으로 만지거나 건드리면 재빨리 닫히는 특

> **"능소화는 여느 가향재와 같이 건조시켜 사용하는 것이 술의 변질을 막을 수 있을 것으로 생각된다. 수분이 많다는 것이 그 이유이며, 건조시킨 꽃이라도 수분을 빨아들이면 금세 지저분해지기 때문에 직접 버무려 넣는 방법은 피하는 것이 좋다."**

성이 있다. 양봉농가에서는 밀원으로도 사용할 정도로 꿀이 많아 한방에서는 능소화를 잎, 줄기와 함께 말려서 이뇨제와 통경제로 사용하는데, 줄기와 뿌리에도 같은 효능이 있다고 알려져 있어, 민간에서는 어혈을 풀어주고 부스럼과 산후통, 대하증, 양혈 등에 효과가 알려져 있어 다른 약재와 함께 이용하고 있다.

능소화를 채취할 때에는 꽃받침을 제하고 꽃송이를 따서 흐르는 물에 살짝 씻어내고 재빨리 물기를 제거해야 한다. 꽃의 크기와는 달리 화판의 두께가 얇기 때문에 쉬이 뭉개지거나 건조과정에서 자주 뒤집어 주다보면 새끼처럼 말리기도 하고 마주 달라붙어서 건조도 잘 되지 않아 볼품없어지기 쉽기 때문이다. 이렇게 되면 꽃잎의 색깔도 암갈색으로 검어져 좋은 재료라고 할 수 없다.

따라서 물에 씻는 시간을 가능한 짧게 하고, 재빨리 건져서 면보나 키친타월로 깔고 덮어서 살짝 두드려가면서 물기를 제거하거나 탈수기를 이용하여 탈수시키고, 동시에 넓게 펼쳐놓고 선풍기를 돌려서 수분을 가능한 많이 제거한 후 그늘지고 통풍이 잘되는 곳에 펼쳐서 건조시켜야 한다.

술을 빚는 방법으로는 알려진 것이 없으나, 여느 가향재와 같이 건조시켜 사용하는 것이 술의 변질을 막을 수 있을 것으로 생각된다. 이는 능소화가 수분이 많다는 것이 그 이유이며, 건조시킨 꽃이라도 수분을 빨아들이면 금세 지저분해지기 때문에 직접 버무려 넣는 방법은 피하는 것이 좋다고 판단되었다. 또 탕약처럼 달인 물을 사용하는 것도 꽃이 품고 있는 향기의 소실을 가져와 가향주의 의미를 상실하는 결과를 낳게 될 것이기 때문이다.

능소화주〈개발주〉

술 재료

밑술 : 멥쌀 2㎏, 누룩 1㎏, 밀가루 50g, 흐르는 물 9ℓ

덧술 : 멥쌀 10㎏, 능소화 2g, 흐르는 물 5.4~7.2ℓ

밑술 빚는 법

1. 멥쌀을 백세작말한다.
2. 흐르는 물 9ℓ를 팔팔 끓여 쌀가루에 붓고, 고루 섞어 범벅을 갠 뒤 넓은 그릇에 펴서 차게 식힌다.
3. 범벅에 누룩가루와 밀가루를 섞고, 고루 치대어 술밑을 빚는다.
4. 술독에 술밑을 담아 안치고, 예의 방법대로 하여 찬 곳에 이불로 싸서 둔다.

4

덧술 빚는 법

1. 능소화가 필 때가 되면 멥쌀을 백세한 뒤, 하룻밤 불려 물기를 뺀 다음 고두밥을 짓는다.
2. 흐르는 물 5.4ℓ~7.2ℓ를 팔팔 끓여 차게 식힌다.
3. 고두밥을 고루 펼쳐 차게 식힌 다음, 밑술과 끓여 식힌 물을 합하고 고루 버무려 술밑을 빚는다.
4. 반쯤 또는 활짝 핀 꽃을 따서 건조시켜 두었던 능소화를 술독에 맨 먼저 안치고, 그 위에 술밑을 담아 안친다.
5. 술독은 예의 방법대로 하여 서늘한 곳에서 1~2개월간 발효시킨다.

3

4

* 이 술은 항상 싸늘한 곳에 두어 익기를 기다려야 하며, 익는 데는 1~2개월이 걸린다.
* 사진에서 보듯 술이 숙성되면 꽃이 떠오르는 것을 볼 수 있는데, 이 꽃이 다시 가라앉은 후에 채주하는 것이 술맛이 부드럽고 향기가 좋다.

닥나무잎술

〈양주방〉

닥나무잎술은 〈양주방〉을 비롯하여 〈규곤시의방〉, 〈주방문〉 등의 문헌에서 찾아볼 수 있다. 〈양주방〉에는 '닥나무잎술'로 기록되어 있는데, 〈규곤시의방〉에는 '절주(節酒)'라고 하였는데도 닥나무잎을 사용하고 있음을 볼 수 있고, 〈주방문〉에는 '닥주(楮酒)'로 표기되어 있으나, 방문에는 닥나무잎이 보이지 않는다.

따라서 〈주방문〉의 닥주는 방문을 기록하는 과정에서 닥나무잎을 빠트렸거나, 완성된 술의 향취에서 닥나무잎의 냄새를 느낄 수 있다는 의미에서 붙여진 술 이름일 것으로 추측된다. 왜냐 하면 〈양주방〉의 닥나무잎술이나 〈주방문〉의 술 빚는 법이 거의 일치하고 있기 때문이다. 어떻든 〈양주방〉과 〈규곤시의방〉의 닥나무잎술인 절주는 부재료로 사용되는 닥나무잎이 갖고 있는 초취(草臭)를 이용하여 술맛과 향기를 부여하고자 하는 가향주(加香酒)의 일종으로 여겨진다. 일테면 두견주나 도화주, 연엽주, 국화주와 같은 계절주의 성격을 띠는 가향주(佳香酒)의 한 가지로서, 이 방문을 이용하면 다른 어떤 가향주도 가능하게 된다.

〈양주방〉의 방문을 살펴보면 매우 이채롭다는 것을 알게 된다. 즉 멥쌀가루 1되로 가운데 구멍을 뚫은 구멍떡(孔餠)을 빚고, 끓는 물로 삶아 떡이 익어 물 위로 떠오르면 건져서 식기 전에 주걱으로 짓이겨서 된죽을 만든다. 떡 삶았던 물을 식

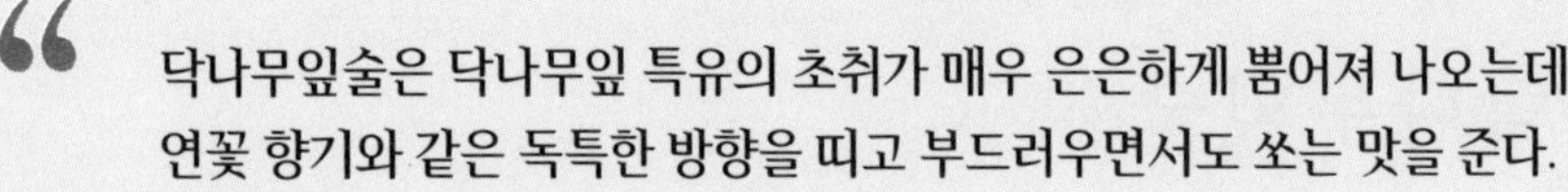

히지 말고 그대로 두었다가, 떡이 풀어지기 전에 식어서 풀어지지 않으면 조금씩 쳐가면서 멍울진 것이 없이 풀처럼 만들고 차게 식기를 기다린다. 이어 차게 식힌 된죽에 누룩가루를 섞어 술밑을 빚고, 이때 바가지에 닥나무잎을 깔고 그 위에 술밑을 담아 안쳐서 서늘한 곳에서 3일간 발효시킨다.

이와 같이 술밑을 바가지에 담아 안치는 방법은, 지금까지 목격되지 않았던 유일한 방법이자 매우 이채롭다고 하겠다. 대부분의 가향주들은 '연엽주'나 '두견주'와 같은 가향주 방문에서 보듯, 사용되는 부재료를 술독 밑바닥에 깔거나 켜켜로 안치는 것이 일반적이기 때문이다.

어떻든 그 이유를 확인할 수 있는 방법은 없으나, 밑술의 양이 적은 탓에 가능한 밑술의 소실을 줄이기 위한 방편이 아닐까 여겨진다. 덧술은 멥쌀로 고두밥을 짓고 차게 식혀 사용하는데, 먼저 빚어 둔 밑술을 체에 밭쳐 막걸리를 만들어 사용하는데 냉수로 걸러 낸다. 이때 술빚기에 사용하는 냉수는 고두밥과 동량이 되도록 하는 것이 중요한데, 그렇게 되도록 하려면 대략 5되(9ℓ) 정도의 냉수가 필요하게 된다. 덧술에 냉수를 사용하는 방법은 전통의 술빚기에서 가끔 목격되나, 특히 밑술은 끓인 물로 하여 빚을 경우에는 매우 위험부담이 크다고 할 수 있다.

따라서 세심한 주의를 필요로 하는데, 가능하면 끓여서 식힌 물을 사용하는 것이 바람직하다고 하겠다. 이상의 술빚는 법은 밑술의 목적과 연장선상에서 생각해 볼 필요가 있다. 즉, 닥나무잎을 사용한 누룩 제조가 닥나무잎의 곰팡이와 효모를 착생시키기 위한 방법이라는 점에서, 보다 신선하고 독특한 특성을 간직한 효모의 증식에 다름 아니라는 것이다.

이와 같이 하여 발효시킨 닥나무잎술은 닥나무잎 특유의 초취가 매우 은은하게 뿜어져 나오는데, 연꽃 향기와 같은 독특한 방향을 띠고 부드러우면서도 쏘는 맛을 준다.

닥나무잎술〈양주방〉

술 재료

밑술 : 멥쌀 800g, 누룩 350(500)g, 닥나무잎 5 ~ 6장

덧술 : 멥쌀 8㎏, 냉수 (9 ~ 18ℓ)

밑술 빚는 법

1. 멥쌀을 백세작말 한 뒤, 따뜻한 물로 반죽하여 구멍떡을 빚는다.
2. 끓는 물솥에 구멍떡을 넣고 삶아, 떡이 떠오르면 건져서 짓이겨 죽을 만든다.
3. 죽을 차게 식힌 후 누룩가루를 섞고, 매우 쳐서 술밑을 빚는다.
4. 바가지에 닥나무잎을 깔고 술밑을 담아 술독에 안친 뒤, 서늘한 곳에서 3일간 발효시킨다.

덧술 빚는 법

1. 멥쌀을 백세하여 고두밥을 짓는다.
2. 고두밥을 고루 펼쳐서 차게 식힌다.
3. 밑술을 체에 밭치고 냉수로 걸러 막걸리를 만든 뒤, 고두밥을 넣고 고루 버무려 술밑을 빚는다.
4. 술독에 술밑을 담아 안친 뒤, 예의 방법대로 하여 21일간 발효시킨다.

밤꽃술(一家花酒)

〈개발주〉

불무장등(不無長嶝)이라고 했던가. 밤꽃으로 온 마을이 뒤숭숭해지는 유월이면 밤나무가 심어져 있는 기슭에 오르는 마음 만큼 숨이 가쁘다.

예부터 과부들이 송곳으로 허벅지를 찔러가며 엄동설한을 견딜 수는 있어도 밤꽃냄새가 진동하는 오뉴월은 수절과부에게는 정말 견디기 힘들다고 한다.

그래서 예로부터 '밤꽃 피는 오뉴월은 불륜의 달'이라고 하였고, '밤꽃이 피는 달은 지독한 달'이라고도 했다. 물론, 이러한 말은 공공연하게 사용되어온 것은 아니지만, 결혼을 한 남녀들 사이에서는 마치 '은어'처럼 오고가는 말이기도 하다. 이처럼 밤꽃 향기가 피어나는 오뉴월의 밤이면 모두가 불륜을 떠올리게 되는데, 밤꽃에서 소위 '남자냄새'가 나는 까닭이다.

우리가 가장 흔하게 접하는 여러 가지 과실 가운데 밤(栗)은 건강식으로, 또한 애경사나 차례, 특히 삼색과(三色果)의 하나라 하여 제사에 없어서는 안 되는 귀한 제물의 하나이나, 이 밤이 맺히기 전의 밤꽃은 그 형태가 마치 털이 많이 난 애벌레처럼 생겨서 징그럽기도 하거니와, 그 향기는 사람을 흥분시키기에 충분하다.

어른들에게 밤나무를 집안에 심지 않는 이유를 물으면 '밤나무는 벌레가 잘 꼬일 뿐만 아니라, 꽃이 떨어지면 마치 송충이와 같은 형상을 하고 있어, 여자들이

> 밤꽃의 물기를 뺀 상태에서 바로 술밑과 함께 버무려 넣기도 하지만, 덧술로 넣는 고두밥을 찔 때 함께 시루에 안쳐서 쪄서 사용하는 것이 술의 이상발효를 해소할 수 있는 방법의 하나이다.

밤꽃의 물기를 뺀 상태에서 바로 술밑과 함께 버무려 넣기도 하지만, 덧술로 넣는 고두밥을 찔 때 함께 시루에 안쳐서 쪄서 사용하는 것이 술의 이상발효를 해소할 수 있는 방법의 하나이다.

싫어한다.'고 말씀하시는 것을 들을 수 있는데, 사실은 이런 까닭에 예로부터 밤나무를 집에서 멀리 떨어져 있는 산이나 들녘에 심고 거둘 뿐, 집안에 들이지 않았던 것이다. 또 이러한 얘기를 사실대로 알려주면 오히려 그 폐단을 조장하는 결과를 가져올 것은 너무나 자명하므로, 애써 기피해 왔던 것이다.

밤꽃은 5~6월에 이르러 일가화(一家花)인 흰색 꽃이 피며, 새로 난 가지 밑부분의 잎 겨드랑이에서 곧게 자라는 꼬리화서(花序)에 많이 달리는 것을 볼 수 있다. 밤꽃은 웅화서(雄花序) 밑 부분에서 보통 세 개씩 한군데에 모여서 자라는 것을 볼 수 있는데, 포(苞)로 싸여 있는 암꽃이 떨어진 자리에서 길이 3센티미터 정도 크기의 포침(苞針)으로 둘러싸여 있는 곡두(穀斗)가 자라 9~10월이 되면 밤이 익는다. 어떻든 밤꽃의 이러한 향기가 술과 함께 발효되면 어떻게 변하게 될 것인지, 또 무슨 맛과 느낌을 주는지 알고 싶은 호기심에서 이 방문을 채택하게 되었다.

밤꽃은 꽃가루가 날리기 전에 채취하여야 예의 목적을 달성할 수가 있는데, 송이째 따서 흐르는 물에 잠깐 헹궈서 건져내고 베주머니나 고운 망사자루에 담아서 탈수기에 넣고 물기를 뺀 다음, 다시 선풍기를 이용하여 가능한 짧은 시간에 건조시키는 것이 좋다.

밤꽃술을 빚고자 할 때 밤꽃의 물기를 뺀 상태에서 바로 술밑과 함께 버무려 넣기도 하지만, 덧술로 넣는 고두밥을 찔 때 함께 시루에 안쳐서 쪄서 사용하는 것이 술의 이상발효를 해소할 수 있는 방법의 하나이다. 또 향기는 떨어지지만 완전히 건조시켜 보관해 두었다가 술밑과 함께 술독에 켜켜로 안쳐도 된다. 이러한 밤꽃술은 발효 초기부터 고유의 향기를 느낄 수가 있는데, 숙성이 되면 그 향기가 한마디로 '참으로 아름답다.'고 말할 수가 있는데, 꽃의 양을 많이 넣게 되면 시큼한 맛과 함께 아름다운 향기는 불쾌한 느낌으로 와 닿는다.

밤꽃술〈개발주〉

술 재료

밑술 : 멥쌀 2.4㎏, 누룩 500g, 물 5.4ℓ

덧술 : 찹쌀 13.6㎏, 누룩 500g, 밤꽃 7g, 물 12.6ℓ

밑술 빚는 법

1. 멥쌀을 백세하여, 하룻밤 불렸다가 건져서 물기가 빠지면 시루에 안쳐 고두밥을 짓는다.
2. 고두밥은 고루 펼쳐서 차게 식힌다.
3. 고두밥에 누룩과 물을 넣고 고루 버무려 소독하여 준비한 술독에 담아 안친다.
4. 술독은 예의 방법대로 하여 4일간 발효시키면 술이 익는다.

덧술 빚는 법

1. 찹쌀을 백세하여 하룻밤 불렸다가 건져서 물기를 뺀다.
2. 밤꽃을 물에 깨끗이 씻어 물기가 빠지게 채반에 받쳐둔다.
3. 시루에 쌀을 안치고, 한김 나면 그 위에 밤꽃을 올려서 고두밥을 짓는다.
4. 고두밥은 물을 주지 말고 쪄서 익었으면, 고루 펼쳐서 차게 식힌다.
5. 차게 식힌 고두밥에 누룩과 물을 섞어 버무려 술밑을 빚고, 밑술을 쏟아 부어 재차 고루 버무린다.
6. 술밑을 술독에 담아 안치고, 예의 방법대로 하여 21~28일간 발효시킨다.

석류화주

〈개발주〉

시고 달면서 보석처럼 쏟아지는 석류는 상상만 해도 입안에 침이 고인다. 석류는 관상용을 비롯 식용과 약용으로 재배되고 있는데, 추위에 약해서 서울을 중심으로 한 남부 지방에서 정원수로 가꾸고 있음을 볼 수 있다.

강희안의 〈양화소록〉에 의하면, '가지가 줄기에 붙어서 땅에서 자라나 무리를 이루는 특징이 있으며, 쉽게 잘 자라고 가지를 꺾어서 반토(礬土)에 옮겨 심더라도 잘 자란다.'고 하였고, '꽃은 붉은 색과 황색 두 가지가 있으며, 열매는 단맛과 신맛 두 가지이다. 단 것은 먹을 수 있고, 신 것은 약으로 쓰고, 많이 먹으면 폐를 상하게 한다.'고 소개하고 있다.

또한 〈본초〉에는 '석류는 가을에 비를 맞으면 저절로 벌어지는데, 도가(道家)에서 삼시주(三尸酒)라고 하는데, 삼시가 이 과일을 먹으면 취하기 때문이다.'고 하였다.

〈동의보감〉에는 '석류꽃이 심열로 피를 토하는 것과 코피가 나는 것 등을 치료한다고 하였고, 만첩꽃이 더 좋다.'고 하였다. '껍질은 정액이 흐르는 것을 멎게 하고, 장이 막히는 것과 적맥이질을 치료한다. 늙은 나무에 달린 것과 오랫동안 묵은 것이 좋다. 열매는 목 안이 마르는 갈증을 치료한다. 폐를 상하기 때문에 많이 먹지 말아야 한다.'고 소개하고 있다.

석류나무는 우리나라 남부 지방을 중심으로 정원수와 관상용으로 많이 심는다. 꽃은 5~6월경 가지 끝에 짧은 꽃대를 가진 꽃이 한 개에서 다섯 개까지 차례로 피

> “석류꽃은 물에 깨끗하게 씻어서 고두밥을 찔 때 쌀과 함께 쪄서 익히는 것이 좋다. 석류꽃은 다육질의 꽃받침통이 있어 건조가 용이하질 못하고 발효시 충분히 삭지 않으므로 익혀서 무르게 만들어 사용하는 방법을 꾀했다.”

는데, 꽃잎은 자극적일 만큼 빨강색으로 잎은 6장이며, 주름져 핀다. 석류꽃은 화려하고 선명하여 매우 자극적인 꽃 색깔과는 달리 향기는 아주 엷고 부드러우며, 하나의 암술에 많은 수술과 끝이 6개로 갈라진 꽃받침이 원통을 이루는 매우 독특한 형태를 자랑한다.

9월에서 10월이 되면 꽃받침의 아랫부분에 자리잡고 있던 자방이 공처럼 둥글게 커지면서 열매를 맺는데, 노랑색 또는 주홍색의 두꺼운 가죽 형태의 껍질 속에 붉은 구슬처럼 광채가 나는 씨앗을 감추고 있다. 석류가 완숙되면 껍질이 불규칙하게 벌어지면서 씨앗이 떨어지기도 한다. 씨앗은 물기가 많고 단맛과 신맛을 간직하고 있으며 씨앗껍질과 함께 먹을 수 있는데, 새콤달콤한 독특한 맛 때문에 날것으로 그냥 먹기도 하고, 빛깔이 좋아 과실주나 청량음료의 제조에도 이용된다. 과육보다는 열매 껍질을 약으로 이용하는데, 한방에서 지사제와부인병, 적리 등의 치료에 이용한다.

민간에서 석류꽃은 응달에 말린 것을 목욕물에 풀고 30분 따끈하게 담그면서 휴식을 취하면 피로회복에 효과가 좋다고 알려져 있으며, 꽃을 말렸다가 분말로 만들어 동상이나 물집이 생긴 곳에 바르면 효과를 본다고 한다.

석류꽃은 채취하는 대로 씻어 말려서 보관해 두고 사용해도 좋고, 생것은 물에 깨끗하게 씻어서 고두밥을 찔 때 쌀과 함께 쪄서 익히는 것이 좋다. 석류꽃은 다육질의 꽃받침통이 있어 건조가 용이하질 못하고 발효시 충분히 삭지 않으므로 익혀서 무르게 만들어 사용하는 방법을 꾀했다.

석류화주〈개발주〉

술 재료

밑술 : 멥쌀 1.6㎏, 누룩 1㎏, 물 3.6ℓ

덧술 : 멥쌀 12㎏, 누룩 250g, 석류꽃 7g, 끓인 물 9ℓ

밑술 빚는 법

1. 멥쌀을 백세하여, 하룻밤 불렸다가 물기를 빼고 시루에 안쳐 고두밥을 짓는다.
2. 고두밥은 고루 펼쳐서 차게 식힌다.
3. 고두밥에 누룩과 물을 넣고 고루 버무려 소독하여 준비한 술독에 담아 안친다.
4. 술독은 예의 방법대로 하여 3~5일간 발효시키면 술이 익는다.

덧술 빚는 법

1. 멥쌀을 백세하여 하룻밤 불렸다가 건져서 물기를 뺀다.
2. 석류꽃을 물에 깨끗이 씻어 물기가 빠지게 둔다.
3. 시루에 쌀 한 켜, 석류꽃 한 켜씩 켜켜로 안쳐 고두밥을 짓는다.
4. 고두밥은 물을 흠씬 주어서 찌고, 익었으면 고루 펼쳐 차게 식힌다.
5. 차게 식힌 고두밥에 누룩과 끓여 식힌 물을 고루 섞고, 밑술을 합하여 재차 고루 버무려 술밑을 빚는다.
6. 술밑을 술독에 담아 안치고, 예의 방법대로 하여 21~28일간 발효시킨다.

쑥술(艾酒)

〈개발주〉

술 재료로 사용되는 쑥은 국화과의 다년초로서, 전국의 산야와 길가에서 흔하게 볼 수 있는 풀이다. 쑥을 이용하여 애탕(艾湯)을 비롯하여 쑥에 된장을 풀고 굴이나 조개를 넣은 국을 끓여먹기도 하고, 나물과 떡 · 부침 등 음식으로 가장 널리 이용되는 재료의 하나이며, 한방에선 뜸을 비롯하여 이뇨제와 구충약으로 이용하고 있다.

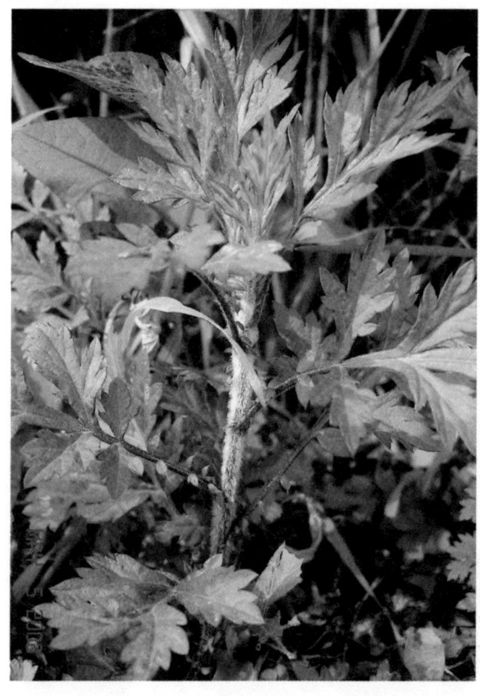

쑥에는 시네올이라는 정유 성분을 비롯하여 비타민, 아밀라제, 산토닌 등 많은 성분이 함유되어 있다. 이밖에 쑥은 특히 몸을 따뜻하게 하는 효능이 있어, 민간에서 약으로 널리 이용되고 있다. 한방에서는 애엽(艾葉)이라고 하는데, 기혈을 따뜻하게 하여 한습(寒濕)을 물리치고 냉통(冷痛)을 멈추게 하는 작용과 수렴성 지혈, 진통약으로서 부인들의 루하(漏下), 임산부의 하혈(下血), 복통 등의 질병치료에 이용한다.

3월 초순부터 싹이 돋는 것을 볼 수 있는데, 어린 쑥은 향기가 좋아 차와 나물, 떡을 해 먹으며, 한여름이 되어 숙성하면 약으로 사용한다. 이때 쑥 줄기의 마디마디 사이에 솜털같이 엷은 미색의 꽃이 피는 것을 볼 수가 있다. 초가을로 접어들 무렵이면 성장이 끝나는데, 키가 1m 가까이 자라는 것도 있다.

술을 빚는데 이용하는 쑥은 잎을 비롯 줄기, 꽃 등 모두 이용할 수가 있다. 예로부터 단오 며칠 전에 채취한 어린 쑥이 약효가 뛰어나다고 알려져 왔으며, 이때 뜯

> 가향주로서의 애주나 애엽주는 어린잎보다는 한여름에서 초가을로 접어들 무렵의 숙성한 것이 더 좋고, 꽃이 핀 것은 잎과 함께 잘게 썰어서 이용하면 약효와 함께 술의 진한 향기를 얻을 수 있어 더욱 좋다.

은 쑥으로 떡을 해 먹기도 하고, 벽사(辟邪) 풍속의 한가지로 단오에 울루와 함께 애호(艾虎)라고 하는 것을 만들어 문이나 벽에 거는 풍습이 전해오고 있다.

이러한 풍습과는 달리 술을 빚기도 하는데 가향주로서의 애주나 애엽주는 어린잎보다는 한여름에서 초가을로 접어들 무렵의 숙성한 것이 더 좋고, 꽃이 핀 것은 잎과 함께 잘게 썰어서 이용하면 약효와 함께 술의 진한 향기를 얻을 수 있어 더욱 좋다.

일반적으로 쑥은 단오 이전에 전초를 뜯어다 물에 깨끗하게 씻은 다음 그늘에 건조시킨 것을 사용하는 것을 원칙으로 하는데, 몇 가지 방법이 이용되고 있다. 첫째, 쑥을 술의 부재료로 넣는 방법. 둘째, 누룩을 띄울 때 볏짚 대신 쑥을 깔고 위덮어서 띄운 다음, 누룩에 달라붙어 있는 쑥을 버리지 않고 술 빚을 때 함께 넣는 방법. 그리고 끝으로 쑥을 술 빚을 물로 달여서 쓰는 방법 또는 쑥을 끓는 물에 한 번 데쳐서 물기를 짜낸 다음 사용하는 방법 등이다.

이 세 가지 방법 가운데 꼭 어떤 방법이 좋다고 말할 수는 없겠으나, 첫 번째 방법은 쑥의 향기가 너무 진하고 자칫 발효가 더딜 우려가 높다는 것이 문제이고, 두 번째 방법은 발효는 잘 되나 누룩곰팡이 냄새가 심하고 술이 탁해서 거부감을 줄 수 있다는 것이 단점이다. 세 번 째 방법은 앞의 두 가지 방법에 따른 문제점들을 해소할 수 있는 방법이라는 점에서 필자가 선호하는 방법이다.

다만, 끓는 물에 데친 쑥은 완전히 냉각 또는 건조시켜서 사용하도록 하고, 어떤 방법이든 그 양을 지나치게 많이 넣어서는 안 된다는 것이다. 아무리 쑥의 향기가 좋고 약효가 뛰어나다고 하더라도, 술은 어디까지나 기호음료로서 술이어야 하기 때문이다.

쑥술〈개발주〉

술 재료

밑술 : 멥쌀 2㎏, 누룩가루 500g, 물 6ℓ

덧술 : 멥쌀 8㎏, 누룩가루 500g, 쑥 30g, 물 9ℓ

밑술 빚는 법

1. 멥쌀을 백세하여 고두밥을 짓는다.
2. 고두밥이 익었으면 고루 펼쳐서 차게 식힌다.
3. 물에 고두밥과 누룩가루를 넣고, 고루 섞어 술밑을 빚는다.
4. 술독에 술밑을 담아 안치고, 예의 방법대로 하여 3일간 발효시킨다.

덧술 빚는 법

1. 멥쌀을 깨끗이 씻은 뒤, 하룻밤 재웠다가 건져서 고두밥을 짓는다.
2. 고두밥이 무르게 푹 익었으면 차게 식혀 둔다.
3. 밑술에 고두밥과 누룩가루를 섞고, 고루 치대어 술밑을 빚어 놓는다.
4. 쑥을 흐르는 물에 씻어 건조시킨 후 30g을 계량하여 끓는 물에 넣고 약 1시간 가량 달인 다음, 조리로 찌꺼기를 건져낸다(쑥을 별도의 끓는 물에 넣어 약 1분가량 데친 다음 재빨리 꺼내고 꼭 짜서 물기를 제거한 후, 넓게 펼쳐서 차게 식힌다).
5. 쑥 달인 물(데친 쑥)을 차게 식힌 후, 술밑과 고루 섞어 재차 술밑을 빚는다.
6. 준비한 술독에 술밑을 안친 다음, 예의 방법대로 하여 비교적 따뜻한 곳에서 발효시킨다.

애주(艾酒)

〈수운잡방, 요록〉

술 재료로 멥쌀과 누룩가루, 양조용수 외에 다른 부재료를 넣어 발효시키는 방법은 다양하기 이를 데 없다. 부재료로 쑥잎을 넣어 빚는 술을 한자로 '애주(艾酒)' 또는 '애엽주(艾葉酒)'라고 표기하는데, 우리말로는 '쑥술'이라고 하겠다. 〈수운잡방〉과 〈요록〉에도 '애주'가 등장하고, 〈임원십육지〉에는 '인진주(茵蔯酒)'라고 하여 인진쑥을 누렇게 볶은 후에 차조와 누룩을 섞어 상법대로 빚는 법을 소개하고 있고, 민간에서도 쑥술 빚는 법이 전승되어 오고 있어, 여느 약용약주처럼 일반화 되었던 술임을 알 수 있다.

서울의 못골을 비롯한 민간에서 전승되고 있는 쑥술이 고두밥을 찔 때 쑥잎을 넣고 익혀서 술밑을 빚는 방법이거나, 쑥잎에 묻어 띄운 누룩을 이용하여 빚는 법의 술인데 비하여, 고주방문의 애주는 상이하다는 것을 알 수 있다. 그런데 고주방문 중 〈수운잡방〉과 〈요록〉의 애주는 그 제조방법이 떡을 만들어 먹는 과정에서 파생된 양조기법이 아닌가 하는 생각을 불러일으킨다. 고주방문에 수록되어 있지만 지금은 맥이 끊겨버린 수백 종의 주품들이 알고 보면, 떡을 만드는 과정에서 비롯된 것임은 이미 주장해 온 바 있거니와, 본 방문 역시도 같은 추론을 하게 된다.

〈수운잡방〉과 〈요록〉의 애주를 살펴보면, 그 제조방법이 쑥떡을 만들기 위해 쑥을 삶아서 이용하는 방법을 볼 수 있고, 쌀가루와 함께 쑥잎을 시루에 쪄서 쑥떡과 같이 하여 술거리를 만들고 있음을 볼 수 있다.

그런데 〈수운잡방〉과 〈요록〉에 수록된 '애주' 방문은 지금까지 볼 수 없었던 독특한 방법으로 술밑을 안치는 과정을 보여주고 있어, 그 이유가 매우 궁금하였다. 즉, 방문에서 보듯 '쌀가루와 쑥을 넣고 찐 쑥버무리에 밑술을 섞어 개떡처럼 술거리를 만든 다음, 술독에 나무발을 걸치고 그 위에 안쳐서 발효시킨다.'거나 '쑥물과 섞은 고두밥에 누룩가루를 넣고, 고루 버무려 술밑을 빚는다. 술독 중간에 촘촘히 역은 나무발을 걸쳐 놓는다. 나무발 위에 술밑을 담아 안치고 발효시키는데, 8

“ 〈수운잡방〉과 〈요록〉에 수록된 애주는 그 맛이 맑고 깨끗하며 향기 또한 좋다. 쑥이 많이 사용되지만 냄새가 지나치지 않고, 부드러운 맛을 느낄 수가 있다. 다만, 술 빚을 때 주의할 일은 쌀과 쑥을 깨끗하게 씻지 않으면 맑은 술을 기대하기가 어렵다. ”

월 보름(8월 15일)에 술독을 열어 나무발 밑의 맑은 술을 떠낸다.'는 방법이 그것이다.

술 빚는 일이 일상인 필자로서는 그 이유를 간과할 수 없어, 직접 빚어 볼 수밖에 없었는데, 비로소 옛 사람들의 생활에 따른 지혜를 엿볼 수 있어 다시금 감탄하게 되었다.

잘 알고 있다시피 쑥떡은 쑥잎의 섬유질 때문에 쫄깃한 맛을 주게 되어, 떡으로 먹을 때는 좋은 점이지만, 이것이 술이 되었을 때에는 여느 방법에서와 같이 용수를 박아 청주를 떠내거나, 술자루나 술체를 이용하여 술을 거를 때에는 여간 어렵지 않다는 것이다. 때문에 발효를 거치면서 삭은 술거리(쌀)와 쑥잎을 좀 더 쉽게 분리할 수 있는 방법을 찾게 된 것이 나무로 만든 발인 것이다. 이 나무로 만든 발을 이용하면 길게 늘어져 엉킨 실타래처럼된 쑥잎은 나무발에 걸려 남게 되고 쌀과 누룩은 삭아서 나무발 밑으로 내려앉게 되므로, 자연스럽게 술은 독 안에서 정치되어 맑아지므로 청주를 뜨기가 용이하게 되고, 나머지 술도 거르는 일이 용이해지기 때문이라는 것이다.

〈수운잡방〉과 〈요록〉에 수록된 애주는 그 맛이 맑고 깨끗하며 향기 또한 좋다. 쑥이 많이 사용되지만 냄새가 지나치지 않고, 부드러운 맛을 느낄 수가 있다. 다만, 술 빚을 때 주의할 일은 쌀과 쑥을 깨끗하게 씻지 않으면 맑은 술을 기대하기가 어렵다. 방문 말미에 '이 술을 하루 세 번 마시면 만병이 낫는다.'고 하였으나, 그 효과는 확인할 수 없었다.

애주〈수운잡방,요록〉

술 재료

쑥잎 300g, 멥쌀 16㎏, 누룩가루 2㎏

술 빚는 법

1. 5월 4일에 쑥잎을 따다 자리에 펴서 말려 놓는다.
2. 쑥을 밤새 이슬을 맞히고, 다음날 정화수를 길어다가 쑥잎을 넣고 삶아서 떡잎 같은 것을 제거한다.
3. 멥쌀을 백세하여 하룻밤 불렸다가 고두밥을 짓는다.
4. 고두밥을 쑥물과 섞어주고 고두밥이 쑥물을 빨아들였으면, 고루 펼쳐서 차게 식힌다.
5. 고두밥에 누룩가루를 넣고, 고루 버무려 술밑을 빚는다.
6. 술독 중간에 촘촘이 엮은 나무발을 걸쳐 놓는다
7. 나무발 위에 술밑을 담아 안치고, 예의 방법대로 하여 발효시킨다.
8. 8월 보름(8월 15일)에 술독을 열어 나무발 밑의 맑은 술을 떠내는데, 이 술을 하루 세 번 마시면 만병이 낫는다고 한다.

* 쑥의 양은 많고 적음을 보아가며 뜻대로 할 것이며, 대충대충 한다고 하였다. '애초주(艾草酒)'라고도 한다.

애주〈수운잡방,요록 – 개발주〉

술 재료

밑술 : 멥쌀 16㎏, 누룩 1㎏, 물 (20ℓ)

덧술 : 멥쌀 16㎏, 참쑥 300g

밑술 빚는 법

1. 4월 그믐께 멥쌀을 백세작말한다.
2. 물에 쌀가루를 섞고, 끓여서 죽을 쑨 뒤 차게 식힌다.
3. 죽에 누룩가루를 섞고, 고루 버무려 술밑을 빚는다.
4. 술독에 술밑을 담아 안치고, 예의 방법대로 하여 5일간 발효시킨다.

덧술 빚는 법

1. 멥쌀을 백세한 뒤 하룻밤 불렸다가 건져 가루로 빻아 놓는다.
2. 5월 초 4일에 참쑥잎을 채취하여 깨끗이 씻은 후, 쌀과 섞어 시루에 안쳐서 쑥떡을 만든다.
3. 쑥떡을 깨끗한 자리에 펴고 여러 번 골라가면서 차게 식히되, 밤새 이슬을 맞힌다.
4. 단오날 이른 아침에 밑술을 섞어 가면서 손바닥 크기의 떡을 빚는다.
5. 술독 가운데에 촘촘하게 엮은 나무발을 걸치고, 그 위에 빚는 떡을 올려 놓는다.
6. 술독은 김이 새지 않도록 밀봉하여 서늘한 곳에서 3개월 가량 발효시킨다.

연엽주(蓮葉酒)

〈사시찬요, 산림경제〉

연엽주는 여러 가지 가향재(加香材) 가운데 특이하게 한여름에 피는 연잎(蓮葉)을 술에 넣는 가향주이다.

연엽주가 언제부터 빚어졌는지 정확하지는 않는데, 1500년 이전에 빚어졌던 것만은 분명하다. 연엽주에 대한 기록으로 1450년경으로 추정되는 〈산가요록(山家要錄)〉에 연화주가 등장하고 있고, 1600년대 말엽의 〈주방문〉을 비롯하여 1700~1920년대에 걸친 〈산림경제〉, 〈증보산림경제〉, 〈고사십이집〉, 〈규합총서〉, 〈임원경제지〉, 〈양주방〉, 〈조선무쌍신식요리제법〉 등 조선 중기 이후의 여러 문헌에 술 빚는 법이 수록되어 있기 때문이다.

연엽주에 대한 유래는 조선조 무장이었던 이완 장군이 부하들의 사기를 돋우기 위해 빚었다는 설과, 조선조 금주령 때 궁중의 제례용 술과 허약한 왕의 보신을 위해 신하들이 빚었다는 등 두 가지 설이 전해오고 있다.

옛 기록이나 문헌에 따라 술 빚는 법에서 차이가 있는데, 〈증보산림경제〉의 기록을 보면, '찹쌀 고두밥에 백곡을 섞어 버무린 다음, 연잎으로 싸서 띄운다.'고 하였으나, 다른 문헌인 〈사시찬요〉와 〈산림경제〉에는 '끓여 식힌 물을 부어 고두밥을 식히고, 가루누룩을 섞어 빚은 술밑을 술독에 안칠 때 연잎과 누룩가루를 켜켜로 안치고 찬 곳에서 익힌다.'고 수록되어 있으며, 〈고려대규합총서〉와 〈규합총서〉에서는 차게 식힌 고두밥에 끓여 식힌 물을 부어 고두밥이 물을 먹었을 때

> 연엽주의 방문이 다양한 것은, 술 빚기가 힘든 여름철의 대표적인 주품으로 자리잡고 있었다는 사실의 반증이며, 무엇보다 연엽주의 향기가 그만큼 뛰어났으며, 건강에도 좋았기 때문이었을 것이라는 결론에 이른다.

술을 빚는 것으로 되어 있다.

한편, 〈규합총서〉보다 훨씬 후대의 문헌인 〈조선무쌍신식요리제법〉에는 〈증보산림경제〉의 술 빚는 법과 같으나, '연못 가운데 있는 연잎에 찰밥과 누룩 섞은 것을 싸서 짚으로 동여매어 나뭇가지로 고정시켜 두면, 이틀쯤 뒤에 술이 익는다.'고 기록되어 있어, 술밑을 연잎으로 싸서 술독에 담아 안쳐서 발효시키는 〈증보산림경제〉의 주방문보다 원시적인 술 빚기를 소개하고 있음을 알 수 있다.

충남 아산 지방의 예안 이씨 가문비주로 전해오고 있는 연엽주는 〈규합총서〉와 같은 술 빚기를 바탕으로 하되, 감초와 솔잎 등의 부재료가 첨가된 약주로서, 충청남도 무형문화재로 지정되었다. 아산 연엽주는 여느 연엽주처럼 한 번 빚는 단양주이면서 특별히 빚은 신곡을 이용한 주품으로, 조선시대 사대부가의 양조기법을 엿볼 수 있는 중요한 자료가 된다.

이렇듯 연엽주의 방문이 다양한 것은, 술 빚기가 힘든 여름철의 대표적인 주품으로 자리잡고 있었다는 사실의 반증이며, 무엇보다 연엽주의 향기가 그만큼 뛰어났으며, 건강에도 좋았기 때문이었을 것이라는 결론에 이른다.

〈규합총서〉의 기록대로 연엽주를 재현해 시음회를 가져 본 결과, 그 반응은 상상 밖이었다. 또한 〈산림경제〉를 비롯하여 〈사시찬요〉의 기록을 바탕으로 빚은 연엽주를 맛본 사람이면 한결같이 '뭐라 형용할 수 없는 향취가 감돈다.'는 반응을 나타내었다. 개인적인 생각으로도 술 빚는 사람이면 한번쯤 시도해 볼 만한 가치가 있다고 생각되었다. 연엽주를 빚을 때는 별도의 주모(석임)나 밑술을 마련해두었다가 사용할 것을 권한다. 방문에서와 같이 단양주를 빚을 때에는 날물(生水)을 쓰지 않도록 하고, 또 한여름의 열기가 가라앉고 서리가 내리기 전에 빚어야 술이 시어질 염려가 없으며, 연잎도 수분이 가장 많을 때인 한여름은 피하고, 서리가 내리기 전인 늦여름이나 입추 무렵이 술 빚기에 좋다는 사실에 유념해야 한다.

연엽주〈사시찬요, 산림경제〉

술 재료

찹쌀 8㎏, 연잎 몇 장, 누룩가루 450g, 탕수 10.8ℓ

술 빚는 법

1. 찹쌀을 백세하여 하룻밤 불렸다가 건져서 고두밥을 짓는다.
2. 끓여서 차게 식힌 물을 고두밥에 뿌리고, 고루 펼쳐서 차게 식힌다.
3. 술독에 마련한 연잎을 먼저 펴고, 그 위에 고두밥을 한 켜 안친다.
4. 고두밥 위에 누룩가루를 한 켜 뿌리고, 그 위에 고두밥을 다시 한 켜 안친다.
5. 위와 같이 계속하여 떡 안치듯 술을 안치고, 맨 위에 누룩가루를 켜로 뿌려서 덮은 다음, 술독을 단단히 밀봉하여 햇볕이 들지 않는 찬 곳에 두고 익힌다.

* 서늘해진 가을에 서리 내리지 않고 잎이 마르기 전에 빚으면, 향기가 이상하고 오래 두어도 상하지 않는다.

연엽주〈규합총서〉

술 재료

멥쌀 8~16㎏, 연잎 1~2장, 누룩가루 450g, 끓는 물 10ℓ

술 빚는 법

1. 멥쌀을 백세하여 하룻밤 불렸다가 건져서 고두밥을 짓는다.
2. 물을 팔팔 끓여서 고두밥에 뿌리고, 고루 펼쳐서 차게 식힌다.
3. 누룩을 곱게 가루 내어 체에 친 후, 법제한 것으로 준비한다.
4. 연잎은 가을에 서리가 내리기 전에 채취하여, 깨끗이 씻어 물기를 없앤다.
5. 독에 연잎을 먼저 깐다. 연잎 위에 고두밥과 누룩을 순서대로 켜켜로 안친다.
6. 술독은 예의 방법대로 하여 단단히 밀봉한 후, 별이 들지 않는 서늘한 곳에 두고 익힌다.

* 방문 말미에 '술이 익은 후에 다른 좋은 술을 부어도 맛과 향기가 여전하다.' 하였다.
* 발효가 고르지 못하면 실패할 수 있으므로 〈고려대규합총서(별법)〉의 방문을 따르는 것이 더 좋다.

연엽주

〈증보산림경제〉

연엽주는 연잎을 부재료로 하여 빚는 술로 여러 가지 방문이 있다. 연엽주를 수록하고 있는 문헌으로 가장 오래된 기록인 조선시대 〈주방문〉을 비롯, 〈산림경제〉, 〈고사십이집〉, 〈규합총서〉, 〈임원경제지〉, 〈양주방〉, 〈조선무쌍신식요리제법〉 등의 문헌에서 연엽주에 대한 기록을 볼 수 있다.

〈증보산림경제〉지의 연엽주는 여느 방문과는 다른 특별한 면을 발견할 수 있는데, 술 빚을 재료가 찹쌀과 누룩, 연잎으로, 술 빚기의 기본 재료라고 할 수 있는 양조용수가 사용되지 않는다는 점이다.

그 방법을 보면 알 수 있듯, 찹쌀로 고두밥을 짓고 차게 식힌 다음 누룩과 버무려 술밑을 만들고, 술독에 직접 안치는 여느 방문과는 달리 여러 장의 연잎에 나누어 싸서 술독에 안치고 상법(常法)으로 발효시키는 것이다. 이와 같은 방법의 술 빚기에서 알 수 있는 것은, 무엇보다 술 빚기가 힘들다는 것이고, 숙성된 술덧에서 얻어지는 술로 특히 청주의 양이 많지 않다는 점에서 동정춘과 같은 고급 주품으로 분류할 수 있다는 것이다.

“ 술독 밑에 고인 맑은 청주는 대략 2컵 정도의 소량이었다. 술독 밑바닥에 고인 청주는 마치 꿀물과 같은 맑고 투명한 상태로서, 강한 방향을 띠었고, 이 술맛을 맛본 사람들은 그 감미로움과 향취에 탄성을 질렀다. ”

또한 주지하다시피 〈증보산림경제〉의 연엽주는 발효된 술밑을 체에 밭쳐 물을 쳐가면서 걸러 마시거나, 술밑 그대로 찬물에 타서 마시는 술이라는 사실을 감안할 때 본 방문의 연엽주는 이화주와 같은 고급 탁주 제조법이라 할 수 있다.

찹쌀 고두밥에서 추출되는 물의 양과 연잎 속의 수분함량을 감안하더라도, 본 방문에서는 1되(1.8ℓ) 이상의 맑은 술을 기대할 수 없는 데다, 연잎에 싸여있기 때문에 물을 쳐가면서 압착하여 짜내거나, 숙성된 술에 후수(後水)하는 방법을 택해야 하는데, 후자의 방법은 자칫 술의 변질과 특히 향, 맛을 떨어뜨리게 된다. 본 방문이 단양주라는 사실에서다.

어떻든 본 방문에서 얻어지는 연엽주는 무엇보다 높은 당도와 강한 연잎 향기를 즐길 수가 있었는데, 특히 술독 밑에 고인 맑은 청주는 대략 2컵 정도의 소량이었다. 술독 밑바닥에 고인 청주는 마치 꿀물과 같은 맑고 투명한 상태로서, 강한 방향을 띠었고, 이 술맛을 맛본 사람들은 그 감미로움과 향취에 탄성을 질렀다.

모두가 도저히 술맛이라고는 생각되지 않는다는 반응이었다. 그리고 술밑의 연잎을 건어내고 체를 이용하여 걸러낸 탁주도 그 맛과 향이 뛰어나서 모두들 다투어 마셨던 기억은 지금도 잊혀지지 않는다.

이와 같은 방문은 특히 연엽주가 여름철의 대표적인 가향주라는 사실을 감안할 때, 〈증보산림경제〉의 연엽주는 저장성 부여 등 필요에 의한 방문이자, 특히 날씨가 더운 여름철의 나들이 때 지참하였다가 현지에서 냉수에 걸러 마실 수 있는, 휴대가 가능한 인스턴트식 술로도 매우 좋다는 사실에서 매우 지혜로운 양조법이라고 할 수 있다. 다만, 그 제조과정에서 너무나 힘들고, 특히 그 결과물로서 수율이 매우 낮다는 점에서 그렇게 권장할 방문은 아니며, 가끔 기회가 닿을 때 경험 삼아 도전해 볼 필요가 있는 방문이라는 생각이 들었다.

연엽주〈증보산림경제〉

술 재료

찹쌀 8㎏, 백곡 500g, 연잎 10장, 볏짚

술 빚는 법

1. 찹쌀을 백세하여 하룻밤 불렸다가 건져서 고두밥을 짓는다.
2. 고두밥을 고루 펼쳐 차게 식힌다.
3. 찹쌀 고두밥에 흰 누룩가루를 고루 버무려 술밑을 빚는다.
4. 술밑을 연잎에 조금씩 나눠 싸서 볏짚으로 묶는다.
5. 술밑을 술독에 차곡차곡 채워 담고, 예의 방법대로 하여 발효시킨다.

연엽주〈간본 규합총서〉

술 재료

멥쌀 8㎏, 연잎 5~6장, 누룩가루 450g, 좋은 물 3.6ℓ~10ℓ

술 빚는 법

1. 멥쌀을 백세하여 하룻밤 불렸다가 건져서 고두밥을 짓는다.
2. 좋은 물을 팔팔 끓여서 고두밥에 골고루 붓고, 얼음같이 차게 식힌다.
3. 누룩을 곱게 가루 내어 준비한다.
4. 연잎은 가을에 서리 내리기 전에 채취하여 깨끗이 씻어 물기를 없앤다.
5. 독에 연잎을 먼저 깐다.
6. 연잎 위에 고두밥과 누룩을 순서대로 켜켜로 안친다.
7. 술독은 예의 방법대로 단단히 밀봉한 후, 볕이 들지 않는 찬 곳에 두고 익힌다.

* 일절 날물을 들이지 아니하면 향기가 비상하고 오래두어도 상하지 않는다. 술이 익은 후에 다른 좋은 술을 부어도 맛과 향기가 여전하다.
* 〈규합총서〉의 방문과 동일하다.

연엽주〈고려대규합총서〉

술 재료

멥쌀 8㎏, 누룩가루 450g, 물 3.6~10ℓ, 연잎 3~4(5~6)장

술 빚는 법

1. 좋은 멥쌀을 백세하여 물에 하룻밤 담가 불려두었다가 새 물에 헹궈서 물기를 뺀다.
2. 끓는 물솥에 시루를 올리고 받쳐 두었던 쌀을 안쳐서 고두밥을 짓고, 익었으면 고루 펼쳐서 얼음같이 차게 식힌다.
3. 물을 팔팔 끓여서 넓은 그릇에 담아 얼음같이 차게 식힌 후, 고두밥과 섞어 놓는다(고두밥이 물을 다 빨아들일 때까지 기다린다).
4. 좋은 누룩을 가루로 빻고, 체로 쳐서 거친 가루가 없는 고운 가루를 준비한다.
5. 소독하여 준비한 술독에 연잎 1장을 먼저 깔아 놓는다.
6. 연잎을 깐 술독에 고두밥을 안치고, 다시 그 위에 누룩가루를 한 줌 뿌린다.
7. 다시 연잎을 깔고 고두밥을 안친 후, 누룩 가루를 뿌리는 방법으로 반복해서 안친다.
8. 술밑을 다 안치고 나면, 맨 위에 누룩가루를 한 줌 뿌려준다.
9. 술독은 삼베나 면보로 단단히 밀봉하고, 햇볕이 들지 않는 서늘한 데 두고 익힌다.

* 주 : 방문에 "술 빚을 때 일절 날물을 들이지 말고, 날이 더우면 시어지므로, 가을 서리가 내려 연잎이 마르기 전에 빚으면 오래 두어도 변하지 않는다고 하였다. 또한 술을 다 떠마시고 나면 다른 좋은 술을 부어 두었다가 마셔도 연엽주와 같은 향과 맛을 즐길 수 있다."고 하였으나 직접 빚어 본 결과 발효가 원활하지 못했고, 맛과 향기도 썩 좋지 못했다. 결국, 재료의 양은 동일하게 하되 방문을 달리하여 빚어 본 결과 좋은 맛과 향기의 연엽주를 얻을 수 있었으므로 여기에 소개한다.

〈별법〉

1. 예의 방법대로 고두밥을 지어 차게 식히고, 물도 끓여서 차게 식힌다.
2. 고두밥에 법제한 누룩과 물을 합하고, 고루 버무려 술밑을 빚는다.
3. 술독에 연잎을 한 장 깔고, 그 위에 술밑을 담아 안치는데, 술밑을 안치는 중간에 연잎을 한 장 더 넣어준다.

4. 나머지 술밑을 안치고, 예의 방법대로 하여 21~28일간 발효시키면 술이 익는다.

5. 술이 익었으면 용수를 박아두었다가, 3~4일 후에 고이는 대로 떠낸다.

연엽주

〈조선무쌍신식요리제법〉

전통주 가운데 연(蓮)을 주재료로 한 방문이 많다. 연은 연꽃을 비롯하여 연잎과 연자, 연근 등 각 부위가 다 이용될 정도로 쓰임새가 많거니와, 우리나라 사람들에게 매우 사랑받는 식물의 하나이기도 하다.

특히 연잎을 주재료로 한 술을 연엽주라고 하는데, 이 연엽주에 대한 기록을 살펴 볼 수 있는 옛 문헌으로 〈고려대규합총서〉를 비롯하여 〈임원십육지〉, 〈증보산림경제〉 등 많다. 이들 문헌 가운데, 가장 후기의 방문이자 그 제조방법이 매우 독특한 기록이 〈조선무쌍신식요리제법〉이다.

〈조선무쌍신식요리제법〉에 수록된 연엽주는 이양주법(異釀酒法)으로 생각할 수 있는데, 여느 술 빚기와는 달리 술독을 사용하지 않고 발효시킨다는 점에서 와송주(臥松酒)나 죽통주(竹筒酒)와 같은 이양주(異釀酒)로 분류할 수 있다.

어떠한 이유에서 〈조선무쌍신식요리제법〉의 방문이 앞서의 다른 문헌에 수록된 방문보다 술독을 사용하지 않고 발효시키는, 이른바 원시적인 방법의 방문을 수록하게 된 것일까?

필자가 취재과정에서 듣게 된 전통주 가운데 〈조선무쌍신식요리제법〉의 방문에서처럼 충청도 지방의 한 민가에서 연방죽에 자라고 있는 연잎을 이용한 술 빚

> 찹쌀로 지은 고두밥에 팔팔 끓여 식힌 물과 누룩을 혼합하여 만든 술밑을 연못 속의 살아 있는 연잎으로 싸서 자연 상태에서 그대로 발효시키는 방법을 취하고 있다. 이때의 연잎은 서리가 내리기 전의 것을 사용하는 것이 요령이다.

기를 하고 있다는 정보를 얻게 되었지만, 기회가 닿지 않아 직접 그 과정이나 맛을 음미할 수가 없었다. 그 이유로 〈조선무쌍신식요리제법〉의 연엽주에 대한 관심을 갖게 되었는데, 그 맛은 물론이고, 향기가 매우 독특하였다.

그 방문을 보면, 찹쌀로 지은 고두밥에 팔팔 끓여 식힌 물과 누룩을 혼합하여 만든 술밑을 연못 속의 살아 있는 연잎으로 싸서 자연 상태에서 그대로 발효시키는 방법을 취하고 있다. 이때의 연잎은 서리가 내리기 전의 것을 사용하는 것이 요령이다. 한여름 다 지내고 가을로 접어들 무렵이면 연잎의 수분은 점점 줄어들면서 향이 좋아진다. 따라서 이때의 연잎으로 싸서 술을 빚게 되면 연잎 자체의 향도 오묘해질 뿐 아니라, 춥지도 뜨겁지도 않은 기후 때문에 적정 발효온도가 되어 단시간 내에 술이 익게 되며, 술맛이 좋아진다.

술을 빚을 때 유의할 일은 양조용수를 비롯하여 술 빚을 그릇 등에 일체의 날물이 들어가지 않도록 해야 하며, 술 빚을 시기를 서리가 내리기 직전에 마쳐야 한다는 것이다. 또 술이 익었을 때 연잎 밖으로 흘러내리지 않도록 싸매는 등 세심한 주의가 요구된다.

어떻든 전통주는 종류나 술 빚는 면에서 다양성을 가장 큰 특징으로 한다는 사실과 함께, 전통주의 또 다른 특징이 가향주요, 계절주라고 하는 점에서 〈조선무쌍신식요리제법〉의 연엽주는 단연 돋보인다고 하겠다.

蓮葉酒〈조선무쌍신식요리제법〉

술 재료

찹쌀 8㎏, 백곡가루 500g, 끓인 물 16.2ℓ(3병)

술 빚는 법

1. 찹쌀 1말을 백세하여 하룻밤 불렸다가 건져서 시루에 안쳐 고두밥을 짓는다.
2. 고두밥을 고루 펼쳐서 차게 식힌다.
3. 물 3병을 팔팔 끓인 뒤 차게 식힌다.(끓는 물 3병을 찰밥에 뿌려주고, 밥이 물을 다 빨아들이면 차게 식힌다.)
4. 고두밥에 백곡을 곱게 빻아 만든 누룩가루를 합하고, 고루 버무려 술밑을 빚는다.
5. 연잎이 있는 연못으로 들어가 연잎 한 장 한 장에 술밑을 나누어 얹고 싼 뒤, 볏짚으로 풀어지지 않게 묶어 놓는다.
6. 연잎이 쓰러지지 않도록 고정해 두면, 이틀쯤 뒤에 익는다.

1

2

3

〈별법〉

* 방문은 이러하나, 연방죽에 가서 연잎으로 싸매서 할 수 있는 방법이 용이하지 않아 상법(常法)으로 발효시키게 되었다.

* 생수를 써서도 안 되고, 또 날이 더우면 쉴 염려가 있으므로, 반드시 서리가 내리기 전 잎이 마르지 않았을 때 빚어야 한다.
* 술을 다 마신 뒤, 그 독에 다른 술을 부어도 향기가 전과 같다.

酒人 최대식 씨의 소주 증류 시연 모습.

연화주(蓮花酒)

〈산가요록, 역주방문〉

우리나라 전통주에 대한 방문을 수록하고 있는 옛 문헌으로 현재까지 가장 앞선 것으로 알려지고 있는 〈산가요록〉의 연화주(蓮花酒)는, 이른 바 전통주에서 절대적이라고 할 수 있는 발효효소제(醱酵酵素劑)인 누룩을 쓰지 않고 발효시키는 무국주법(無麯酒法)이라는 점에서 가장 특별한 주방문이라고 할 수 있다.

또한 주품명이 연화주이니 당연히 연화가 사용되었을 것이라는 섣부른 생각을 불식시키는 연화주는 술을 빚어보지 않고서는 술 이름에 얽힌 답을 구할 수가 없다.

하여, 〈임원경제지〉에 수록된 연화국의 제조법과 관련성을 살펴보았는데, 역시 해답을 찾을 수 없었다. 또한 조선시대 후기의 〈역주방문〉에도 연화주가 예의 방문 그대로 수록되어 있는데, 술이름에 따른 그 어떤 설명도 없어 부득이 실습을 해보기로 하였다.

술빚기에 앞서 마음다짐부터 새롭게 하였는데, 한편으로는 '왜, 연(蓮)자만 들어가면 술빚기가 이렇게 까다롭고 힘들까?' 하는 생각을 거듭 하게 되었다. 분명 무슨 암시가 있을 것만 같은 느낌을 받았지만, '공부는 끝없는 것이구나.' 하는 결론에 이르자, 어깨에 힘이 빠지고 후회가 되었다.

"생각이 많은 것도 병이구나."

어떻든 술빚기를 통해서 내린 결론은 '두 번 다시 빚고 싶지 않은 술'이라는 생각밖에 없었다는 것이다. 동정춘을 빚으면서 가졌던 무던한 후회와 안타까움을 그대로 반복하고 있다는, 어쩌면 내가 그렇게 입버릇처럼 되뇌었던 '술 빚는 사람은 좀 미련스러워야 한다'는 말이 생각나기도 했다.

우선 결론부터 말하자면, 연화주는 숙성된 술에서 초취(草臭)이자 방향(芳香)인 연꽃향기가 난다는 것이다. 술의 발효가 막 끝났을 때는 연꽃향기라기보다는 연잎냄새에 가깝다가, 최소기간 15일 정도의 숙성을 거치면 비로소 연꽃향기를 즐길

> 연화주는 숙성된 술에서 초취(草臭)이자 방향(芳香)인 연꽃향기가 난다는 것이다. 술의 발효가 막 끝났을 때는 연꽃향기라기보다는 연잎 냄새에 가깝다가, 최소기간 15일 정도의 숙성을 거치면 비로소 연꽃향기를 즐길 수 있는데, 이러한 예는 앞서 잠깐 언급한 연화곡(蓮花麯)에서와 같았다.

수 있는데, 이러한 예는 앞서 잠깐 언급한 연화곡(蓮花麯)에서와 같았다.

술을 빚기 위해서는 깊은 산속에 들어가 신선하고 깨끗한 청호(菁蒿)나 닥나무잎을 채취하여 준비하고, 멥쌀은 가능한 깨끗하게 씻어 불렸다가 푹 찌고 냉수를 한바가지 정도 흠씬 주어 다시 쪄서 무른 고두밥이 되게 한다. 고두밥이 되게 쪄지면 술빚기가 여간 힘든 것이 아니다.

재료가 준비되면 닥나무잎이나 청호를 펴고 그 위에 고두밥을 펼쳐서 식히는데, 고두밥 위에 다시 닥나무잎을 두툼하게 덮어서 고두밥이 마르지 않도록 실내에 둔다. 가끔 뒤집어주고 7일 후에 술독에 담아 밀봉하여 따뜻한 곳에서 발효시키면 묽은 죽처럼 된다. 이어 다시 멥쌀로 고두밥을 짓는데, 그 방법은 밑술과 같다.

술밑을 빚을 때는 밑술과 고두밥을 충분히 치대고, 밑술과 같은 방법으로 하여 두텁게 이불로 싸맨 후, 따뜻한 곳에 두어 2~3일간 발효시킨다. 덧술을 빚은지 2~3일 후에는 이불과 뚜껑을 벗겨 술독을 차갑게 식히는 등 감향주처럼 익히면 술의 향기가 비상할 뿐만 아니라, 그 맛이 매우 감미롭다.

연화주〈산가요록, 역주방문〉

술 재료

밑술 : 멥쌀 2.4㎏, 닥나무잎, 청호

덧술 : 멥쌀 24㎏

밑술 빚는 법

1. 멥쌀을 백세하여 물에 담갔다가 건져서, 시루에 안쳐서 고두밥을 짓는다.
2. 쌀을 찌기에 앞서 돗자리 위에 쑥잎이나 닥나무잎을 펴 놓는다.
3. 고두밥이 무르게 푹 익으면, 퍼서 닥나무잎 위에 펼쳐서 차게 식다.
4. 고두밥 위에 닥나무 잎이나 쑥잎을 펴서 덮는다.
5. 이 상태로 7일간 지낸다.

덧술 빚는 법

1. 7일 후 쑥 잎이나 닥나무 잎을 거두고 냄새가 가시기를 기다렸다가, 고두밥을 술독에 담아 안치고, 3일간 발효시킨다.
2. 멥쌀을 백세하여 물에 담가 불렸다 건져서 시루에 안치고 무른 고두밥을 짓는다.
3. 고두밥을 고루 펼쳐서 차게 식혔다가 밑술을 합하고, 고루 버무려 술밑을 빚는다.
4. 술독에 술밑을 담아 안치고, 예의 방법대로 하여 발효시킨 후, 익기를 기다려 채주한다.

* 주모나 누룩을 사용하지 않고 청초와 닥나무잎의 야생곰팡이와 효모를 이용하여 만든 주본(酒本)에 덧술하여 빚은 술이다. 〈산가요록〉에는 '얼마든지 이 방법으로 빚을 수 있으며, 연잎을 위아래에 묻어두어도 된다.'고 하였다.

왼쪽부터 酒人 홍성훈, 大母 한상숙, 酒人 곽성근, 大母 김희전 씨 등이 연엽주를 빚는 모습.

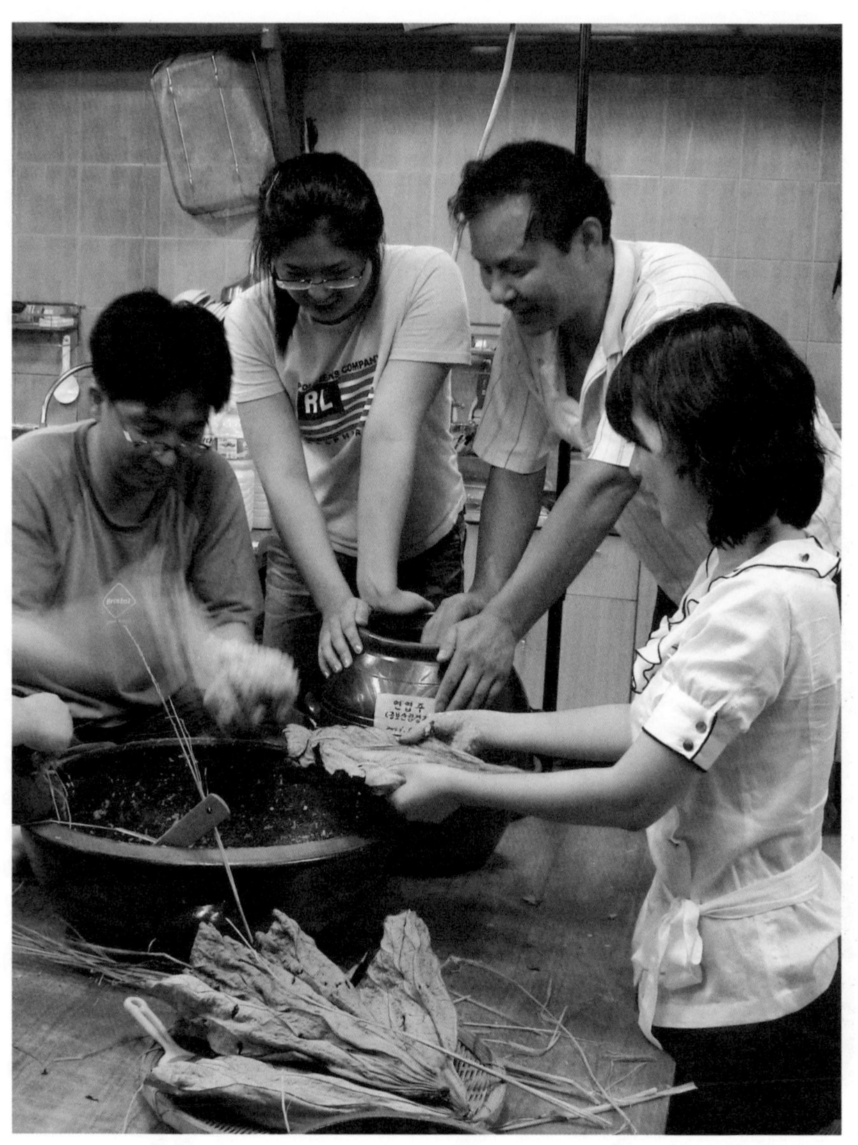

왼쪽부터 酒人 홍성훈, 大母 한상숙, 酒人 곽성근, 大母 김희전 씨 등이 연엽주를 빚는 모습.

연화주(蓮花酒)

〈개발주〉

술에 사용되는 부재료 가운데 연꽃만큼 매력 있는 가향재도 드물 것이다. 연꽃 자체가 완상의 대상으로도 훌륭하기도 하거니와 여러 가지 효능이 뛰어나기 때문이다. 생약명이 연실로 알려져 있는 연은 연꽃, 연밥, 연육, 연엽 등으로 불리는 수련과의 여러해살이 풀이다. 농가에서 재배하기도 하며 연못을 만들어 관상용으로도 심는다. 한방에서는 지혈, 지사, 번열, 탈항, 대하증, 신장염, 진통, 주독, 보익, 해열, 폐담, 이뇨, 신경쇠약, 건위, 요통, 임질, 안태 등의 질환에 모든 부위를 치료약으로 사용해 왔고, 근경에 아스파라긴과 아르기닌, 레시진 등의 주요성분 외에 다량의 전분을 함유하고 있어 민간에서는 약으로도 사용하고 식용해 왔다.

예를 들어 〈태청제본초(太淸諸本草)〉에는 '7월 7일에는 연꽃 7푼을 따고, 8월 8일에는 연뿌리 8푼을 캐고, 9월 9일에는 연밥 9푼을 따서 그늘에 말려서 먹으면 사람으로 하여금 늙지 않게 한다.'고 쓰여 있다.

한방에서는 연잎을 말렸다가 달여서 만든 즙을 복용하면 버섯중독과 이뇨, 지혈, 몽정, 정신의 침쇠, 요통, 설사, 오줌 싸는 병 등에 좋다고 알려져 있는데, 그 효과가 연근과 같다고 한다. 민간에서는 연잎으로 죽을 만들어 먹으면 정력을 증진시키는 데 비상하다고 한다. 또 유방에 난 종기에 백련꽃잎을 말렸다가 침으로 적셔서 바르면 종기가 낫는다고 하며, 연꽃잎을 갈고 빻아서 그것을 종기에 붙이면 고름을 빨아내는 효과

“ 술의 발효 중에 이들 재료가 술밑 위로 떠올라 공기와 접촉하면서 곰팡이가 자라는 등 오염이 될 수 있으므로 유의할 필요가 있다. 가장 좋은 방법으로는 연꽃을 채취하여 믹서나 주서기에 통째로 넣고 갈아서 술 재료와 함께 버무려 빚거나 거즈로 짜서 그 즙액만을 넣는 방법이 그것이다. ”

가 있다고 알려져 있다. 꽃의 수술을 응달에 말려 두었다가 매일 3회씩 1회 1~3g을 마시면 치질을 고칠 수가 있으며, 벌집처럼 생긴 연방을 짓이겨 동상에 바르면 낫고, 달여서 마시면 나쁜 피를 고치는 효과가 있다고 한다. 연실의 과피를 벗겨서 달여 마시면 신체허약과 설사병, 몽정을 다스리는 자양 강장약이 된다고 한다. 또 열매인 연밥은 어릴수록 그 효능이 강하게 나타난다고 알려져 있는데, 쌀과 함께 죽을 끓여 먹으면 혈액을 보하고 정신을 키우며 심장병에 효과가 있으며, 특히 정력을 강하게 하여 노쇠한 불능자 등에 효과가 두드러진다고 한다. 가장 많이 이용하는 연근은 질소화합물과 레시진 등을 다량 함유하고 있어 강장약과 식품으로 널리 이용되는데, 연뿌리를 달인 즙은 구내염과 편도선염에 효과가 좋고, 생즙은 폐결핵과 각혈, 하혈에 특별한 효과가 알려져 있다.

그런데 연꽃은 향기도 좋을 뿐만 아니라 가장 효과적인 가향약재로 생각된다. 연꽃은 위에 열거한 모든 부분을 다 포함하고 있기 때문이다.

연꽃을 술에 이용하는 방법은 다양하다. 우선 반쯤 개화한 것이나 갓 봉오리를 터뜨린 연꽃을 채취해 술밑을 안친 독의 한가운데 두서너 송이를 꽂아 놓는 방법이 있는데, 이는 가장 간편하면서 술 향기도 좋다. 또 연방을 제외한 꽃잎과 꽃술을 낱낱이 뜯어서 술밑과 함께 버무리는 방법과, 술밑과 함께 켜켜로 안치는 방법도 생각해 볼 수 있다. 다만 두 번째 방법은 술의 발효 중에 이들 재료가 술밑 위로 떠올라 공기와 접촉하면서 곰팡이가 자라는 등 오염이 될 수 있으므로 유의할 필요가 있다. 가장 좋은 방법으로는 연꽃을 채취하여 믹서나 주서기에 통째로 넣고 갈아서 술 재료와 함께 버무려 빚거나 거즈로 짜서 그 즙액만을 넣는 방법이 그것이다. 경험을 해본 사람이면 다 아는 바이지만 연꽃즙액의 향기는 말로 다할 수가 없거니와, 이렇게 하여 숙성된 연화주의 맛과 향기 또한 이루 다 표현할 수가 없다.

연화주〈개발주〉

술 재료

밑술 : 멥쌀 1.6㎏, 누룩가루 500g, 물 5.4ℓ

덧술 : 찹쌀 8㎏, 연꽃 10송이, 끓인 물 1.8~3.6ℓ

밑술 빚는 법

1. 좋은 멥쌀을 백세하여 하룻밤 물에 담가 불렸다가, 새 물에 헹궈서 체에 밭친다.
2. 시루에 불린 멥쌀을 안쳐 문무화(文武火)로 무른 고두밥을 짓고, 충분히 뜸이 들었으면 고루 펼쳐서 차게 식힌다.
3. 좋은 물을 끓여 얼음같이 차게 식히고, 누룩을 곱게 가루 내어 분량만큼 준비한다.
4. 고두밥에 누룩가루와 물을 넣고, 고루 섞어 술밑을 빚는다.
5. 술독에 술밑을 담아 안치고, 예의 방법대로 하여 3일간 발효시킨다.

덧술 빚는 법

1. 좋은 찹쌀을 백세하여 하룻밤 물에 담가 불렸다가, 새 물에 헹궈서 체에 밭친다.
2. 시루에 불린 찹쌀을 안쳐 문무화로 무른 고두밥을 짓고, 충분히 뜸이 들었으면 고루 펼쳐서 차게 식힌다.
3. 연꽃은 여름에 갓 봉오리를 터뜨린 것이나 반쯤 핀 것을 채취하여, 자루를 잡고 거꾸로 세워 흐르는 물에 깨끗이 씻고 물기를 없앤다.
4. 믹서나 주서기에 연잎과 끓인 물을 함께 넣고 갈아(짜서 찌꺼기를 제거한다) 즙을 내거나, 연잎과 함께 말려서 준비한 다음, 손으로 비벼서 가루를 만든다.
5. 고두밥과 밑술, 연화즙(연잎 · 연잎 가루)을 한데 섞고, 고루 버무려 술밑을 빚는다.
6. 술밑을 연기로 소독하여 마련한 술독에 담아 안친다.
7. 술독은 예의 방법대로 하여 단단히 밀봉한 후, 볕이 안 드는 서늘한 곳에 두고 익힌다.

5 5 6 7

인동초주(忍冬草酒)

〈개발주〉

술 빚는 일이 점차 재미없어질 무렵 빚게 된 술이 인동초주이다. 해질 무렵 머리를 식힐 겸 나선 드라이브 길에서 하천가에 피어 있는 인동덩굴을 발견했다. 실바람에 실려 오는 꽃향기에 이끌리어 다가간 곳에 인동초가 무더기로 피어 있었다.

처음에는 꽃만을 채취할 요량이었으나, 꽃만을 채취하기엔 시간이 너무 많이 걸리고 해질 무렵이어서 넝쿨째 채취해 왔는데, 나중에 자료를 찾아보니 꽃만이 아닌 덩굴이며 잎까지 모두를 이용할 수 있는 귀한 재료였다.

인동덩굴은 인동과의 반상록 식물로서, 겨울에도 말라죽지 않고 푸르름을 유지하는 까닭에 인동이라는 이름을 얻게 되었는데, 우리나라의 전국 야산에서 흔하게 볼 수 있다.

5~6월이 되면 덩굴줄기에서 처음에는 흰색의 꽃이 나다가 노란색으로 바뀌는 것을 볼 수 있다. 이 때문에 인동꽃을 금은화(金銀花)라고 부르게 되었다.

인동초는 초여름에 꽃이 피기 시작하는데, 꽃 모양이 마치 하얗고 노란 두 척의

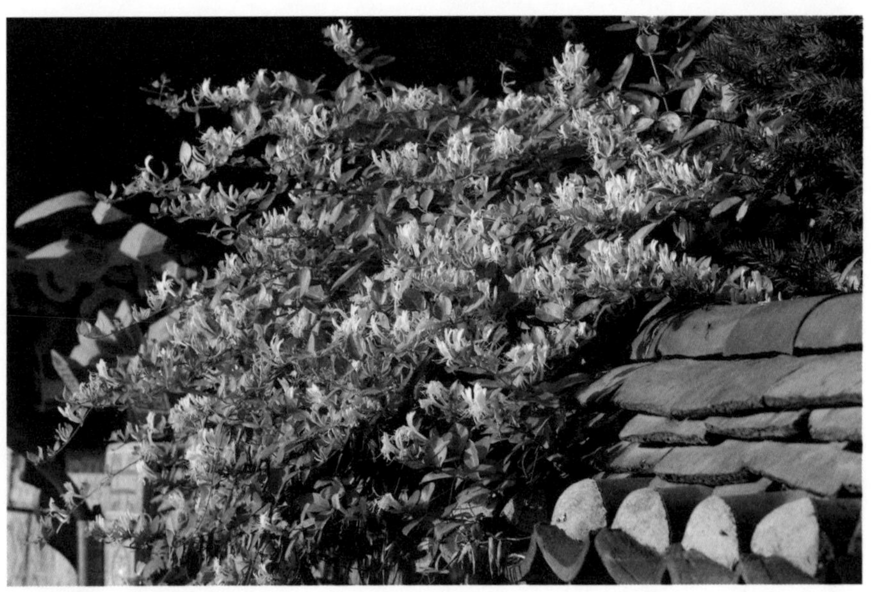

“ **인동초는 예부터 불로장수의 약으로 중요시되었다. 특히 인동꽃에는 산열해독, 소종, 거농, 소염, 청혈, 이뇨, 살균작용이 있어서 열성병을 비롯하여 화농성질환, 급만성임질, 종독, 악창 등에 특별한 효과가 있다고 알려져 있다.** ”

범선이 나란히 바다를 향해하고 있는 것과 같은 착각을 불러일으키며, 아름다운 꽃빛깔과 사람으로 하여금 욕정을 불러일으키게 하는 진한 향기로 인해 예로부터 많은 사람들로부터 사랑을 받아왔다.

한방에서는 금은화를 해열, 해독약으로 이용하며, 초기 감기의 발열을 가라앉히고, 이뇨와 소염의 약물로 인식하고 있으며, 민간에서는 버섯을 잘못 먹고 중독되었을 때 해독약으로 이용해 오는 등 중요한 약재로 이용되었다.

인동초에는 루테올린을 비롯한 정유성분과 루톨린 이노시톨 등과 탄닌질, 진경, 항염, 항균작용의 성분이 함유되어 있어, 예부터 불로장수의 약으로 중요시되었던 것이다. 특히 인동꽃에는 산열해독, 소종, 거농, 소염, 청혈, 이뇨, 살균작용이 있어서 열성병을 비롯하여 화농성질환, 급만성임질, 종독, 악창 등에 특별한 효과가 있다고 알려져 있다.

꽃을 비롯한 줄기와 잎은 여러 가지 악창과 종기 악성 부스럼 등과 숙취해소에 효과가 있고, 초기의 류머티즘과 피로회복에 효과가 뛰어난 것으로 알려지고 있으며, 해독작용은 냉증 및 부종의 치료에 효과적이라고 알려지고 있다.

인동초는 꽃을 비롯하여 잎과 줄기를 함께 채취하여 흐르는 물에 살짝 헹군 뒤, 단시간에 걸쳐 물기를 제거한 후에 건조시킨다. 건조 시간이 길어지면 꽃이 새끼처럼 말리면서 자칫 짓뭉개져 색깔이 검어지고 향기도 사라질 수 있으므로 가능한 선풍기를 이용하여 단시간에 건조시키도록 한다.

향기가 매우 좋은 술인데, 줄기와 잎을 함께 사용할 경우에는 발효가 잘 되지 않고 쓴맛과 신맛이 강해지므로 꽃을 중심으로 하고 잎과 줄기는 적게 사용하는 것이 좋다.

인동초주〈개발주〉

술 재료

밑술 : 멥쌀 1.6㎏, 밀가루 250g, 누룩가루 750g, 물 3.6ℓ

덧술 : 멥쌀 10㎏, 누룩 750g, 인동초 6g, 끓인 물 7.2ℓ

밑술 빚는 법

1. 멥쌀을 백세작말한다.
2. 끓는 물을 쌀가루에 붓고, 고루 개어 범벅을 지은 다음 차게 식힌다.
3. 누룩가루와 밀가루를 차게 식힌 범벅에 넣고, 고루 섞어 술밑을 빚는다.
4. 준비한 술독에 밑술을 담아 안친 뒤, 예의 방법대로 하여 3~4일간 발효시킨다.

덧술 빚는 법

1. 인동초를 끓는 물에 살짝 헹궈서 물기를 뺀 다음, 서늘한 곳에서 물기만 가시게 건조시킨다(건조시켜 둔 것은 뜨거운 물에 살짝 헹궈서 물기를 뺀 후에 사용하는데, 생화였을 때보다 더 많이 넣어도 된다.).
2. 멥쌀을 물에 깨끗이 씻은 뒤, 하룻밤 재웠다가 건져서 고두밥을 짓고, 무르게 푹 익혀졌으면 차게 식혀 둔다.
3. 밑술과 고두밥, 누룩, 끓인 물을 고루 섞고, 치대어 술밑을 빚는다.
4. 술독에 인동초 한줌을 넣고, 그 위에 술밑을 담아 안친다.
5. 술독은 예의 방법대로 하여 따뜻한 곳에서 발효시킨다.

장미로(薔薇露)

〈임원십육지〉

우리 전통주는 술 빚는 재료에 따라 그 이름을 달리하는 경우가 많은데 같은 재료와 동일한 방법으로 빚은 술이라도 가향재나 약재 등 추가되는 부재료가 있으면 사용된 부재료의 이름을 따서 명칭을 부여하게 되는 경우가 대부분이다.

〈임원십육지〉의 '장미로'라는 술이 그 예이다. 장미로는 관서 감홍로를 빚는 과정에서 파생한 리큐르의 한 가지로서, 관서 감홍로가 지초와 벌꿀을 이용한 술이면서도 감지초주라고 하지 않고, 감홍로 또는 홍로주란 술 이름을 붙이게 된 데에는 그 배경이 되는 착색제이자 가향약재인 지초를 사용함으로써 이슬처럼 맑고 붉은 색깔의 술이 만들어지는데다, 벌꿀이 들어가 단맛 나는 선홍색의 소주가 되기 때문이다. 따라서 장미로는 이 지초 대신에 장미꽃을 이용한 데서 술 이름을 붙이게 되었다.

장미로를 빚는 방법과 과정을 보면, 전통적인 방법인 증류식 소주의 증류과정과 다를 바 없다. 또한 고유의 단식 증류기인 소줏고리를 이용하는 증류방법에서는 기화된 알코올이 소줏고리의 귓대를 통해 이슬(露)같은 소주방울이 똑똑 떨어진다. 이때 귓대 밑에 벌꿀을 발라놓은 그릇을 받치고, 그 안에 장미꽃을 서너 송이 놓아두면 소주방울이 이 장미꽃을 통과하면서 순간적으로 장미꽃의 색과 향을 간직하게 된다. 알코올의 특성이 부재료의 약성과 향기 등 여러 가지 성분을 추출하는 작용이 뛰어나기 때문이다. 특히 순도가 높은 소주일수록 향이나 색

> 이때 귓대 밑에 벌꿀을 발라놓은 그릇을 받치고, 그 안에 장미꽃을 서너 송이 놓아두면 소주방울이 이 장미꽃을 통과하면서 순간적으로 장미꽃의 색과 향을 간직하게 된다. 알코올의 특성이 부재료의 약성과 향기 등 여러 가지 성분을 추출하는 작용이 뛰어나기 때문이다.

깔, 성분을 추출해내는 효과가 크기 때문에 이와 같은 방법을 추구하게 된다.

따라서 장미로의 제조방법과 같은 방법으로 매화로, 국화로, 계피로, 생강로, 당귀로, 계강로, 계당로 등 향기와 약성을 띤 약용소주, 즉 혼성주가 생겨나게 되었으며, 이는 매우 자연스럽고 당연한 일로 여겨진다.

장미로의 제조에 따른 최우선적인 조건은 장미로의 특징이자 주재료가 되는 꽃의 선택이라고 할 수 있는데, 여러 가지 장미꽃 가운데 식용이 가능한 노란색 넌출장미를 골라야 한다는 것이다. 이 노란색 넌출장미는 잎이 얇고 부드러우며 향기도 여느 장미보다 은은한 특징이 있어, 예로부터 화전이나 화채로도 애용되었다.

장미로를 빚을 때 두 번째로 주의 할 일은, 우선 소주 증류시 불의 세기를 잘 조절하는 일과 냉각수를 자주 교환해주는 일이다. 장미는 향기가 강하지만 소주를 증류할 때 불의 세기를 잘 조절하지 못하면 장미로의 특징을 살릴 수 없기 때문이다. 장미는 꽃향기가 강하긴 하지만 증류시 불의 세기를 제대로 조절하지 못하면 술에서 탄 냄새라든가, 심한 누룩냄새를 느끼게 되고, 특히 맑고 깨끗한 술을 얻을 수 없다.

특히 술이 탁하거나 이취가 나는 것은 불의 세기를 잘못 조절하였거나, 냉각수를 교환해 주는 일을 게을리 하였을 때 발생하는 것이므로, 장미로의 아름다운 장미 향기는 물론이고 맑고 깨끗한 연미색의 술 빛깔 등 고도주로서 장미로가 지니게 되는 술의 풍미를 상실하게 될 뿐만 아니라, 마시기 힘든 소주가 되고 만다.

장미로〈임원십육지〉

술 재료

밑술 : 멥쌀 1.6㎏, 누룩가루 500g, 끓는 물 4.5ℓ

덧술 : 멥쌀 10㎏, 누룩 500g, 말린 장미 10g, 탕수 9ℓ, 장미 100g

밑술 빚는 법

1. 멥쌀을 백세작말하여 끓는 물을 부으면서 범벅을 쑨다.
2. 범벅을 차게 식힌 후에 누룩가루를 넣고, 고루 섞어 술밑을 빚는다.
3. 준비한 술독에 술밑을 담아 안친 다음, 예의 방법대로 하여 4~5일간 발효시킨다.

덧술 빚는 법

1. 멥쌀을 물에 백세한 뒤, 하룻밤 재웠다가 건져서 고두밥을 짓는다.
2. 고두밥이 무르게 푹 익었으면 차게 식혀 둔다.
3. 물을 팔팔 끓여 차게 식힌 다음, 밑술에 섞고 술체로 거른다.
4. 밑술(막걸리)과 누룩, 고두밥을 섞고, 고루 치대어 술밑을 빚는다.
5. 건조시켜 준비한 장미꽃을 준비한 술독 안 맨 밑에 안치고, 그 위에 빚은 술밑을 안친다.
6. 술독은 예의 방법대로 하여 비교적 서늘한 곳에서 발효시킨다.

증류 방법

1. 가마솥에 물을 한 사발 붓고 불을 지펴서 끓인다.
2. 물이 끓으면 장미화주 한 사발을 붓고 끓인다.
3. 다시 장미화주 두 사발을 붓고, 끓으면 장미화주 네 사발을 붓는다.
4. 재차 장미화주 여덟 사발을 붓고, 끓으면 열여섯 사발을 붓는다.
5. 같은 방법으로 솥을 80% 정도 채운 다음, 소줏고리를 올리고 소주번을 붙인다.
6. 불을 약하게 줄이고, 소줏고리 위에 냉각수 그릇을 올린다.
7. 냉각수 그릇에 찬물을 가득 채운 다음, 소줏고리 사이에 다시 소주번을 붙인다.
8. 소줏고리에서 소주가 방울방울 떨어지는 정도로 불을 조절한 다음, 수기 위에 장미를 놓아 소주방울이 떨어지면서 꽃을 통과하도록 한다.

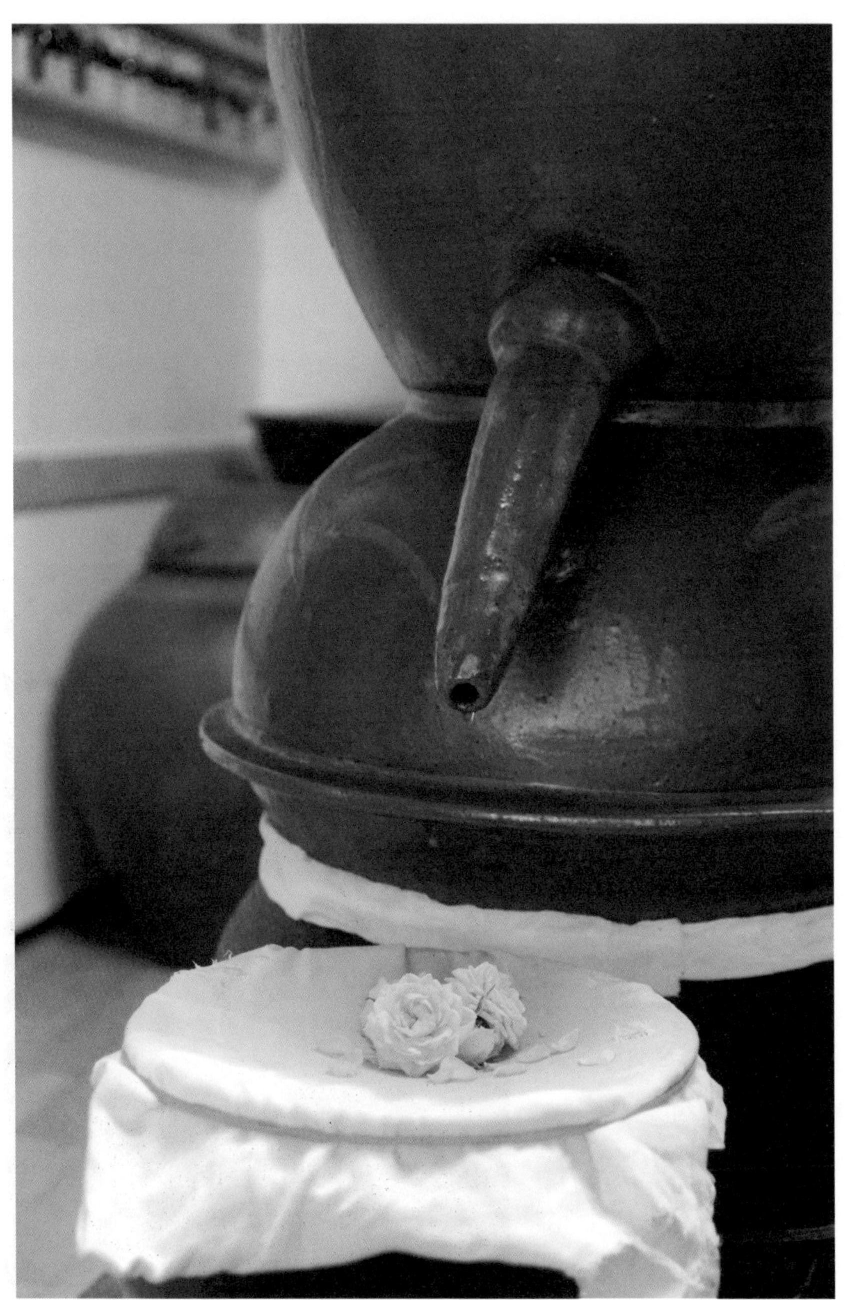

장미화주(薔薇花酒)

〈개발주〉

우리가 마시는 술은 물론이고 빚는 술에 여러 가지 부재료를 넣는 이유 가운데 무엇보다 중요한 것의 하나는 맛과 향기일 것이다. 때문에 여러 가지 술의 향기를 발현시키기 위한 노력을 게을리 하지 않았고, 향기나 빛깔이 좋은 부재료들을 이용한 술 빚는 방법들이 모색되기 시작하였다. 그 대표적이 방법 가운데 하나가 술에 향기가 좋은 꽃을 넣은 것인데 '화향입주방(花香入酒方)'이라는 것이다.

술에 넣는 꽃의 종류는 많다고 할 수 없으나, 주로 식용이 가능하거나 먹어서 탈이 없는 유실수의 꽃과 약용목적의 원료로 이용되는 꽃들이 주류를 이룬다. 여름철의 대표적인 꽃이면서 향수의 원료로 이용되는 것으로 알려진 장미(薔薇)를 이용해서도 전통주를 빚을 수 있다.

장미는 장미과의 낙엽관목으로 관상용으로 널리 재배되고 있는데, 키가 낮은 품종과 덩굴로 뻗는 품종으로 크게 나뉜다. 또 이들 품종은 다시 한철 피는 것과 두 철 피는 것, 네 철 피는 것 등 여러 종류가 있으며, '장밋빛'이라고 하여 아름답고 화려한 빛깔을 간직한 담홍색의 빨강 장미가 주류를 이루는데, 이러한 빨강 장미 외에 흑장미, 백장미, 황장미도 있고, 최근에는 육종기술을 바탕으로 다양한 색상의 장미도 등장하고 있다.

> **“장미로는 조선시대 중엽의 기록인 〈임원십육지〉에 수록된 ‘소로류(燒露類)’의 ‘내국홍로방’과 ‘관서감홍로방’, ‘관서계당주방’, ‘죽력고방’, ‘이강고방’ 등과 ‘소로잡법(燒露雜法)’을 응용한 방문인데, 그 맛이 매우 부드럽고 향기로운 술이다.”**

장미꽃이 이미 오래 전부터 식용으로도 이용되었다는 것을 알 수 있다. 하지만 식용이 가능한 장미꽃을 구하기가 어려워 널리 퍼지진 못했던 것 같다. 다양한 장미 가운데 식용이 가능한 꽃은 덩굴장미로서, 예로부터 술을 비롯하여 전통음식에도 이용되었다. 장미꽃을 이용한 여름철의 청량음료인 화채와 절식인 화전으로도 황장미가 이용되었던 것이다.

장미꽃을 이용한 전통주는 ‘장미로(薔薇露)’라고 하는 혼성주(混成酒)가 유일하게 목격되고 있다. 장미로는 조선시대 중엽의 기록인 〈임원십육지〉에 수록된 ‘소로류(燒露類)’의 ‘내국홍로방’과 ‘관서감홍로방’, ‘관서계당주방’, ‘죽력고방’, ‘이강고방’ 등과 ‘소로잡법(燒露雜法)’을 응용한 방문인데, 그 맛이 매우 부드럽고 향기로운 술이다.

술을 빚기 위해서는 여름철에 울타리를 타고 올라가면서 피어 있는 노란 장미꽃을 송이째 채취하는데. 반쯤 또는 꽃망울만 터뜨린 꽃을 채취하여 흐르는 물에 헹구듯 씻어서 먼지나 이물질을 제거하고, 면보를 이용해서 물기를 완전히 제거한다.

이어 덧술용 고두밥과 밑술을 고루 버무려 술밑을 빚어 술독에 안치는데, 이때 준비해 둔 장미꽃을 술독에 먼저 안친 다음, 그 위에 술밑을 덮듯이 안치는 것이 요령으로, 이는 술 빛깔과 맑은 술을 얻기 위한 방법이다. 물론 꽃을 직접 술밑과 함께 버무리게 되면 향기는 더욱 좋아질 수 있겠으나, 발효가 더디고 술빛깔이 곱지 못하므로 빚는 과정에 유의하도록 하고, 장미꽃 역시 가능한 적게 넣으면 향기와 맛이 좋다는 사실을 잊지 말아야 한다.

장미화주〈개발주〉

술 재료

밑술 : 멥쌀 1.6㎏, 누룩가루 500g, 끓는 물 4.5ℓ

덧술 : 멥쌀 10㎏, 누룩 500g, 장미꽃 3g, 탕수 9ℓ

밑술 빚는 법

1. 멥쌀을 백세작말하여 끓는 물을 부으면서 쌀가루를 개어 범벅을 쑨 다음, 차게 식힌다.
2. 누룩가루를 차게 식힌 범벅에 넣고, 고루 섞어 술밑을 빚는다.
3. 준비한 술독에 술밑을 담아 안친다.
4. 술독은 예의 방법대로 하여 4~5일간 발효시킨다.
5. 밑술이 익었으면 물을 팔팔 끓여 차게 식힌 다음, 밑술에 섞고 술체로 거른다.

덧술 빚는 법

1. 멥쌀을 물에 깨끗이 씻은 뒤, 하룻밤 재웠다 건져서 고두밥을 짓는다.
2. 고두밥이 무르게 푹 익었으면 차게 식혀 둔다.
3. 밑술(막걸리)과 고두밥을 섞고, 고루 치대어 술밑을 빚는다.
4. 건조시켜 준비한 장미꽃 20g을 준비한 술독 안 맨 밑에 안치고, 그 위에 빚은 술밑을 안친다.
5. 예의 방법대로 하여 비교적 서늘한 곳에서 발효시키고, 익는 대로 떠서 마신다.

접시꽃술

〈개발주〉

가향주를 비롯하여 약용약주의 특징과 제조방법은 그 목적이 향기와 약효를 얻고자 하는 것이지만, 무엇보다 일차적인 문제는 술로써 기호를 충족시킬 수 있어야 한다는 것이고, 그 다음에 가서야 향기나 약효를 고려해야 한다는 것이다.

접시꽃을 이용한 양조실습은 나름 힘든 일이었다. 아직 접시꽃에 대한 어떠한 정보도 얻을 수 없었기 때문이었다. 하기야 접시꽃만이 아니라, 우리나라 식물도감에는 식물에 대한 자료는 나와 있지만 꽃을 중심으로 한 연구는 그 기초도 마련되어 있지 않은 상태이다. 때문에 접시꽃을 이용한 양조는 불안의 단계를 넘어 자칫 위험한 일일 수도 있었다.

그러나 민간요법이나 한방에서 접시꽃나무를 유종(乳腫)을 치료하는데 이용하고 있는 사실과 관련하여, 접시꽃에도 미지의 성분이 있을 것으로 판단되어 직접 술을 빚어보기로 하였다. 접시꽃으로 빚는 술은 매우 평이한 방문을 취했는데, 그 이유가 접시꽃이 갖고 있는 여러 가지 약성과 미지의 성분을 알 수 없어서였다. 우선, 밑술은 멥쌀을 백세하여 고두밥을 짓고 고루 펼쳐서 차게 식힌 다음, 물 5되와 함께 누룩가루, 밀가루를 넣고 술밑을 빚는 방법이다. 이렇게 하여 예의 방법대로 하여 3일간 발효시키면 알코올도수가 7~8%에 이르는, 약용약주를 빚기에 비교적 적

> **“ 순수한 누룩만으로는 좋은 술을 얻을 수 없겠다는 생각이 들었는데, 밑술을 고두밥으로 하고, 덧술은 누룩과 물, 접시꽃만을 이용한 양조에서는 나름의 가향주를 얻을 수 있었다. ”**

당한 밑술이 된다.

덧술은 고두밥을 무르게 푹 익히고 차게 식힌 후에 밑술과 누룩가루, 물을 고루 섞고 치대어 술밑을 빚어 놓는다. 덧술에도 누룩과 물을 넣는 이유는 접시꽃의 약성에 의한 발효억제를 감안한 것이고, 접시꽃을 술밑과 고루 섞어 재차 술밑을 빚는 까닭도 안정적인 발효를 유도하기 위한 배려라고 할 수 있겠다.

접시꽃술은 여느 가향주들과는 달리 비교적 따뜻한 곳에서 발효시키는데, 이 역시도 접시꽃의 약성과 독특한 맛 때문이다.

접시꽃을 이용하여 술을 빚고자 한다면, 밑술을 죽이나 설기 등으로 할 경우에는 누룩의 양을 늘려야 한다. 그렇지 않으면 덧술의 안정적인 발효를 도모하기 어렵다는 것을 말해주고 싶다.

필자의 경험으로는 접시꽃과 함께 잎과 줄기 등을 함께 넣어보기도 하고, 물과 함께 달여서 얻은 추출물을 이용하여 발효를 시켜 본 결과, 발효상태가 매우 불량하였다. 필자의 판단으로는 순수한 누룩만으로는 좋은 술을 얻을 수 없겠다는 생각이 들었는데, 밑술을 고두밥으로 하고, 덧술은 누룩과 물, 접시꽃만을 이용한 양조에서는 나름의 가향주를 얻을 수 있었다. 그 맛이 매우 쓰고 비릿하게 느껴졌는데, 실제로 알코올도수를 측정한 결과와는 상반된 것으로, 맛이 그리 좋지 못한 때문이었다.

접시꽃을 이용한 양조의 경우, 본 방문에 제시된 꽃의 양보다 적게 사용하는 것이 좋겠고, 가능하다면 완전히 건조시켜서 사용하기를 권하고 싶다. 접시꽃을 채취하여 건조시켜본 사람이면 알 수 있을 것인데, 건조과정에서 알 수 없는 점액성분으로 말미암아 건조에 시간이 많이 소용되고, 바람에 의한 방법만으로는 건조가 용이하지 못하다는 것을 알 수 있을 것이다. 따라서 따뜻한 구들이나 전기장판 같은 발열장비를 이용하는 것이 좋을 것이다.

접시꽃술〈개발주〉

술 재료

밑술 : 멥쌀 2되 5홉, 밀가루 5홉, 누룩가루 2되, 물 5되

덧술 : 멥쌀 1말 5되, 누룩 5홉, 접시꽃(8g) 5홉, 물 7되

밑술 빚는 법

1. 멥쌀 2되 5홉을 백세하여 고두밥을 짓는다.
2. 고두밥이 익었으면 고루 펼쳐서 차게 식힌다.
3. 물 5되에 고두밥과 누룩가루 2되, 밀가루 5홉을 넣고, 고루 섞어 술밑을 빚는다.
4. 술독에 술밑을 담아 안치고, 예의 방법대로 하여 3일간 발효시킨다.

덧술 빚는 법

1. 멥쌀 1말 5되를 물에 깨끗이 씻은 뒤, 하룻밤 재웠다가 건져서 고두밥을 짓는다.
2. 고두밥이 무르게 푹 익었으면 차게 식혀 둔다.
3. 밑술에 고두밥과 누룩가루 1되, 물 7되를 고루 섞고 치대어 술밑을 빚어 놓는다.
4. 접시꽃 5홉을 흐르는 물에 씻어 꾸들꾸들하게 건조시킨 후, 술밑과 고루 섞어 재차 술밑을 빚는다.
5. 준비한 술독에 술밑을 안친 다음, 예의 방법대로 하여 비교적 따뜻한 곳에서 발효시킨다.

칡꽃술

〈개발주〉

뜨거운 여름철에도 그 기세가 전혀 꺾이지 않을 뿐만 아니라, 가장 화려하고 강렬한 향기를 발산하는 꽃의 하나로 칡꽃을 들 수 있다. 갈근(葛根)이라고 하는 생약명으로도 널리 알려져 있는 칡은, 8월에 자주색 바탕에 끝이 뾰족한 타원형의 노란 꽃술이 있는 타래꽃이 피는 것을 볼 수 있다. 칡꽃도 다른 타래꽃들과 같이 자루부분부터 꽃이 피기 시작하여 자라면서 계속해서 꽃이 피어나는데, 그 향기가 매우 강하여 멀리까지 나아간다.

예로부터 민간에서는 칡의 어린잎과 순을 나물로 무쳐먹고, 뿌리는 전분과 당분이 많아 식용하기도 한다. 뿌리의 전분 성분은 떡을 만들거나 엿을 고아 먹기도 하고, 가루를 물에 풀어 마시면 몸을 덥게 하고, 초기의 감기몸살과 설사, 위장병에도 효과가 인정되고 있다. 특히 한방과 민간에서는 칡뿌리를 해열과 발한, 진통, 지혈, 해독, 숙취, 구토, 중풍, 당뇨, 진정, 감기, 편도선염에 치료약으로 쓰는 등 여러 용도의 약재로 이용해 오고 있다.

칡은 주로 뿌리부분인 갈근이 이용되지만 꽃도 약재로 이용되고 있다. 칡꽃은 갈화(葛花)라고 하여 대개 해열제와 술 중독현상을 비롯하여 감기로 인해 오한이 나고 땀이 없을 때, 부인의 하혈, 열병으로 인한 구갈을 없애주고 구토와 두통을 치료한다고 알려져 있다. 민간에서 꽃과 함께 뿌리를 달여 마시면 술중독과 기타의 중독에 효과가 좋다고 하여 널리 이용되어 왔다.

> **가향주 제조에서 드러나는 공통점은 가향주의 특징인 향기를 살리기 위한 방법에서 범벅으로 빚는 방법이 선호되고 있으며, 좀 더 간편하게 술을 빚을 수 있다는 점에서 고두밥을 이용한 술 빚기가 일반에서 선호되고 있다.**

칡꽃을 채취하다 보면 꽃 속에 벌을 비롯하여 많은 벌레들이 들어가 있는 것을 볼 수 있는데, 이는 칡꽃이 밀원의 하나로 이용되고 있다는 것을 뜻하며, 풀이나 나무를 타고 덩굴처럼 뻗어가면서 자라기 때문에 다양한 벌레들의 접근을 피할 수 없음을 뜻한다.

따라서 칡꽃을 채취할 때에는 도로에서 멀리 떨어지고 지면으로부터도 멀리 떨어져 있는 나뭇가지 위나 키가 큰 풀더미 위로 나 있는 꽃 가운데 반쯤 피어 있는 싱싱한 꽃을 선택하도록 하고, 일단 채취한 뒤에는 바람이 잘 통하는 곳에 펼쳐두어 벌레들이 빠져나오도록 한다. 이어 깨끗한 물에 넣고 흔들어가면서 먼지나 이물질 등을 씻어내고 재빨리 탈수시켜서 따뜻한 장판이나 구들 위에서 건조시키면 꽃 속에 들어가 있는 나머지 작은 벌레들이 빠져나오므로 손쉽게 제거할 수 있다.

가향주를 빚는 방법은 다양하다. 어떤 방법으로든지 가능하다는 얘기와 다름없다. 일테면 화향입주법이나 직접혼합법, 그리고 심지어 증자법과 침지법도 가능하다. 또한 주방문도 어떤 방법은 좋고 어떤 방법은 나쁘다고 할 수 없다. 다만, 가향주 제조에서 드러나는 공통점은 가향주의 특징인 향기를 살리기 위한 방법에서 범벅으로 빚는 방법이 선호되고 있으며, 좀 더 간편하게 술을 빚을 수 있다는 점에서 고두밥을 이용한 술 빚기가 일반에서 선호되고 있다는 것이다.

다음의 방문은 탱자꽃술과 함께 처음 시도한 방법이지만, 밑술을 고두밥으로 하되 수곡을 사용한다는 것과 덧술에 사용되는 탕수의 양은 술 빚는이나 마시는 사람의 취향에 따라 가감할 수 있다는 점이 특징이라고 하겠다. 술이 완성되었을 때 느껴지는 맛과 향기, 알코올 도수의 조정을 물의 양을 가감함으로써 조정할 수 있다는 것이다. 따라서 예의 칡꽃술은 여느 가향재료보다 향기가 좋고, 발효도 잘 된다는 점에서 적극 추천하고 싶다.

칡꽃술〈개발주〉

술 재료

밑술 : 멥쌀 2㎏, 누룩 1㎏, 물 4.5ℓ

덧술 : 찹쌀 10㎏, 누룩 500g, 칡꽃 3g, 탕수 5.5ℓ

밑술 빚는 법

1. 멥쌀을 백세하여 하룻밤 불렸다가, 새 물에 헹궈 시루에 안치고 고두밥을 짓는다.
2. 물에 누룩을 풀어 5~6시간 불려서 수곡을 만든다.
3. 고두밥을 고루 펼쳐 차게 식힌 후에 수곡에 넣고, 고루 버무려 술밑을 빚는다.
4. 준비한 술독에 술밑을 담아 안친 뒤, 예의 방법대로 하여 3일간 발효시킨다.

덧술 빚는 법

1. 찹쌀을 물에 깨끗이 씻은 뒤, 하룻밤 재웠다가 건져서 고두밥을 짓는다.
2. 물을 팔팔 끓인 뒤 차게 식히고, 고두밥도 무르게 익었으면 차게 식혀 둔다.
3. 밑술과 고두밥, 누룩, 식혀 둔 물을 고루 섞고 치대어 술밑을 빚는다.
4. 준비한 칡꽃을 재차 술밑에 버무려 섞고, 술독에 담아 안친다.
5. 술독은 예의 방법대로 하여 비교적 따뜻한 곳에서 발효시키고, 익는대로 용수를 박아 두었다가 맑갛게 고이면 두고두고 떠서 마신다.

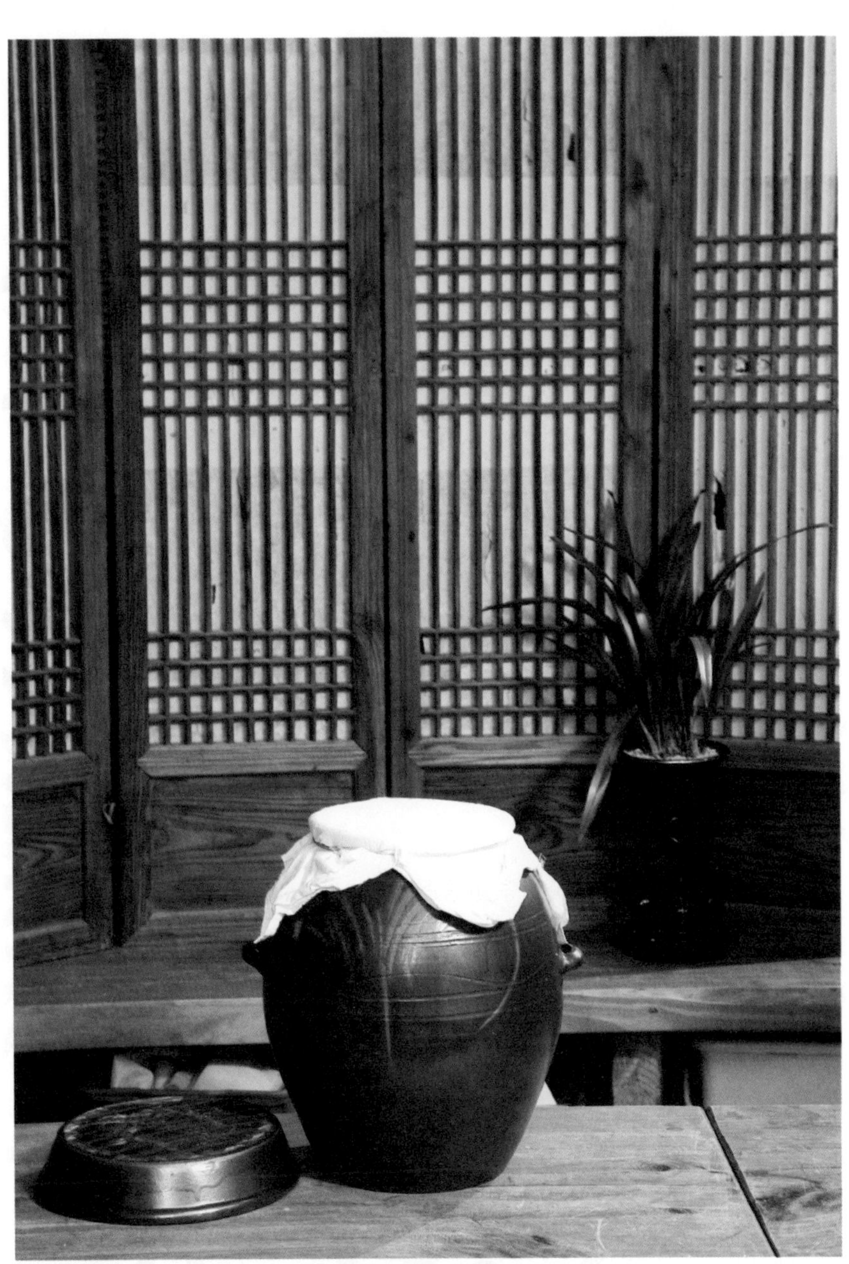

하향주(荷香酒)

〈개발주〉

주지하다시피 하향주는 쌀과 누룩, 물을 주재료로 하면서도 연잎의 향기 또는 연꽃향기로 대변되는 방향(芳香)이 뛰어난 술로, 정통적인 청주의 하나이다.

〈주찬〉에는 단양주 하향주가, 〈음식디미방〉을 비롯한 여러 고주방문에는 이양주(二釀酒)인 하향주법이 수록되어 있는 것을 볼 수 있는데, 한결같이 구멍떡(공병)으로 술거리를 만들고 부재료를 사용하지 않는 순곡청추이다. 물론, 대구 지방의 전승가양주로서 〈증보산림경제〉에 수록된 하엽청에서와 같이 인동초와 감국, 약쑥을 이용한 하향주가 있긴 하나, 본 방문은 연잎 또는 연꽃을 사용한 연엽주로 생각하면 된다.

술빚을 재료로 멥쌀 1.6kg, 누룩가루 1kg, 물 5.4ℓ를 이용하여 밑술을 빚는데, 쌀은 가루를 만들어 익반죽한 뒤 물송편을 만들고 삶아서 식힌 후에 누룩가루를 섞어 발효시킨 뒤, 여기에 찹쌀 16kg으로 지은 고두밥과 누룩가루 500g, 연잎 2~3장, 끓인 물 9ℓ을 이용하여 덧술을 하여 발효시키는, 이른 바 하향주 법의 변형을 취했다.

본 하향주 빚는 법의 특징은, 송편 만든 것을 넣고 삶는데 떡을 건지지 않고 그 물에 그대로 풀어 차게 식힌다는 것, 법제한 누룩을 아주 곱게 빻고 체에 쳐서 사용한다는 것이다.

또한 덧술은 찹쌀고두밥에 누룩가루와 끓여 식힌 물, 밑술을 고루 버무려 술밑을 빚는데, 이때 연잎을 술독에 한 장 깔고 술밑을 절반 안치고, 다시 연잎 1장을 깔고 나머지 술밑을 안치며, 술밑을 연잎으로 덮어 발효시킨다는 점이다.

이 방문에서 주의할 점은, 밑술을 빚을 때 끓는 물에 익반죽하여 만든 물송편을 넣되, 한꺼번에 넣지 않도록 해야 한다. 물송편을 하나 둘씩 넣다보면 물이 식어서 끓는 것이 잦아들게 되므로 물의 끓는 상태를 유지해가면서 삶도록 하고, 솥뚜껑을 덮어 완숙시켜야 발효가 순조롭고 술빚기도 편하다는 것이다. 또한 떡이 완전

> 냉각 이후에 술덧 표면에 오염의 기미가 보이는 것은 연잎의 선택에 문제가 있었다는 것으로, 연잎을 채취하여 잘못 건조시켰거나, 건조가 덜 된 것을 오랫동안 보관하여 곰팡이가 피었거나 부패되었을 경우가 주류를 이룬다.

히 식었을 때 체로 친 고운 누룩가루를 섞어 버무리도록 하여야 한다.

특히 덧술을 하고 난 뒤에는 발효시의 온도를 너무 높게 해서는 안 되고, 덧술의 주발효가 끝나 냉각을 시킬 때 술덧 표면의 상태를 보아 오염의 기미가 보이면, 즉시 술덧의 맨 위에 덮었던 연잎을 제거해주어야 오염을 막을 수 있다.

냉각 이후에 술덧 표면에 오염의 기미가 보이는 것은 연잎의 선택에 문제가 있었다는 것으로, 연잎을 채취하여 잘못 건조시켰거나, 건조가 덜 된 것을 오랫동안 보관하여 곰팡이가 피었거나 부패되었을 경우가 주류를 이룬다.

따라서 연잎같은 부재료의 선택에 유의해야 하는데, 연잎의 경우 첫서리가 내리기 전에 채취하여야 하는 이유가 여기에 있다. 연잎에 지나치게 수분이 많을 경우, 술의 발효시 또는 건조시킨 연잎을 장기 보관시 부패의 원인이 되므로, 자연상태에서의 수분이 적은 상태라야 양조에 적합하고, 술이 익었을 때 향기 또한 좋아지기 때문이다.

본 방문의 하향주를 빚어놓고 술이 익기를 기다리는 동안 나는 시조 한편을 쓰게 되었다. 한편의 시조작품 속에 술 빚는 이의 감정과 술 향기에 대한 기대감, 술 마신 후의 홍취를 아우르고자 노력했다. 특히 술이 익었을 때 연못 한가운데에 하얗게 피어난 백련의 청초한 모습처럼 술독에서 샘솟아오를 아름다운 향기를 술잔에 띄운 꽃잎에 비유했는데, 술도 시(詩)도 기대만큼의 작품은 되지 못한 것 같다. 그 이유가 욕심에 있었음에랴.

연꽃에는 무서리와 벌레 소리 내려앉고
날빛은 연잎 위에서 더욱 아름답다.
물결은 구름 속에서도 맑아 질그릇 술잔에 꽃잎 띄우네.
– 백련지(白蓮池) 전문 〈박록담〉 –

하향주〈개발주〉

술 재료

밑술 : 멥쌀 1.6㎏, 누룩가루 1㎏, 물 5.4ℓ

덧술 : 찹쌀 16㎏, 누룩 500g, 연잎(꽃) 2~3장, 끓인 물 9ℓ

밑술 빚는 법

1 멥쌀을 백세작말하여 끓는 물로 익반죽하고 송편처럼 빚는다.

2. 솥에 물 5.4ℓ를 붓고 끓으면 송편 빚은 것을 넣고 삶는데, 떡이 떠오르면 건지지 말고 그 물에 그대로 풀어 차게 식힌다.

3. 누룩은 아주 곱게 빻고, 체에 쳐서 법제한다.

4. 죽에 누룩가루를 풀어 넣고 술밑을 빚은 다음, 서늘한 곳에서 2일간 발효시키면 맛이 달아지므로, 서늘한 곳으로 술독을 옮겨 1~2일간 더 둔다.

덧술 빚는 법

1. 찹쌀을 백세하여 하룻밤 불렸다가 건져서 고두밥을 짓는다.
2. 고두밥을 고루 펼쳐 차게 식힌다.
3. 고두밥에 누룩과 끓여 식힌 물, 밑술을 고루 버무려 술밑을 빚는다.
4. 연잎(꽃송이)을 술독에 한 장 깔고 술밑을 절반 안친 다음, 다시 연잎 1장을 깔고 나머지 술밑을 안친다.
5. 술밑을 연잎으로 덮고 예의 방법대로 하여 21일간 발효시킨다.

해당화주(海棠花酒)

〈개발주〉

해당화는 그 빛깔이나 모습은 말할 것도 없고, 향기가 아름다워 널리 사랑 받았던 꽃이다.

해당화가 과거 대중의 사랑을 받았던 꽃이라는 증거는 '해~당~화 피고 지~는~'으로 시작되는 '섬 마을 선생님'이라는 유행가가 공전의 히트를 쳤다는 사실에서도 확인할 수 있거니와, 그 향기가 아름답다고 하는 증거는 꽃을 채취하여 보면 알 수 있게 된다. 여느 꽃들에 비해 곤충들이 많이 붙어있음을 볼 수 있다.

대부분의 곤충들은 꽃을 채취하는 동안 사람의 손길이 두려워 도망을 하는데, 해당화에는 많은 날벌레들이 붙어있는 것을 목격할 수 있다. 이는 그만큼 해당화의 향기가 강하고 매력적인 꽃이라는 사실을 확인케 해준다고 할 것이다.

해당화는 향수의 원료로 이용되어 왔다. 또 해당화를 손질하여 건조시키기 위해 널어놓게 되면 집안이 온통 꽃향기에 젖어들게 되는데, 마치 향수를 뿌려놓은 것 같은 착각을 느낀다. 이 향기는 어지간한 방향제 한 통을 뿌려놓았을 때보다 강하게 나타나, 두고두고 향기를 즐길 수 있는 즐거움이 있다.

해당화는 주로 도서 지방과 서해안 연안의 모래밭에서 잘 자란다. 나무는 마치 장미처럼 넝쿨을 뻗으면서 가지에는 가시가 많은 것이 특징이다. 해당화의 꽃봉오리를 매괴화(玫瑰花)라고 하는데, 차로써 널리 이용되고 있다. 해당화는 비(脾)와 간(肝)에 작용하여 기와 혈을 잘 통하게 하여 행혈(行血), 조경(調經), 항염증약으로 이용되고 있다. 따라서 위통(胃痛), 월경부조, 류마티스, 타박상 등에 효과를 나

> **해당화의 진분홍 꽃빛깔은 같은 계통의 진달래나 복숭아꽃과는 비교할 바가 아닐 만큼 강렬하여 술을 빚기에는 아주 매력적이다. 또한 꽃이 진 후에는 산사 만한 열매가 달리는데, 이 열매를 이용해서도 술을 빚을 수가 있고, 그 향기는 꽃으로 빚었을 때와 다를 바가 없을 만큼 매력적이다.**

타낸다.

타낸다.

해당화를 채취하기에는 6월 현충일 무렵이 적기인데, 다른 나무와는 달리 8월 초순까지는 계속해서 꽃이 피므로 두고두고 채취할 수 있는 데다, 건조 후에도 진한 향기를 느낄 수 있다는 것도 해당화만의 특징이라고 할 것이다.

해당화의 진분홍 꽃빛깔은 같은 계통의 진달래나 복숭아꽃과는 비교할 바가 아닐 만큼 강렬하여 술을 빚기에는 아주 매력적이다. 또한 꽃이 진 후에는 산사 만한 열매가 달리는데, 이 열매를 이용해서도 술을 빚을 수가 있고, 그 향기는 꽃으로 빚었을 때와 다를 바가 없을 만큼 매력적이다.

필자가 어렸을 때만 해도 고향 해남의 마을 앞 바닷가에 지천으로 널려 있었던 해당화가 지금은 흔적도 없고, 국내 굴지의 해안관광지를 둘러보아도 해당화를 목격하기 힘들다.

현재 해당화는 충남 태안을 비롯하여 전남 영광 등 자생군락지가 몇 안 될 정도로 희귀식물이 되어가고 있다는 사실에서, 해당화가 공해에 약한 식물인 것을 알 수 있다.

꽃은 송이째 채취하는데, 푸른색이 도는 꽃받침을 제거하고, 물에 살짝 헹구어 이물질이나 흙, 벌레들을 제거한다. 가능하면 탈수기를 이용하여 탈수를 한 후에 그늘지고 서늘한 곳에서 건조시키는 것이 꽃빛깔과 향기를 살릴 수 있는 방법이다. 꽃잎이 바스라질 정도로 완전히 건조시켜 종이봉투에 보관했다가 두고두고 술을 빚을 때 사용한다.

그 어떤 가향주보다 매력적인 술이라고 하겠는데, 주의할 일은 한꺼번에 너무 많이 넣지 않도록 하고, 생화를 이용하려면 방법을 달리 해야 한다는 것이다. 좋은 향기를 간직한 술인 만큼, 술 빚기가 까다롭고 성공하기도 힘들다는 사실을 깨달을 수 있을 것이다.

해당화주〈개발주〉

술 재료

밑술 : 멥쌀 2.4㎏, 누룩 가루 1㎏, 끓는 물 5.4ℓ

덧술 : 찹쌀 12㎏, 누룩 500g, 해당화 2~3g, 끓인 물 9ℓ

밑술 빚는 법

1. 멥쌀을 백세작말한다.
2. 물을 팔팔 끓여 멥쌀가루에 붓고 개어, 죽을 쑤듯 버무려 된 범벅을 만든 다음 차게 식힌다.
3. 범벅에 누룩 가루를 섞고, 고루 치대서 묽은 죽처럼 술밑을 빚는다.
4. 술밑을 준비한 술독에 담아 안친 다음, 예의 방법대로 하여 3일간 발효시킨다.
5. 덧술이 익기 전 해당화를 말려 준비해 놓는다.

덧술 빚는 법

1. 찹쌀을 물에 깨끗이 씻어 하룻밤 불렸다가, 건져서 시루에 안쳐 고두밥을 짓는다.
2. 고두밥을 고루 펼쳐서 차게 식힌다.
3. 고두밥에 누룩과 끓여 식힌 물, 밑술을 넣고 고루 버무려 술밑을 빚는다.
4. 술독에 말린 해당화 10g을 깔고 그 위에 술밑을 안친 다음, 나머지 꽃 한줌(5g)을 맨 위에 덮어준다.
5. 술독은 예의 방법대로 하여 따뜻한 곳에서 발효시킨다.
6. 술이 익었으면 용수를 박아 채주하거나, 술자루에 담아 압착, 여과하여 마신다.

홍화주(紅花酒)

〈개발주〉

술에 향기를 불어 넣는 방법에는 여러 가지가 있지만, 같은 재료를 가지고 술 빛깔을 살리는 방법에 있어서는 별반 특징이 없다는 사실을 깨닫고 나면 허망해질 때가 많다. 술을 빚기 위해서는 적어도 4일은 술 빚는 일이며 술독을 관리하는 일에 매달려야 하기 때문이다. 그런 의미에서 홍화주는 다른 가향주에서처럼 향기를 즐기기보다는 술 빛깔을 살리기에 적합한 재료라고 하겠다.

홍화는 국화과의 일년초로서 이집트가 원산지로 알려지고 있으며, 실크로드를 따라 중국에 유입되었고, 다시 불교와 함께 국내에 유입되었으며, 고구려의 승려 담징에 의해 일본에 전해진 것으로 전해지고 있다. 홍화를 우리말로 '잇꽃'이라고 하는데, 잎에는 가시처럼 뾰족한 톱니가 나 있으며, 7~8월경에 적황색의 꽃이 핀다.

홍화는 아름다운 붉은 빛깔을 띠고 있고 색소의 추출이 잘되는 까닭에 여성들의 화장품 원료로도 이용되는데, 홍화를 압축하여 만든 것을 전화(錢花)라고 하고, 이 전화를 대량으로 하여 판상(板狀)으로 압축한 것을 판홍화라고 하여, 여성들의 애용품의 하나인 연지의 제조원료로 사용한다.

홍화에는 붉은 색소인 카르타민과 황색색소인 샤프롤 및 리놀산 등이 함유되어 있는데, 이러한 생약 홍화에는 활혈(闊血), 통경(通經)에 대한 효능이 알려져 있으며, 이러한 이유로 부인병과 냉증, 갱년기 장애, 생리불순, 동맥경화예방에 홍화를

> **홍화는 절대 많은 양을 넣어서는 발효도 안 된다. 맛이나 향취도 나빠지므로, 가능하다면 홍화를 직접 넣을 경우에는 꽃을 넣었다는 시늉만 하는 정도면 좋겠다는 생각이 들었다. 홍화를 많이 넣게 되면 꽃 특유의 느끼한 맛과 매운 맛, 향기가 지나치게 강하여 거부감을 주기 때문이다.**

이용하고 있다.

이러한 효능 때문에 한방과 민간에서는 소주에 홍화를 넣어 우려마시는 침출법의 약용주를 빚어 마셨는데, 홍화주는 부인의 외사와 복중의 어혈을 치료한다고 알려져 있으며, 특히 아름다운 술 빛깔은 가히 매력적이라고 할 수 있다.

필자의 경험으로는 술을 빚는데 있어, 생화보다는 건조시킨 것이 술의 빛깔이나 향취가 자극적이지 않아서 더 좋다고 하겠는데, 가향의 목적보다는 홍화가 갖고 있는 아름다운 색상과 약리적 특성이 주목적이라고 하겠다. 증류식 소주에 홍화를 넣어 그 효능과 향기, 색깔을 침출시키는 방법의 약용주는 술 빛깔이 매혹적이지만, 홍화 특유의 콕 쏘는 듯한 매운맛이 특징이며, 향기나 맛에 있어서는 별로 매력을 못 느끼기에 하는 말이다.

따라서 홍화는 절대 많은 양을 넣어서는 발효도 안 된다. 맛이나 향취도 나빠지므로, 가능하다면 홍화를 직접 넣을 경우에는 꽃을 넣었다는 시늉만 하는 정도면 좋겠다는 생각이 들었다. 또한 전형적인 양조 방법이라고 할 수 있는 발효주로서 홍화주를 빚을 때는 유의해야 할 것이 있는데, 발효주는 침출주의 경우와는 달리 홍화 특유의 술 빛깔을 살릴 수 없다는 것이다.

따라서 생화이든 건조화이든 간에 홍화를 끓는 물에 나물 데치듯 살짝 넣었다가 조리로 건져서 물기를 짜낸 다음, 술밑과 함께 넣어 발효시키면 홍화 특유의 강한 냄새를 줄일 수 있으므로, 이와 같은 가공 방법을 권하고 싶다.

홍화주는 술을 빚어 숙성되면 단시간 내에 채주하여야 술맛이 좋다. 홍화를 많이 넣게 되면 꽃 특유의 느끼한 맛과 매운 맛, 향기가 지나치게 강하여 거부감을 주기 때문이다.

홍화주〈개발주〉

술 재료

밑술 : 멥쌀 1.6kg, 밀가루 500g, 누룩가루 500g, 물 7.2ℓ

덧술 : 멥쌀 8kg, 누룩 1kg, 홍화 1~2g, 끓인 물 3.6ℓ

밑술 빚는 법

1. 멥쌀 1.6kg을 백세작말한다.
2. 물 7.2ℓ에 쌀가루를 풀어 넣고, 갠 다음 죽을 끓인 뒤 차게 식힌다.
3. 누룩가루 500g과 밀가루를 차게 식힌 죽에 넣고, 고루 섞어 술밑을 빚는다.
4. 준비한 술독에 밑술을 담아 안친 뒤, 예의 방법대로 하여 3~4일간 발효시킨다.

덧술 빚는 법

1. 홍화 10~20g을 뜨거운 물에 살짝 헹궈서 물기를 뺀 다음, 서늘한 곳에서 물기만 가시게 건조시킨다.(미리 준비해 건조시켜 둔 것은 물에 살짝 헹궈서 물기를 뺀 후에 사용하는데, 생화였을 때보다 더 많이 넣어도 된다.)
2. 멥쌀 8kg을 물에 깨끗이 씻은 뒤, 하룻밤 재웠다가 건져서 고두밥을 짓고, 무르게 푹 익었으면 차게 식혀 둔다.
3. 밑술과 고두밥, 끓인 물 3.6ℓ, 누룩 1kg을 고루 섞고 치대어 술밑을 빚는다.
4. 술밑에 준비해 둔 홍화를 넣고 재차 고루 버무린다.
5. 준비한 술독에 술밑을 안치고, 예의 방법대로 하여 따뜻한 곳에서 발효시킨다.

제3부

흥취 깊은 산음과 풍류 깃든 술

구절초꽃술

〈개발주〉

아름다운 꽃이면 더욱 그렇겠지만, 아주 작고 볼품없는 꽃이라도 이름을 알고 있으면 그 꽃이 한결 사랑스럽게 느껴진다. 따라서 산야에 널브러져 있는 나무며 풀 등 각종 식물의 이름에 담긴 의미를 알고 나면 한층 재미가 있다. 가을이 되면 인근의 산야에 널리 피어 있는 구절초(九折草)를 쉽게 볼 수 있는데, 생약명은 선모초(仙母草)라고 하는 국화과의 여러해살이풀이다.

구절초라는 이름은 이 꽃의 채취 시기와 관련이 있다. 즉, 구절초의 채취 시기를 알려주는 꽃이름이라는 것이다. 구절초의 이름과 관련하여 자전을 찾아보면 아홉 구(九)자와 마디 절(節)자, 그리고 풀 초(草)자로 구성되어 있는데, 이는 음력으로 구월 구일(九)인 중양절(節)에 꺾어다(折) 약으로 쓰면 효과가 좋다는 뜻에서 유래한 이름이라는 것이다.

실제로 구절초의 잎과 가지를 끓여서 만든 '구절초고'는 보혈강장제로 알려져 있다.

구절초는 일부 지방에서 '들국화'라고도 하는데, 이는 구절초가 국화과이기 때문이며, 깊은 산야의 노란꽃을 피우는 국화인 감국(甘菊)과는 다르다. 다 자란 구절초는 키가 약 50~100센티미터나 되며, 7~9월 사이에 원줄기나 가지 끝에 한 개씩 백색의 꽃이 피는데, 꽃잎이 가늘고 길다. 만개한 꽃은 지름이 3~6센티미터이나, 8센티미터에 이르는 큰 것도 있을 정도로 감국과는 차별된다.

> 쌀과 함께 누룩으로 발효시키거나 소주에 한 달 동안 침출시킨 구절초 꽃술은 꽃 특유의 향기와 함께 강장, 식욕촉진 등에 유용하다 하여 식사 때 함께 마시는 반주로 널리 알려져 있다. 또한 꽃송이를 찹쌀풀에 개어 기름에 튀긴 부각은 맛이 좋거니와 술안주로도 뛰어나다.

구절초의 꽃잎은 흰색이나 중심부로 갈수록 약간 붉은 색을 띠는 구절초도 있

구절초의 꽃잎은 흰색이나 중심부로 갈수록 약간 붉은 색을 띠는 구절초도 있는데, 꽃의 중심부에 있는 꽃밥은 노랑색이다.

민간과 한방에서 약용으로 쓰는 것 외에 관상용과 식용으로 널리 이용해 왔으며, 여름에 꽃을 채취하여 술을 빚는데, 국화주라는 이름으로 불렀다. 구절초의 효능은 익히 널리 알려진 바와 같이 민간과 한방에서 건위작용을 비롯하여 보익 신경통을 비롯하여 정혈과 식욕촉진에 좋고, 강장작용은 물론 중풍(뇌졸중)과 부인병 등의 예방과 치료에 이용해왔다.

예로부터 민간에서는 부인병과 보온용으로 줄기와 꽃을 달여서 복용했으며, 특히 꽃으로 쌀과 함께 누룩으로 발효시키거나 소주에 한 달 동안 침출시킨 구절초 꽃술은 꽃 특유의 향기와 함께 강장, 식욕촉진 등에 유용하다 하여 식사 때 함께 마시는 반주로 널리 알려져 있다. 또한 꽃송이를 찹쌀풀에 개어 기름에 튀긴 부각은 맛이 좋거니와 술안주로도 뛰어나다.

구절초는 꽃이 필 때 줄기와 잎을 한꺼번에 채취해서 그늘에서 건조시킨 다음 종이 봉투나 종이에 싸서 통풍이 잘되고 건조한 곳에 보관해두고 쓴다.

예의 방법으로 발효시킨 구절초주는 부드러운 단맛과 꽃향기, 방향이 어우러진 미주라고 할 수 있으며, 구절초 특유의 약간 쓴맛은 구미를 자극하여 반주용으로 더없이 좋다는 생각을 하게 되었다.

국화주와 같이 화향입주법으로 빚어도 좋고 직접 술밑과 함께 버무려 넣어도 좋다. 다만 꽃을 많이 넣으면 그 맛이 쓰고 향기도 진하여 오히려 거부감을 줄 수 있고, 발효 중에 산패를 초래할 수 있으므로 주의해야 한다.

구절초꽃술〈개발주〉

술 재료

밑술 : 멥쌀 1.6㎏, 누룩 500g, 물 9ℓ

덧술 : 찹쌀 8㎏, 구절초 2~3g, 누룩 250g, 물 1.8ℓ

밑술 빚는 법

1. 멥쌀을 백세하여 하룻밤 불렸다가, 씻어 건져서 시루에 안치고, 무른 고두밥을 짓는다.
2. 고두밥을 고루 펼쳐서 얼음같이 차게 식힌다.
3. 차게 식힌 고두밥에 누룩과 물을 섞고, 고루 버무려 술밑을 빚는다.
4. 술독에 밑술을 안치고, 예의 방법대로 하여 3~5일간 발효시킨다.

덧술 빚는 법

1. 밑술이 괴기 시작하면, 찹쌀을 예의 방법대로 하여 고두밥을 짓는다.
2. 고두밥을 풀어 헤쳐서 차게 식힌 뒤, 밑술과 누룩을 함께 섞고 고루 버무려 술밑을 빚는다.
3. 밑술과 고두밥이 고루 버무려졌으면, 구절초꽃을 넣고 다시 한 번 더 버무린다.
4. 술밑을 술독에 담아 안치고, 물 1.8ℓ로 손과 바가지 술그릇을 씻어 그 위에 부어주고, 예의 방법대로 하여 발효시킨다.
5. 술이 익어 밥알이 동동 떠올라 있으면, 2~3일 후에 용수를 박아두고 용수 안에 고인 맑은 술을 떠서 마신다.

국화주(菊花酒)

〈사시찬요초〉

음력으로 9월 9일을 '중양절(重陽節)' 또는 '중구(重九)'라고 한다. 9는 양(陽)의 수인데, 이 양의 수가 겹쳤다는 뜻이다. 따라서 이 날은 양기(陽氣)가 아주 강한 날이라고 여겨 명절로 삼았다. 이날 산에 오르는 등고풍속(登高風俗)이 지금까지도 전해오고 있는데, 양의 시원인 태양에 더 가까이 감으로써, 강한 양기를 받아들이게 되어 사악한 기운으로부터 안녕을 도모할 수 있다고 믿었던 것이다. 또 이날 산에 올라 만산만야 붉게 물든 단풍을 즐겼으며, '상국(賞菊)'이라고 하여 주위에 피어 있는 국화를 감상하는 풍속이 있다. 마을에서도 노인들을 모셔 잔치를 크게 베푸는 동시에 친족끼리 조상에게 시제(時祭)를 지내기도 한다.

이러한 풍속은 중국에서 유래한 것으로 전하는데, 후한 때 여남 땅에 살았던 향경이라는 이가 어느 날 그의 스승 비자방이 찾아와 '9월 9일에 액운이 닥쳐 큰 재앙이 있을 것이므로, 이를 면하려면 산수유를 팔에 걸고 높은 산에 올라가서 국화주를 마시며, 잠시 집을 떠나 있어야 한다.'고 하여, 향경이 그의 스승이 시킨 대로 하고, 그 다음 날 집에 돌아오니 모든 가축이 죽어 있었다고 한다. 이를 보고 비자방은 '짐승들이 사람을 대신하여 죽은 것이다. 국화주가 아니었다면 너희들도 모두 저 짐승들처럼 죽었을 것이다.'고 하여, 중양절에 국화주를 마시는 풍속이 이로부터 유래되었다는 것이다.

우리 풍속으로 가정에서는 찹쌀가루 반죽에 산에서 채취해 온 국화꽃잎을 얹어 화전(花煎)을 부치고, 술에 국화꽃잎을 띄워 만든 국화주를 시식으로 즐겼다. 또

> 문사들 사이에서는 국화주를 벗삼아 시를 짓고, 풍월을 읊는 시주풍류(詩酒風流)를 한껏 즐겼다. 국화주는 아름다운 향기 외에 뼈와 근골을 튼튼히 해주며, 몸이 가벼워지고 말초혈관 확장과 청혈해독의 효능이 있어 장수한다고 알려지고 있다.

한 문사들 사이에서는 국화주를 벗삼아 시를 짓고, 풍월을 읊는 시주풍류(詩酒風流)를 한껏 즐겼다. 작고 노랗게 핀 들국화는 감미가 있어 감국(甘菊)이라고 하는데, 이 감국을 따서 씻어 말린 다음 베주머니에 담아 술 위에 띄우는가 하면, 고두밥과 누룩을 버무릴 때 직접 넣어 숙성시킨 방법이 이용되었다. 국화주는 아름다운 향기 외에 뼈와 근골을 튼튼히 해주며, 몸이 가벼워지고 말초혈관 확장과 청혈해독의 효능이 있어 장수한다고 알려지고 있다.

국화주는 조선시대 여러 문헌에 등장하는데, 〈동의보감〉을 비롯 〈요록〉, 〈고사십이집〉, 〈고려대 규곤요람〉, 〈규합총서〉, 〈임원십육지〉, 〈농정회요〉, 〈조선세시기〉 등에 절기주 · 가향주로 소개하고 있다. 이 외에 경남 지방의 토속주로 빚어지고 있는 국화주는, 백설기에 누룩을 섞어 만든 밑술에 찹쌀 고두밥과 누룩을 섞고, 여기에 감국을 비롯 생지황과 구기자의 뿌리와 껍질을 달여 만든 침출액을 넣어 발효 숙성시킨 약용약주류에 속한다.

〈사시찬요초〉에 수록된 국화주는 〈부녀필지〉에서와 같이 화향입주법의 방문을 보여주고 있는데, 숙성되면 황금색이 술 빛깔과 함께 향기가 좋으며, 말간 개미가 떠서 구미를 자극하기에 충분하다.

한편, 국화를 직접 버무려 넣어 발효시킨 국화주는 엷은 담갈색의 술 빛깔을 띠는데 국화로부터 오는 그윽한 향기가 있고, 발효 중에 생성되는 여러 가지 화합물은 미지의 성분으로 인해 건강을 도울 뿐만 아니라 그 맛이 새롭다.

어떻든 국화주는 고려시대 때부터 가장 널리 빚어 온 가을철의 가장 대표적인 술이자, 특히 선비와 시인묵객들 사이에서 아직까지도 사랑받고 있는 절기주로 자리매김되고 있다.

국화주〈사시찬요초〉

술 재료

밑술 : 멥쌀 8㎏, 누룩 2.5㎏, 물 18ℓ

덧술 : 찹쌀 8㎏, 국화(감국) 5g, 물 18ℓ

밑술 빚는 법

1. 멥쌀을 예의 방법대로 하여 고두밥을 짓고 차게 식힌다.
2. 차게 식힌 고두밥에 누룩과 물을 섞어 밑술을 빚는다.
3. 술독에 밑술을 안치고, 예의 방법대로 하여 3~5일간 발효시킨다.

덧술 빚는 법

1. 밑술이 괴기 시작하면, 찹쌀을 예의 방법대로 하여 고두밥을 짓는다.
2. 고두밥을 풀어 헤쳐서 차게 식힌 뒤 밑술에 물과 함께 섞는다.
3. 밑술과 고두밥이 고루 섞이도록 버무려 빚은 술밑을 술독에 담아 안치고, 5일간 발효시키면 술이 익는다.
4. 술이 익어 밥알이 동동 떠올라 있으면, 국화를 명주주머니에 담아서 술독 안 술 위에 손가락 한마디만큼 떼어 매달아 놓는다.
5. 하룻밤 지난 뒤에 국화주머니를 거두고 술을 떠서 마신다.

국화주〈사시찬요초, 別法〉

술 재료

쌀 16㎏, 누룩 1.5㎏, 국화 7g, 물 27ℓ

술 빚는 법

1. 멥쌀을 물에 깨끗이 씻어 하룻밤 불린 뒤, 건져서 시루에 안쳐 고두밥을 짓는다.
2. 고두밥을 고루 펼쳐서 차게 식힌 다음, 누룩 가루와 물을 섞고 고루 버무려 술밑을 빚는다.
3. 술독에 술밑을 담아 안친 뒤, 예의 방법대로 하여 6일간 발효시킨다.
4. 술이 익으면 황국을 명주나 삼베보자기에 싸서 술독 안 주면(酒面)에 닿지 않게 매달아 놓는다(별법 : 술독 안 주면 위에 띄워 놓는다).
5. 술독은 밀봉하여 2~3일간 두었다 마시면 향기 좋은 국화주를 맛볼 수 있다.

국화주

〈부녀필지〉

국화주는 가향재(加香材)인 국화를 넣어 빚은 가향주로서, 우리 조상들이 가장 즐겼던 대표적인 계절주의 하나이기도 하다.

국화주는 쌀과 누룩, 물을 섞어 빚은 곡주에 국화향을 넣는 화향입주법(花香入酒法)의 국화주를 근간으로 하고, 술을 빚을 때 만개한 국화를 함께 넣어서 빚는 경우, 국화 외에 여러 가지 생약재를 달인 물을 함께 넣어 빚는 경우, 그리고 황금주같이 전혀 국화는 넣지 않으면서도 국화주와 같은 술 빛깔을 띤다는 뜻에서 국화주라는 이름을 얻은 술 등 여러 가지가 있다.

국화주는 향기가 좋고 감미가 나는 야생 감국을 주로 이용하는데, 중양절(重陽節)의 절식(節食)으로 민간에서는 물론이고 궁중에서도 축하주로 애용되었다고 전한다.

국화주에 대한 기록으로 고려시대의 〈동국이상국집〉과 〈파한집〉에 국화주가 수록되어 있는 것으로 미루어, 그 역사가 오래되었음을 알 수 있다. 또, 조선시대에 이르러서는 〈동의보감〉을 비롯 〈요록〉, 〈고사십이집〉, 〈규곤시의방〉, 〈임원십육지〉, 〈음식법〉, 〈규합총서〉, 〈농정회요〉, 〈조선세시기〉 등의 문헌에도 등장하고 있어, 국화주가 대중주로 깊게 뿌리내렸음을 엿볼 수 있다.

세간에서도 '국화주를 하루에 세 번 한잔씩 따뜻하게 데워 마시면 뼈와 근육이 튼튼해지고 장수한다.'고 전해지면서 너나없이 국화

> 이 방문의 국화주는 향기가 좋은 대신 그 향기가 오랫동안 지속되지 않는다는 것이 단점이나, 베주머니에 담았던 국화를 말려서 다시 활용할 수 있다는 장점이 있어 널리 애용되어왔다.

주를 즐겼던 것 같다.

국화주를 빚기 위해서 국화를 선택할 때는 황국(黃菊) 중에서도 향기가 좋고 맛을 보아 감미가 도는 감국(甘菊)을 선택하는 것이 좋고, 꽃필 때 채취하여 술을 빚을 때 씻어서 넣어도 되고, 그늘에 말렸다가 술 위에 띄우거나 매달아 두어 향을 즐기기도 한다.

국화주를 빚을 때 국화를 지나치게 많이 넣으면, 그 맛이 쓰고 신맛이 강해지므로 적당량 사용해야 한다.

잘 익은 국화주는 은은한 국화향과 함께 황금빛을 자랑, 취흥을 절로 일으키므로 상비해두면 가을의 정취를 한껏 느낄 수 있다.

〈사시찬요초〉와 〈부녀필지〉의 국화주를 빚는 법은 화향입주법(花香入酒法)을 기본으로 꽃향기[花香]를 술에 배게 하는 방법이다.

예를 들어, 활짝 핀 국화(감국, 들국화, 황국)을 채취하여 햇볕이나 그늘에 말려서 숙성된 술에 넣거나, 꽃을 고운 보자기에 싸서 술독에 쑤셔 박아두어 그 향기와 약효를 우려내기도 하고, 주머니에 담아 술독의 술 위에 매달아 하루나 이틀 뒤에 꽃을 들어내면 꽃향기가 술에 배어 가향(佳香)의 국화주가 되는 것이다.

조선 후기의 문헌 〈부녀필지〉에 수록된 국화주는 화향입주법의 방문으로, 전형적인 가향주 제조법을 보여주고 있다. 이 방문의 국화주는 향기가 좋은 대신 그 향기가 오랫동안 지속되지 않는다는 것이 단점이나, 베주머니에 담았던 국화를 말려서 다시 활용할 수 있다는 장점이 있어 널리 애용되어왔다.

이 방문에서 사용되는 술은 어떤 술이든지 가능하며, 맛은 그대로이나 향기만 달라지므로 우선 맛이 좋아야 한다. 소주를 이용하는 방법도 있는데, 이 경우 국화를 소주에 직접 넣어 단기간에 우려내는 요령이 필요하다. 장기간 침출하게 되면 맛이 써지고 빛깔도 탁해지는 등 아름답지 못하기 때문이다.

국화주〈부녀필지〉

술 재료

맑은 술(청주) 18ℓ, 국화 5g

술 빚는 법

1. 좋은 술 18ℓ를 준비하여 술독에 담아 놓는다(빚은 술이 익었으면 용수를 박아두고 청주가 고이기를 기다린다).
2. 활짝 핀 황국을 채취하여 깨끗이 씻어낸 뒤 물기 없이 하여 음건한다.
3. 꽃을 술자루(베로 만든 주머니)에 넣고 술독 안에 끈을 달아 매단다.

4. 주머니가 술독 안의 수면으로부터 2~3cm 정도 떨어지게 매달아 놓는 다.
5. 술독의 주둥이를 비닐이나 여러 겹의 베보자기로 밀봉하고 뚜껑을 덮은 뒤, 2~3일 후에 술을 떠낸다.

* 술을 병에 담아 냉장고에 넣어두고 차게 하여 마시면 향취가 좋은 국화주가 된다. 국화 외에 연꽃, 매화, 귤껍질 등을 다 위와 같이 할 수 있다.

국화주〈경주 지방〉

술 재료

밑술 : 멥쌀 4㎏, **찹쌀** 1㎏, **누룩** 2㎏, **물** 5ℓ

덧술 : 멥쌀 8㎏, **찹쌀** 2㎏, **누룩** 700g, **국화** 5~7g, **물** 10ℓ

밑술 빚는 법

1. 멥쌀과 찹쌀을 백세하여 2~3시간 불렸다 건져, 1시간 정도 쪄서 고두밥을 짓는다.
2. 고두밥을 고루 펼쳐서 차게 식힌다.
3. 고두밥에 누룩과 물을 섞고, 고루 버무려 술밑을 빚는다.
4. 술밑을 술독에 담아 안치고, 예의 방법대로 하여 3일간 발효시키되, 2일 째부터 하루에 3회 정도 교반시켜 준다.

덧술 빚는 법

1. 멥쌀과 찹쌀을 백세하여 하룻밤 불렸다 건져서 시루에 안치고, 2시간 정도 쪄서 고두밥을 짓는다.
2. 고두밥은 고루 펼쳐서 차게 식힌다.
3. 고두밥에 누룩과 국화, 물을 첨가하여 고루 비벼서 술밑을 빚는다.
4. 술밑과 밑술을 합하여 고루 섞어 술독에 담아 안친 뒤, 6~8시간 후부터 하루에 1~2회 저어 준다.

* 3일 후 숙성시켜 물 10ℓ를 후수한 뒤 여과한다.

국화주〈함양 지방〉

술 재료

밑술 : 찹쌀 5㎏, 누룩 1.5㎏, 물 14.4ℓ

덧술 : 멥쌀 10㎏, 누룩 2.5㎏, 약재(감국 6g, 구기자 5g, 생지황 5g, 당귀 5g), 물 15ℓ

밑술 빚는 법

1. 찹쌀을 깨끗이 씻어 하룻밤 불렸다가, 건져서 물기가 빠지면 고두밥을 짓는다.
2. 고두밥은 돗자리에 넓게 풀어 헤쳐서 차게 식힌다.
3. 고두밥에 누룩과 물을 고루 섞어 술밑을 빚는다.
4. 소독하여 마련한 술독에 버무린 술밑을 담아 안치고, 예의 방법대로 하여 실내온도 25~28도 정도 되는 곳에서 약 3일간 발효시키면 국화주 밑술을 얻는다.

덧술 빚는 법

1. 멥쌀을 예의 방법대로 하여 고두밥을 짓고, 고루 펼쳐서 차게 식힌다.
2. 물에 준비한 분량의 약재를 넣고, 중간 불로 오랫동안 달여서 10ℓ가 되면 차게 식힌다.
3. 차게 식혀 둔 고두밥에 누룩, 약재 달인 물을 넣고 고루 버무려 술밑을 빚는다.
4. 술독에 술밑을 담아 안치고, 예의 방법대로 하여 실내온도 25 ~ 28도 되는 곳에서 12 ~ 13일간 발효시키면 술이 익는다.
5. 용수를 박아 채주하고 한지로 여과하여 마신다.

국화주〈산림경제〉

술 재료

밑술 : 멥쌀 8㎏, 누룩 2.5㎏, 물 9ℓ

덧술 : 찹쌀 8㎏, 약재(국화, 지황, 당귀, 구기잎 각 2.5g), 물 9ℓ

밑술 빚는 법

1. 멥쌀을 예의 방법대로 하여 고두밥을 짓고 차게 식힌다.
2. 차게 식힌 고두밥에 누룩과 물을 섞어 술밑을 빚는다.
3. 술독에 술밑을 담아 안치고, 예의 방법대로 하여 5일간 발효시킨다.

덧술 빚는 법

1. 술이 고이기 시작하면, 찹쌀을 예의 방법대로 고두밥을 짓는다.
2. 고두밥을 풀어 헤쳐서 차게 식힌 뒤, 준비한 분량의 약재(국화, 지황, 당귀, 구기잎)를 섞어 버무리고, 물과 밑술을 합하고 재차 버무린다.
3. 술독에 버무린 술밑을 담아 안친 뒤, 예의 방법대로 하여 7일간 발효시킨다.
4. 술이 익어 밥알이 동동 떠올라 있으면 용수를 박아 채주한다.

* 한방에서 이 술은 중풍의 치료제로 쓰인다.
* 함양 지방의 가양주로 전승되어오는 국화주나 〈요록의 국화주와 재료가 같은데, 술 빚는 방법만 다를 뿐이다.

국화주〈요록〉

술 재료

찹쌀 40㎏, 물 180ℓ, 국화 300g, 생지황 300g, 구기자 뿌리 300g, 누룩 가루 3.5 ~ 5㎏

술 빚는 법

1. 국화, 생지황, 구기자 뿌리 각 300g을 함께 찧는다.
2. 솥에 한 섬의 물을 붓고 찧은 약재와 함께 끓이고 달이는데, 물이 90ℓ가 되면 차게 식힌다.
3. 찹쌀을 백세하여 고두밥을 짓고 차게 식힌다.
4. 약즙액과 고두밥, 누룩을 한데 합하고, 고루 버무려 술밑을 빚는다.
5. 술독에 술밑을 담아 안친 후, 예의 방법대로 하여 발효시킨다.

* '두통을 낫게 하고 눈과 귀를 밝게 하며 백병을 없애는 효능이 있다.'고 〈동의보감〉에 기록되어 있으며, '하루에 세 번 한잔씩 따뜻하게 데워 마시면, 뼈와 근육이 튼튼해지고 오래 살게 된다.'고 전한다.
* 궁중의 축하주로 애용, 중양절에 마시면 장수무병하다고 해서 여러 민가에서 즐겼다고 한다. 함양 지방의 가양주법 국화주와 재료는 같으나, 본 방문은 단양주라는 점에서 두 방문은 차이를 나타낸다.

박하주

〈개발주〉

박하는 우선 향기가 매우 좋은 까닭에 가향재로서 훌륭한 재료라고 할 수 있다. 박하는 잎과 줄기, 꽃을 다 술에 넣을 수 있으며, 향기뿐만 아니라 소화기능을 촉진하는 효능이 있어, 건위 정장작용은 물론이고 식욕촉진과 진정작용의 약물로 이용 범위가 넓다.

박하를 이용한 술은 대개가 소주에 담가 우려내는 것이 고작이었으나, 술을 빚을 때 부재료로 사용하여 발효시키면 약효는 물론이고 향기가 더욱 좋은 술을 얻을 수 있으며, 특히 발효 중에 생성되는 화합물은 침출주에서는 얻기 힘든 약효를 발휘한다고 생각된다.

박하는 꿀풀과의 다년초로서 전초 또는 잎을 생약으로 이용하며, 독특한 향기는 멘톨과 멘손 등의 정유성분으로 한방에서는 '박하는 모든 약물을 인도하여 영위(營衛)에 들어가게 하고, 풍한(風寒)을 발산시키며, 기분(氣分)의 울체(鬱滯)를 해소한다.'고 알려져 있다. 또한 민간에서는 두통과 두풍, 인후, 어린 아이의 경열을 다스리는 데 중요한 약으로 이용된다.

박하는 토종 박하와 서양 박하가 있는데, 향기와 잎의 형태에서도 별반 차이를 느낄 수 없을 정도로 유사한 점이 많다. 과거 집집마다 울타리 밑이나 문간 옆에 심어 두고 상처의 치료 등 약으로 이용했던 기억이 새삼스러운데, 실제로 박하를 하루 동안 햇볕에 두었다가 증류한 수증기를 이용해서 건조시키는 방법이 한방에

“ 박하는 그 성질이 맵고 강한 방향이 있어 많이 넣어서는 안 된다. 무엇보다 발효가 용이하지 못하고 숙성될수록 향기와 쓴맛이 강하게 나타나 마시기에 부담스러워지기 때문이다. ”

서 이용되고 있다.

요즘은 이 토종 박하를 구경하기가 어렵게 되었다. 아마도 공해 문제에 따른 것으로 생각되는데, 토종 박하를 이용할 때 잎은 물론 줄기에서 뻗어 나온 가지째 사용한다. 꽃이 피기 전과 핀 후에 채취하는데, 뿌리와 줄기를 남겨두면 1년에 세 번은 잎과 가지를 거듭 채취할 수가 있다. 박하는 맑은 날 낮에 채취하는 것이 정유 함량을 높이는 방법이라고 하겠다.

채취한 박하는 흐르는 물에 헹구듯 씻어서 먼지나 흙 등의 이물질을 제거한 다음, 시루에 올려서 살짝 찌고 물기가 완전히 가시게 하여 사용하는 것이 약효나 향기가 좋다. 사용하고 남은 것은 가위나 칼로 잘게 썰어서 말리면 건조가 용이하다. 응달이나 그늘지고 서늘한 곳에서 건조시켜 사용하는데, 잎이 부스러질 정도로 완전히 건조시켜서 종이봉투에 담아두고 사용한다.

술밑과 함께 직접 버무려 넣어도 좋고, 술밑과 함께 켜켜로 안쳐도 좋다. 다만, 박하는 그 성질이 맵고 강한 방향이 있어 많이 넣어서는 안 된다. 무엇보다 발효가 용이하지 못하고 숙성될수록 향기와 쓴맛이 강하게 나타나 마시기에 부담스러워지기 때문이다.

박하주는 매우 심한 두통과 피로를 쉽게 빨리 풀어주는 효과가 있어, 몸이 가벼워지고 정신이 상쾌해지며, 소화불량에도 효과가 뛰어난 것으로 알려지고 있다. 이밖에도 코가 잘 막히거나 재채기가 심한 경우와 감기에 잘 걸리는 사람, 기관지가 좋지 못한 사람, 해소천식 등으로 인하여 가래가 많은 사람, 열이 심한 사람에게 뛰어난 효과를 발휘하는 것으로도 잘 알려져 있다.

다만, 박하주는 많이 마셔서는 안 된다고 한다. 과음할 경우 폐를 상하게 된다는 것이다. 어떤 술이라도 과음해서 좋은 술은 결코 세상에 없는 법이다.

박하주〈개발주〉

술 재료

밑술 : 멥쌀 2.4㎏, 누룩 50g, 물 5.4ℓ

덧술 : 찹쌀 13.6㎏, 누룩 500g, 박하 잎 3g, 물 12.6ℓ

밑술 빚는 법

1. 멥쌀을 백세하여, 하룻밤 불렸다가 건져서 물기가 빠지면 가루로 빻는다.
2. 분량의 물을 팔팔 끓여서 가루에 나눠 붓고, 주걱으로 저어가면서 범벅을 쑨다.
3. 범벅을 고루 펼쳐서 차게 식힌다.
4. 식은 범벅에 누룩과 물을 넣고 고루 버무려 술밑을 빚는다.
5. 소독하여 준비한 술독에 담아 안친 후 예의 방법대로 하여 4일간 발효시키면 술이 익는다.

덧술 빚는 법

1. 찹쌀 13.6㎏을 백세하여 하룻밤 불렸다가 건져서 물기를 뺀다.
2. 준비한 박하 잎을 물에 깨끗이 씻어 물기가 빠지게 채반에 받쳐둔다.
3. 시루에 쌀을 안치고, 한김 나면 그 위에 박하를 올려서 고두밥을 짓는다.
4. 고두밥은 물을 주지 말고 쪄서 익었으면, 고루 펼쳐서 차게 식힌다.
5. 차게 식힌 고두밥에 누룩과 물을 섞어 버무려 술밑을 빚고, 밑술을 쏟아 부어 재차 고루 버무린다.
6. 술밑을 술독에 담아 안치고, 예의 방법대로 하여 21~28일간 발효시킨다.

송국주

〈고려대 규곤요람〉

우리나라와 같이 술에 향기를 드리우는 가향주법(加香酒法)의 발효주는 다른 민족에게서는 찾아보기 힘든, 우리 민족 고유의 양조기술이라고 해도 과언이 아니다.

이러한 가향주는 주로 꽃을 쉽게 구할 수 있는 봄철에 주로 이뤄지지만, 여름과 가을, 심지어 겨울철에도 계속해서 즐겨왔다고 하는 사실에서 술에 계절감각과 풍류를 담아내는, 한국인의 독특하고 낭만적인 정서를 느낄 수 있다고 할 것이다.

송국주라고 하는 주품명은 〈고려대 규곤요람〉에서 처음 목격되는 것으로, 같은 재료를 사용하고 있는 전승 가양주로 안동 지방의 송화주와는 차별화된다. 이들 두 가지 주품이 다 같이 솔잎과 국화를 부재료로 하고 있지만, 양조과정에서 다른 모습을 나타내고 있기 때문이다.

그런데 송국주나 송화주는 송엽주나 국화주에 각각 한가지의 부재료를 추가한 것에 다름 아니라는 사실에서 공통점을 찾을 수 있으며, 다른 한편으로는 〈사시찬요초〉의 국화주나 경주 지방과 함양 지방의 전승가양주인 국화주, 그리고 양주 지방과 선산 지방의 송엽주, 더 나아가서 〈증보산림경제〉의 하엽청과는 또 다른 과정을 보여주고 있어, 전통주의 다양성을 엿볼 수 있다고 하겠다.

안동 지방의 송화주를 비롯한 송엽을 이용한 주품들이 솔잎 달인 물로 죽을 쑤어 술밑을 빚거나, 솔잎을 고두밥과 함께 쪄서 익힌 후에 직접 버무려 넣는 것으로

“ 〈고려대 규곤요람〉의 이와 같은 방문은 술의 안정적인 발효와 함께 맑고 깨끗한 맛과 향기를 얻고자 이용하는 방문임을 알 수 있다. 송국주의 맛과 향기가 이를 뒷받침해준다. ”

나타나고 있는데, 〈고려대 규곤요람〉의 송국주는 팔팔 끓는 물로 멥쌀가루를 익혀 범벅을 갠 후에 차게 식혔다가, 누룩가루를 섞고 버무려 술밑을 빚는다.

이어 덧술은 멥쌀로 고두밥을 짓는데 고두밥이 더울 때 냉수 6~7ℓ를 뿌려 차게 식히고, 밑술과 섞어 술밑을 빚는 전형적인 양조법에 감국과 송엽을 베주머니에 담아 독 밑바닥에 넣고, 술밑을 안쳐서 발효시키는 방법이 그것이다.

이와 같은 송국주 방문은 여느 주품에서는 찾아보기 힘든, 〈고려대 규곤요람〉에서 지금까지 처음 목격되는 가향주 방문이라는 점에서 본 방문의 의미는 자못 크다고 할 수 있겠다.

대부분의 가향주들이 완성주에 꽃이나 과실껍질을 베주머니에 담아 술 위에 드리워서 그 향기만을 베어들게 하는 화향입주법(花香入酒法)을 취하거나, 술에 단기간 담가서 우려내는 지약주중법(漬藥酒中法)을, 그리고 증류주의 경우 침출법(浸出法)을 채용하고 있기 때문이다.

〈고려대 규곤요람〉의 이와 같은 방문은 술의 안정적인 발효와 함께 맑고 깨끗한 맛과 향기를 얻고자 이용하는 방문임을 알 수 있다. 송국주의 맛과 향기가 이를 뒷받침해준다. 다만, 본 방문에 따라 감국과 솔잎의 양을 사용하여 양조를 해본 결과, 그 맛이 현대인들의 기호에 부합되지 못하다는 판단과 함께 술의 기호성과는 거리가 멀다는 판단이었다. 다시 말해서 부재료(감국, 솔잎)의 양이 지나치게 많아 발효도 용이하지 못하고, 떫은 맛과 쓴맛을 감출 수 없었다. 따라서 그 양을 10~20% 정도에 그치는 적은 양을 이용하여 술을 빚어본 결과 술의 기호를 충족시킬 수 있었다는 것을 밝혀두고 싶다.

송국주〈고려대 규곤요람〉

술 재료

밑술 : 멥쌀 7.2kg, 누룩가루 1kg, 탕수 2ℓ

덧술 : 멥쌀 24kg, 밀가루 500g, 송엽 375g, 감국 37.5g, 물 7ℓ

밑술 빚는 법

1. 멥쌀을 백세하여 하룻밤 불렸다가 건져서 작말한다.
2. 물 3ℓ를 2ℓ가 되게 팔팔 끓여서 멥쌀가루와 섞어 범벅같이 갠다.
3. 멥쌀 범벅을 완전히 차게 식힌다.
4. 차게 식힌 멥쌀 범벅에 누룩가루를 섞고, 고루 버무려 술밑을 빚는다.
5. 예의 방법대로 하여 술독에 담아 안쳐서 발효시킨다.

덧술 빚는 법

1. 밑술이 고이면 멥쌀을 백세하여 하룻밤 물에 불렸다가, 건져서 물기를 빼서 시루에 안치고 고두밥을 짓는다.
2. 고두밥이 익으면 더울 때 냉수 6 ~ 7ℓ를 뿌려 넣고, 고두밥이 물을 다 빨아들이면 헤쳐서 차게 식힌다.
3. 고두밥 식힌 것을 밑술과 섞어 술밑을 빚는다.
4. 감국과 송엽을 등분하여 베주머니에 담아 독 밑바닥에 넣은 후, 술밑을 안치고, 예의 방법대로 하여 21일간 발효시킨다.

송화주

〈안동 지방〉

'춘삼월' 하면 쉽게 떠올리게 되는 것이 송홧가루[松花粉]이다. 이른봄에 야산의 소나무가지마다 노랗게 피었다가 바람에 흩어져 날리는 이 송홧가루는 다식을 비롯하여 여러 가지 식재료와 음식에 사용되고 있어 매우 친근한 식품이기도 하다.

따라서 '송화주' 하면 이 '송화로 빚은 술'을 가리키는 것으로 이해하기 쉽다. 사실이 그렇기는 하지만 본고에서 다루는 송화주는 솔잎과 국화를 부재료로 하여 빚는 안동 지방의 토속주로, 솔잎의 송(松)자와 국화의 화(花)자를 채용, 부재료에서 오는 가향(佳香)효과를 강조한 주명이라 하겠다.

현재는 경북 무형문화재로 지정되어 이 지방에서 누대로 터를 닦아온 문화 류씨(류승호) 가문의 안주인 김영한씨에 의해 가양주로만 빚어지고 있다. 안동 지방의 송화주는 노란 황국빛깔을 자랑하는데, 주재료로 멥쌀과 찹쌀을 혼용함으로써 지나치게 부드럽고 단맛을 주는 찹쌀술의 단점을 보완하는 지혜를 엿볼 수 있다. 특히 안동 송화주는 무형문화재로 지정된 전통주 가운데 충남 당진의 '면천 두견

발효가 잘 일어나면 술의 향기는 저절로 좋아지는 것이니, 부재료의 양을 늘리려고 들지 말고 재료의 특성을 잘 파악하여 양조에 알맞게 처리하도록 하고, 재료의 양을 정확히 지킬 일이다.

주'와 함께 가향주법(佳香酒法)의 술이면서, 밑술과 덧술을 다 같이 고두밥으로 하여 술을 빚는다는 특징을 보여준다. 전통주에서 이러한 특징은 술 빚기에 따른 번거로움을 최소화하는 한편, 알코올 도수를 높이기 위한 방편으로서, 민가에서 널리 이루어졌던 가양주법의 단면을 잘 반영해주었다고 하겠다.

한편, 무형문화재로 지정된 송화주 외에 인근 지방의 농가에서 빚어지는 송화주도 재료의 사용 비율이 다를 뿐, 그 제조방법은 대동소이하다.

송화주를 잘 빚기 위해서는, 우선 누룩의 양을 철저하게 지켜야 한다. 또한 덧술의 재료 중 멥쌀을 잘 익혀야만 실패가 없다. 송화주 제조법이 얼핏 보기에는 간편한 것처럼 여겨져 스스럼없이 접근하게 되는데, 대개는 덧술에서 실패하는 경우가 많다. 그 이유는 덧술에 멥쌀과 찹쌀을 한데 섞어 고두밥을 짓다보면, 찹쌀은 알맞게 익은 반면, 멥쌀은 덜 익은 상태가 되어 신맛이 세게 나타나는 것을 볼 수 있다. 술의 향기를 좋게 한다는 것이 솔잎과 국화를 많이 넣는 것으로 이해함으로써 이들 부재료로 인해 발효가 오히려 억제되어 술이 시어지거나 이를 극복하기 위해 누룩 양을 늘린 나머지 쓴맛이 많아진 경우를 목격하게 된다.

전통주 빚기가 어렵다고 하는 것은, 고두밥 짓기가 어렵다고 하는 말에 다름 아니다 할 정도로 고두밥 짓기가 중요한 과제다. 그래서 고두밥 짓기가 서툴거나 자신 없는 사람은 멥쌀과 찹쌀을 따로 찌거나 멥쌀 먼저 찌고 나중에 찹쌀을 올려 찌는 방법도 좋다. 따라서 발효가 잘 일어나면 술의 향기는 저절로 좋아지는 것이니, 부재료의 양을 늘리려고 들지 말고 재료의 특성을 잘 파악하여 양조에 알맞게 처리하도록 하고, 재료의 양을 정확히 지킬 일이다.

솔잎과 국화의 강한 향기와 함께 달고 부드럽다는 느낌을 주는 것이 이 송화주의 맛과 향기이다.

송화주〈안동 지방〉

술 재료

밑술 : 멥쌀 3.2㎏, 누룩 1.25㎏, 물 14.4ℓ

덧술 : 멥쌀 4.8㎏, 찹쌀 8㎏, 솔잎 17g, 황국화 9 ~ 10g

밑술 빚는 법

1. 멥쌀을 깨끗이 씻어 12시간 불렸다가, 건져서 고두밥을 짓고 차게 식힌다.
2. 누룩은 2~3일간 법제하여 콩알 크기로 부순다.
3. 누룩과 물을 고두밥에 함께 섞고, 고루 버무려 술밑을 빚는다.
4. 술밑을 술독에 담아 안친 후, 예의 방법대로 하여 2~3일간 발효시킨다.

덧술 빚는 법

1. 3일 후에 준비한 분량의 멥쌀과 찹쌀로 고두밥을 짓되, 솔잎을 켜켜로 넣는다.
2. 차게 식힌 고두밥에 밑술과 황국을 섞고, 고루 버무려 술밑을 빚는다.
3. 새 술독에 안친 다음, 예의 방법대로 하여 이불로 싸서 5~7일가량 발효시킨다.

* 술이 잘 익으면 용수가 순하게 가라앉는다. 술 빚은 즉시 용수를 박기도 한다.

오메기술

〈제주 지방〉

우리나라 주품 가운데는 여러 가지 유형을 찾아 볼 수 있다. 삼해주(三亥酒)나 사마주(四馬酒), 이화주(梨花酒)와 같이 술을 빚는 시기에 따른 분류가 그렇고, 창포주(菖蒲酒)나 국화주(菊花酒)처럼 부재료의 이름에서 따온 주품명이 있다. 또한 청명주(淸明酒)나 납주(臘酒)처럼 절기에 빚거나 마시는 술이 있는가 하면, 일두오병주(一斗五甁酒)와 육두주(六斗酒), 구두주(九斗酒) 같이 재료의 양에서 유래한 주품명과 석탄향, 청명향, 하향주, 감향주, 그리고 호산춘, 동정춘, 약산춘과 같이 술의 향기나 빛깔, 지명에서 유래한 주품도 찾아볼 수 있다.

이렇듯 대다수의 전통주들이 술맛이나 향기, 또는 지명, 재료, 빚는 시기 등에 따라 이름을 붙이는 것이 일반적인데, 제주 지방의 토속주로 전해오고 있는 오메기술은 특이하게 술 재료의 처리와 가공 방법에 따른 이름이라고 할 수 있다.

전통 떡 가운데 오메기떡은 조를 물에 불렸다가 가루 내어 익반죽한 뒤, 도너츠 모양으로 빚는 떡이자 팔팔 끓는 물에 삶아 낸 후, 팥고물이나 콩고물을 묻혀 먹는 삶은 떡이 있는데, 일반에서는 '좁쌀떡'이라고 하고, 제주 지방에서는 오메기떡이라 하여, 노란콩고물을 묻혀 먹는다.

제주 오메기술의 특징은 주재료가 차조이며, 이 차좁쌀가루로 만든 오메기떡으로 빚는 술이라는 뜻에서 유래한 이름인 것이다. 이 오메기술의 특징을 달리 설명

“ **술을 안칠 때 댓잎(생것)을 술독 맨 밑에 한 켜 깔아주면 술이 지나치게 끓는 일이 없고, 고인 맑은 술을 떠서 따로 보관해 두고 제주나 귀한 손님 접대에 사용하고, 술독 안의 나머지 술덧은 술체에 걸러 탁배기로 마신다.** ”

하면, 오메기술을 빚는 방법이나 특징이 술 이름에 있다고 할 것이다.

따라서 오메기술을 빚기 위해서는 이 오메기떡을 잘 만들어야 한다. 오메기떡을 잘 만들기 위해서는, 우선 차조를 매우 깨끗이 씻어 물에 하룻밤 불렸다가 깨끗이 씻어 건진다. 물기가 빠지면 방앗간에 가져가 3~4차례 내려 매우 고운가루로 만든 다음, 따뜻한 물로 익반죽하여 구멍떡을 빚어야 한다. 이때 쌀가루에 넣는 물의 양이 중요한데, 떡 반죽이 무르면 삶을 때 풀어져서 아주 질은 상태가 되고, 떡 반죽이 되면 건져서 죽 상태로 풀 때 잘 풀어지지 않아 멍우리가 많아지게 된다는 사실이다. 따라서 무른 경단 반죽 정도가 알맞다.

끓는 물에 넣고 삶은 구멍떡이 익으면 수면 위로 떠오르므로 건져내고, 식기 전에 재빨리 주걱으로 으깨어 멍우리진 것이 없이 풀어서 된죽 상태로 만들고, 차게 식힌 뒤에 누룩가루와 버무려서 고루 치댄 다음, 소독한 술독에 안쳐야 한다.

오메기술은 한번 빚는 단양주로, 대개는 봄에서 여름철에 빚어 마시게 되는데, 날씨가 더워지면 술이 지나치게 끓어올라서 산패할 수가 있다.

따라서 그늘지고 서늘한 곳에서 발효시키는데, 술을 안칠 때 댓잎(생것)을 술독 맨 밑에 한 켜 깔아주면 술이 지나치게 끓는 일이 없고, 고인 맑은 술을 떠서 따로 보관해 두고 제주나 귀한 손님 접대에 사용하고, 술독 안의 나머지 술덧은 술체에 걸러 탁배기로 마시는데, 이 탁배기를 오메기술이라고 부르며 그 기능을 보유하고 있는 김을정 여사가 제주도지사 지정 무형문화재가 되었다. 한편, 같은 제주 지방의 토속주로 '좁쌀약주'가 있는데, 이 오메기술과 재료나 빚는 방법이 동일하다.

오메기술은 감칠맛이 뛰어나며 노리끼리한 술 빛깔과 함께 약간의 산미가 있어, 여름철에 마시면 시원한 맛을 더해준다.

오메기술〈제주 지방〉

술 재료

차조 16㎏, 누룩 2㎏, 끓인 물 약간, 물 36리터, 죽엽 생것 120g

술 빚는 법

1. 차좁쌀을 거피하여 서너 시간 침지한 뒤, 물기를 빼서 고운 가루로 빻는다.
2. 차좁쌀 가루에 끓여서 식힌 물을 쳐가면서 익반죽한다.
3. 익반죽이 끝나면 오메기떡을 빚는다.
4. 솥에 물을 넉넉히 붓고 팔팔 끓인다.
5. 끓는 물솥에 오메기떡을 넣고 무르게 푹 삶는다. 떡이 익으면 떠오르므로 주걱으로 건져 자배기에 담는다.
6. 식기 전에 떡을 짓이겨 덩어리진 것 없이 풀어서 된 죽을 만든다. 죽이 완전히 풀어지기 전에 식었으면, 떡 삶았던 뜨거운 물을 조금씩 쳐가면서 고운 죽을 만든다.

5

6

7. 풀어 놓은 죽에 누룩가루와 물을 붓고, 고루 섞고 잘 치댄다.
8. 소독한 술독에 술밑을 안치는데, 이때 준비한 죽엽 생것을 술독 맨 밑에 한 켜 깐다.
9. 술 안치기가 끝난 술독은 바람이 통하는 어두운 실내에 안친다.
10. 술독을 베보자로 덮고 뚜껑을 씌운 뒤 이불로 싸맨다.
11. 실내온도 20~30도 되는 곳에서 7~10일이면 술이 익는다.
12. 술독 안에 말갛게 고인 청주(오메기술)를 떠내고, 나머지 술덧을 체에 걸러내면 탁배기가 된다.

7 7 8 12

* 술을 안칠 때 술독 안 맨 밑바닥에 생죽엽을 한 켜 깐다. 생죽엽이 없으면 건조된 것을 사용해도 된다. 댓잎은 술의 변질과 술이 지나치게 끓어 오르는 것을 막아 준다.

오메기술

〈가양주〉

오메기술은 제주 지방에서만 전승되고 있는 가양주이다. 고려시대를 비롯하여 조선시대 음식관련 여러 문헌에서도 오메기술을 찾아 볼 수 없는 데다, 다른 지방에서도 오메기술이라는 술이름이나 제조방법이 같은 예를 찾아볼 수 없다는 사실에서다.

오메기술은 특이하게 술 재료의 처리 방법에 따른 이름을 붙이게 된 것이라고 할 수 있다. 대다수의 술이 술맛이나 향기, 또는 지명, 재료, 빚는 시기 등에 따라 이름을 붙이는 것이 일반적인데, 오메기술은 오메기떡으로 빚는 술이라는 뜻에서 유래한 이름이다.

이를 달리 설명하면, 오메기술을 빚는 방법이나 특징이 술빚는 주재료의 떡 이름에 있다고 할 것이다. 오메기떡은 조를 물에 불렸다가 가루 내어 익반죽한 뒤, 도너츠 모양으로 빚는 떡이자, 팔팔 끓는 물에 삶아 내는 삶은 떡의 일종이다. 따라서 오메기술을 빚기 위해서는 이 오메기떡을 잘 만들어야 한다.

오메기술을 잘 빚기 위해서는 무엇보다 주재료인 차조의 전처리에 신경을 써야 한다. 자칫 완성된 술에서 주면에 기름기가 떠 있는 것을 목격하게 되는데, 이렇게 되면 반드시 산미가 많은 술이 되기 때문이다.

우선 차조를 매우 깨끗이 씻어 물에 하룻밤 불렸다가 깨끗이 씻어 건진 다음, 소쿠리에 밭쳐서 물기를 뺀다. 물을 뺀 차조를 방앗간에 가져가 서너 차례 내려 매우 고운 가루로 만든 다음, 따뜻한 물로 익반죽하여 구멍떡을 빚어야 한다. 구멍떡을 빚을 때 차조 가루에 넣는 뜨거운 물의 양이 중요한데, 너무 물이 뜨거우면 반죽이 엉켜서 치대기가 힘들고, 물이 차가우면 구멍떡을 빚기가 어렵다. 또한 물을 너무 많이 넣어서 떡 반죽이 무르면 삶을 때 풀어져서 아주 질은 상태가 되고, 물을 적게 넣으면 된 떡이 되므로 건져서 죽 상태로 풀 때 잘 풀어지지 않아 멍울이 많아지게 된다는 사실이다.

> 오메기술은 한번 빚는 단양주로, 대개는 봄에서 여름철에 빚어 마시게 되는데, 그늘지고 서늘한 곳에서 발효시켜야 지나치게 끓어서 산패하는 일이 없다. 술을 안칠 때 댓잎(생것)을 술독 맨 밑에 한 켜 깔아주면 술이 지나치게 끓는 것을 막을 수 있다.

따라서 무른 경단 반죽 정도가 작업이 편하고 쉽다고 하겠다. 이 구멍떡은 한꺼번에 넣고 삶기 보다는 한 개씩 만들어 끓는 물솥에 넣고 삶는 것이 요령인데, 구멍떡이 끓는 물속에서 풀어지지 않아야 한다. 구멍떡은 익으면 수면 위로 떠오르므로, 건져내고 식기 전에 주걱으로 으깨어 멍울진 것이 없이 풀어서 된죽 상태로 만들고, 차게 식힌 뒤에 누룩가루와 버무려서 고루 치댄 다음, 묽은 죽처럼 늘어지면 술독에 안쳐야 한다.

오메기술은 한번 빚는 단양주로, 대개는 봄에서 여름철에 빚어 마시게 되는데, 그늘지고 서늘한 곳에서 발효시켜야 지나치게 끓어서 산패하는 일이 없다. 술을 안칠 때 댓잎(생것)을 술독 맨 밑에 한 켜 깔아주면 술이 지나치게 끓는 것을 막을 수 있다.

이와 같은 예는 전라도 지방의 여러 토속주와 가양주에서 살펴볼 수 있는데, 남부 지방은 타지방에 비해 기온이 높아 간을 세게 해야 빨리 시어지지 않는데, 댓잎을 이용하면 간을 세게 하지 않아도 되었기 때문이다. 이러한 생활에서 터득한 지혜는 곧 양조에도 응용되었는데, 습도가 높고 기온이 높은 제주 지방에서는 당연한 일로, 대나무의 찬 성질을 이용하여 술이 지나치게 끓는 데서 오는 효모의 사멸과 초산균의 침입을 막을 수 있다고 믿었던 것이다. 또한 겨울철의 전통음식인 동치미를 담글 때도 푸른 대나무잎을 넣어두면, 그 맛이 시원하고 오래도록 시어지지 않아, 대부분 댓잎을 넣은 댓잎동치미를 만들어 먹는다.

고인 맑은 술을 떠서 따로 보관해 두고 나머지 것은 술체에 걸러내면 탁배기 오메기술을 얻을 수 있다. 오메기술은 여느 술보다 감칠맛이 뛰어나며, 노르스름한 술 빛깔과 약간의 산미로 시원한 맛을 느낄 수 있다.

오메기술〈가양주〉

술 재료

차좁쌀 8㎏, 누룩 2㎏, 끓인 물 약간, 물 19ℓ, 생죽엽 400g

술 빚는 법

1. 차좁쌀을 거피하여 하룻밤 침지한 뒤, 물을 뺀 후, 고운 가루로 빻는다.
2. 차좁쌀가루에 끓인 물을 쳐가면서 송편할 때처럼 익반죽한다.
3. 익반죽이 끝나면 도너츠처럼 가운데 구멍을 뚫은 오메기떡을 빚는다.
4. 솥에 물을 넉넉히 붓고 팔팔 끓인다.
5. 끓는 물솥에 오메기떡을 넣고 무르게 푹 삶는다. 떡이 익으면 떠오르므로, 주걱으로 건져 자배기에 담고, 식기 전에 떡을 짓이겨 덩어리진 것 없이 풀어서 된 죽을 만든다(떡이 완전히 풀어지기 전에 식으면, 떡 삶았던 뜨거운 물을 조금씩 쳐가면서 고운 죽을 만든다.).
6. 풀어 놓은 죽에 누룩가루 2되와 물 2말을 붓고, 고루 섞고 잘 치댄다.

7. 소독한 술독에 술덧을 안치는데, 이때 준비한 죽엽을 술독 맨 밑에 한 켜 깐다.
8. 술 안치기가 끝난 술독은 바람이 통하는 어두운 실내에 앉힌다.
9. 술독을 베보자로 덮고 뚜껑을 씌우고 이불로 싸맨 후, 실내온도 20~30도 되는 곳에서 15~10일이면 술이 익는다.

10. 술독 안에 말갛게 고인 청주(오메기술)을 떠내고, 나머지 술덧을 체에 걸러내면 탁배기(오메기술)가 된다.

* 술을 안칠 때 술독 안 맨 밑바닥에 생죽엽을 한 켜 깔아놓는 방법은, 술의 변질을 막고 지나치게 끓어오르는 것을 막아준다.

유자주

〈임원십육지〉

〈임원십육지〉에 수록되어 있는 여러 주품들 가운데 과실껍질을 이용한 가향주로, 유자주와 진피주를 꼽을 수 있다. 그 중 유자주는 늦가을에 생산되는 과실인 유자껍질의 향기를 이용한 대표적인 가향주의 하나이자, 계절주에 속한다.

〈임원십육지〉를 비롯한 옛 주방문을 보면, 다수의 가향주들이 이른바 화향입주법(花香入酒法)이나 주중지약법(酒中漬藥法)을 이용하여 사용되는 재료들이 지니고 있는 향기를 즐기고자 만들어진 것을 볼 수 있다. 즉, 국화를 위주로 한 창포, 매화 등과 같이 향기가 좋은 꽃을 비롯하여 유자나 귤 등의 방향성이 좋은 과실껍질을 베주머니에 담아 이미 완성된 술독이나 마시고 있는 술에 드리워서, 술에 꽃 향기가 배어들도록 하는 방법이 그것이다. 기존의 발효법을 이용한 가향주와 약용약주들이 재료 고유의 성분추출과 지나친 약성의 발현으로 말미암아 술 고유의 맛과 향기를 잃어버리기 쉬운데 반하여, 이와 같은 화향입주법이나 주중지약법은 상시 빚어 마시는 주품을 이용할 수 있고, 비교적 단기간에 이용이 가능하고 간편하다는 점에서, 또 고유의 술맛을 다치지 않고 즐길 수 있다는 점에서 애용되었던 것으로 여겨진다.

〈임원십육지〉의 유자주는 예의 가향주들과는 달리, 유자 향기를 최대한 살릴 수 있는 고유의 주방문을 함께 싣고 있다는 점에서 주목할만 하다. 예를 들면 〈사시찬요초보〉의 국화주가 그것으로, 이와 같은 방문들은 사용하고자 하는 재료의 성분이나 향기 등을 고려한 방문이라는 점에서 화향입주법 또는 주중지약법의 가

> **술덧이 완전히 가라앉은 후에 유자주머니를 거두어내는 것이 좋았으며, 좀 더 은근한 유자향기를 즐기기 위해서는 술의 발효가 완전히 끝난 후에 유자 주머니를 넣고, 2 ~ 3일 두었다가 거둬들인 후에 술을 떠 마시면 더욱 좋을 것이다.**

향주들과는 차별화된다고 하겠다.

〈임원십육지〉의 유자주는 밑술은 멥쌀로 하고, 덧술은 찹쌀 고두밥을 지어 두 차례에 걸쳐 빚은 술밑을 발효시키는 이른바 이양주인데, 밑술과 덧술 각각 쌀 양과 물의 양이 같고, 밑술과 덧술의 발효기간도 같다. 이러한 방문의 배경은 밑술의 쌀 양이 많다는 것과 유자주가 추위가 시작되는 초겨울에 빚는 계절주라는 사실을 뒷받침한다고 하겠다.

문제는 덧술의 발효기간이 5일이라는 사실과 관련하여 주목할 것은, 덧술의 술덧이 한차례 끓어올랐다가 내려앉은 후에 이용하고자 하는 가향재를 베주머니에 담고 술독 안 주면 위에 닿지 않을 정도로 매달아두고, 밀봉하였다가 다음날 유자주머니를 거두고 술을 떠서 마시면 그 술에 유자향기가 가득 배어들게 된다. 방문에서 보듯 '술이 익어 밥알이 동동 떠올라 있으면, 유자껍질(귤껍질) 4냥을 명주주머니에 담아서 술독 안 술 위에 손가락 한마디만큼 매달아 놓는다. 하룻밤 지낸 뒤 주머니를 거두고 술을 떠서 마신다.'고 하였는데, 이때는 발효가 계속되고 있으므로 술독에서는 술의 순환이 이루어지고, 그 순환에 의해 베주머니 속의 유자향기를 품게 되는 것이다.

그러나 방문과 같이 하여 술을 채주하여 마신 결과, 음주 후의 숙취를 감내해야만 했다. 따라서 술덧이 완전히 가라앉은 후에 유자주머니를 거두어내는 것이 좋았으며, 좀 더 은근한 유자향기를 즐기기 위해서는 술의 발효가 완전히 끝난 후에 유자 주머니를 넣고, 2~3일 두었다가 거둬들인 후에 술을 떠 마시면 더욱 좋을 것이다.

유자주〈임원십육지〉

술 재료

밑술 : 멥쌀 16㎏, 누룩 5㎏, 물 18ℓ

덧술 : 찹쌀 16㎏, 유자껍질(귤껍질) 13.6g(4냥), 물 18ℓ

밑술 빚는 법

1. 멥쌀을 예의 방법대로 하여 고두밥을 짓고 차게 식힌다.
2. 차게 식힌 고두밥에 누룩과 물을 섞어 술밑을 빚는다.
3. 술독에 술밑을 안치고, 예의 방법대로 하여 5일간 발효시킨다.

덧술 빚는 법

1. 술이 고이기 시작하면, 찹쌀을 예의 방법대로 하여 고두밥을 짓는다.
2. 고두밥을 풀어 헤쳐서 차게 식힌 뒤, 밑술과 물을 함께 섞는다.
3. 밑술과 고두밥이 고루 섞이도록 버무려서 술독에 담아 안친 다음, 5일간 발효시키면 술이 익는다.
4. 술이 익어 밥알이 동동 떠올라 있으면, 유자껍질(귤껍질) 13.6g(4냥)을 명주주머니에 담아서 술독 안 술 위에 손가락 한마디만큼 매달아 놓는다.
5. 하룻밤 지난 뒤에 유자주머니를 거두고 술을 떠서 마신다.

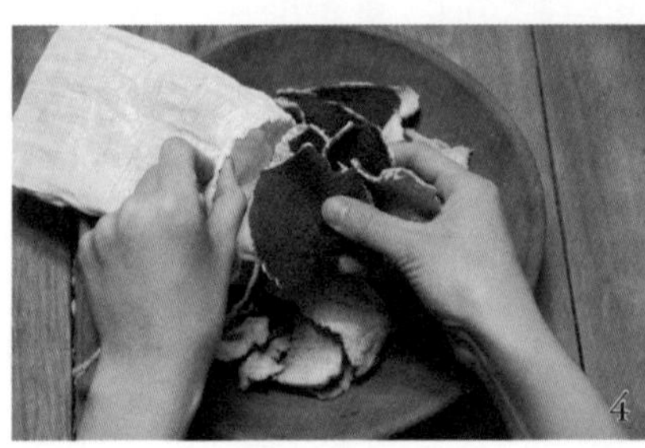
4

4

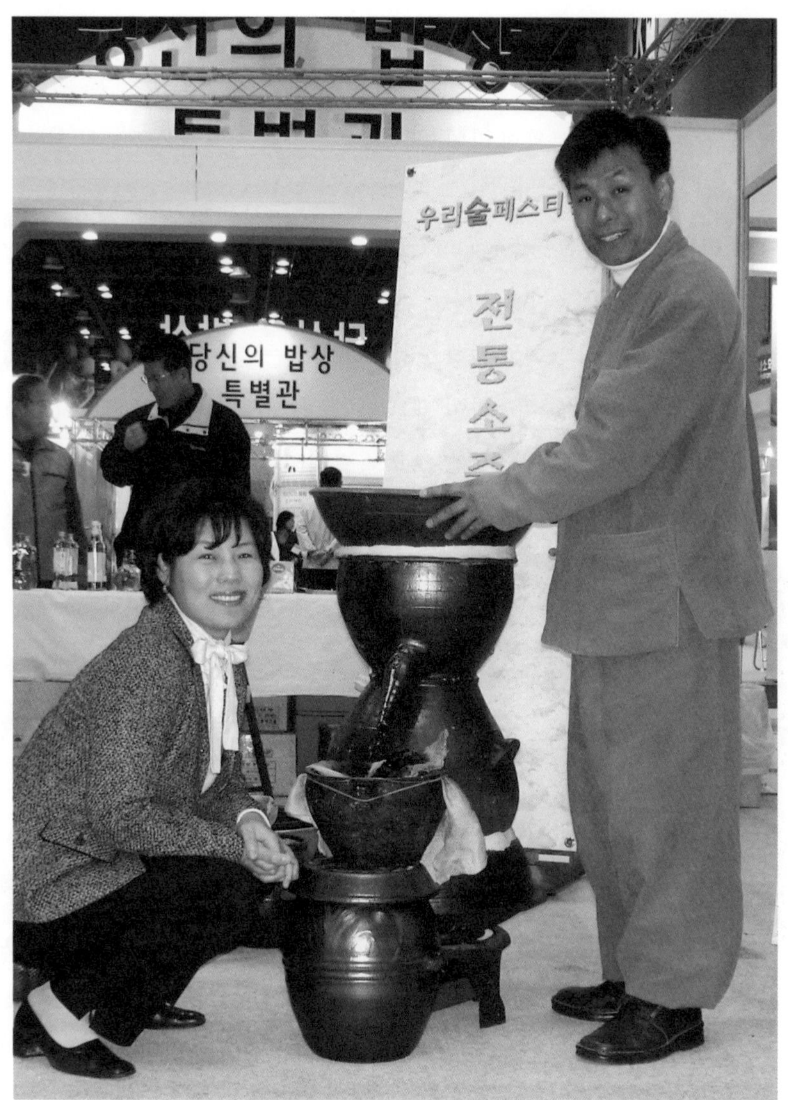

酒人 박기훈 씨 부부의 소주 증류 시연 모습.

음양곽주(淫羊藿酒)

〈개발주〉

삼지구엽초는 매자나무과의 다년초로서, 중부 이북지역인 경기도의 천마산, 강원도의 철원 지역, 그리고 전라도 완도의 약산도에만 분포한 것으로 알려져 있다.

우리나라에는 한 종류(*Epimedium koreanum* Nakai)만이 자생하는데, 태백산을 비롯한 오대산, 설악산 등지에서 나는 것은 삼지구엽초가 아닌, '꿩의 다리'라는 풀로 알려져 있으며, 꿩의 다리는 독성을 함유하고 있는 것으로 밝혀져 있다.

삼지구엽초는 이카린을 비롯하여 마그노플로린 등을 함유하고 있으며, 이들 성분이 성호르몬의 분비를 촉진시키는 것으로 밝혀지고 있는데, 전초 가운데서도 잎과 뿌리, 과실, 줄기 순으로 약효를 나타낸다고 하는 보고가 있다.

식물명으로는 '삼지구엽초'로 더 널리 알려져 있는 음양곽(淫羊藿)은 전초를 생약으로 사용한다. 한 뿌리에서 나온 줄기가 세 개로 갈라지고 각 가지에서 다시 세 개의 잎이 자란다고 해서 이름 붙이게 된 것이다. 이러한 삼지구엽초는 성호르몬의 분비를 촉진시키는 강정, 강장제로서의 약효가 뛰어난 것으로 알려지고 있어, 남성들이 매우 선호하는 약물이다.

음양곽의 추출액을 개에게 투여한 실험결과에서 잎과 근, 과실, 줄기의 순으로 정액분비의 촉진작용이 있다고 보고하고 있다.

이 때문에 음양곽이 남성들의 상징적인 강정제로 인식될 정도로 인기가 높아, 이 땅의 음양곽은 씨가 마를 정도가 되었으며, 비슷한 '꿩의 다리'라는 독초까지도

> 음양곽을 이용한 양조방법은 독한 소주에 음양곽의 전초를 넣고 그 성분과 약효를 우려내어 마시는 약용주(藥用酒)와 술밑에 넣고 함께 발효시키는 향·약주(香藥酒)가 있는데, 각각 장단점이 있다.

마구잡이로 채취되고 있으나, 그 위험에 따른 대책은 전무하여 걱정이 아닐 수 없다.

'선령비주(仙靈脾酒)'라고 하여 음양곽을 주재료로 담근 술은 강정주로 널리 알려져 있다. 이 선령비주는 특히 중국인들 사이에서 인기가 높은데, 그 이유는 숫양에 관한 전설에 기인한다.

옛날 중국에 '곽'이라는 숫양 한 마리가 수십 마리의 암양을 거느리고 하루에 수십 회의 교미를 하는데도 지치지를 않더라는 것. 그래서 사람들이 그 양을 유심히 살폈더니, 곽이라는 숫양이 꼭 그 때가 되면 홀로 외진 곳으로 가서 이 삼지구엽초를 뜯어먹고 오더라는 것이었다. 이후 곽이라는 숫양이 뜯어먹었던 풀이라는 데서 음양곽이라고 부르게 된 것이라고 한다.

음양곽을 이용한 양조방법은 독한 소주에 음양곽의 전초를 넣고 그 성분과 약효를 우려내어 마시는 약용주(藥用酒)와 술밑에 넣고 함께 발효시키는 향·약주(香藥酒)가 있는데, 각각 장단점이 있다. 약용주는 음양곽이 지니고 있는 약리성을 충분히 우려낼 수 있어, 그 효과가 큰 까닭에 기능성 측면에서는 효율적인 방법이라고 할 수 있으며, 향약주로서의 음양곽주는 약리성을 충분히 추출할 수 없다는 것이 단점인 반면, 발효과정에서 생성되는 새로운 미량의 화합물들이 있어, 미지의 효과를 기대할 수 있다는 것이다.

본 방문에 의해 음양곽주를 제조하여 여러 사람들과 함께 시음회를 갖게 되었는데, '쌉싸래한 맛과 함께 부드럽기 그지없다. 향기 또한 은근하면서도 달콤하게 느껴지는 것이 지금까지 마셔 본 술과 차별화된다.'는 반응이었다.

음주에 따른 소문 만큼의 기대나 효과를 확인할 수는 없었지만, 꿩의 다리가 아닌 음양곽을 구할 수 있다면, 꼭 한번 빚어두고 '합환주'로 마셔볼 것을 권하고 싶다.

음양곽주〈개발주〉

술 재료

밑술 : 멥쌀 1.6kg, 누룩가루 500g, 물 5.4ℓ

덧술 : 찹쌀 8kg, 누룩 500g, 음양곽 3g, 끓인 물 5.4ℓ

밑술 빚는 법

1. 멥쌀을 백세작말한다.
2. 물에 쌀가루를 풀어 넣고, 주걱으로 고루 저어 갠 다음 죽을 끓인 뒤 차게 식힌다.
3. 누룩가루를 차게 식힌 죽에 넣고, 고루 섞어 술밑을 빚는다.
4. 준비한 술독에 밑술을 담아 안친 뒤, 예의 방법대로 하여 3~4일간 발효시킨다.

2

2

3

4

4

덧술 빚는 법

1. 건조된 음양곽 10g을 끓는 물에 살짝 씻어서 물기를 뺀 다음, 서늘한 곳에서 물기만 가시게 건조시킨다. (잎과 줄기, 뿌리를 함께 넣으면 더 좋다. 건조시켜 둔 것은 물에 살짝 헹궈서 물기를 뺀 후에 사용하는데, 생것이었을 때보다 더 많이 넣어도 된다.)
2. 찹쌀을 물에 깨끗이 씻은 뒤, 하룻밤 재웠다가 헹군 후 건져서 고두밥을 짓고, 무르게 푹 익혀졌으면 차게 식혀 둔다.
3. 밑술과 고두밥, 끓여 식힌 물을 고루 섞고 치대어 술밑을 빚는다.
4. 술밑에 음양곽을 넣고 재차 고루 버무린다.
5. 준비한 술독에 술밑을 안치고, 예의 방법대로 하여 따뜻한 곳에서 발효시킨다.

차꽃술

〈개발주〉

우리가 차(茶)라고 하는 음료는 차나무의 어린 잎을 채취해, 덖고 비비고 말리고 하는 과정을 수 차례 걸쳐 만들어지는데, 잎의 채취시기나 산지에 따라 맛과 향기는 물론이고 성분도 달라져 값 또한 천차만별이 된다. 차를 특징 짓는 것은 카페인, 테아닌, 탄닌, 세키세놀과 특유의 향기성분으로, 피로회복과 심신안정, 호흡기 순환기능 개선, 이뇨작용 등에 효과가 좋으며, 특히 소화를 도와주므로 위장병 환자에게 차가 좋다는 것이 정설로 되어 있다. 이러한 차는 녹차와 홍차로 크게 나뉘지만 제조법만 다를 뿐 원료인 차잎은 같은 것이다.

예로부터 민간에서는 차나무의 어린잎을 차로 만들어 즐기기도 하거니와, 나물로 무쳐먹기도 하였다고 한다. 봄이면 연초록 색깔의 새싹을 밀어 올리는데, 여름까지 계속해서 잎을 따서 차를 만들기도 하지만, 곡우 전의 어린잎을 채취해 만든 차를 상품으로 쳐왔다.

가을이면 깨끗하고 순수한 연미색의 꽃을 피우기 시작하는데, 가끔 눈이 오는 초겨울에도 계속해서 꽃이 피어 있는 것을 볼 수 있다. 차꽃은 그 향기가 매우 강하여 멀리까지 날아간다. 강렬하면서도 아름다운 향기를 발산하기 때문에 차인들 사이에서는 차를 마실 때 꽃을 띄워 마시기도 한다. 아직까지 차꽃을 이용한 가향주를 목격하지 못했지만, 다양한 방법이 있을 수 있다. 즉, 어떤 방법으로든지 가능하다는 얘기와 다름없다. 예의 차꽃은 여느 가향재료보다 향기가 좋고, 발효도 잘 된다는 점에서 적극 추천하고 싶은 가향재라고 하겠다.

전통주 중 가향주류의 제조에서 가장 널리 이용되는 방법은 화향입주법을 비롯하여 직접혼합법, 그리고 증자법과 지약법 등이 그것이다. 또한 주방문도 어떤 주품은 좋고 어떤 주품은 안 된다고 할 수도 없다. 다만, 가향주 제조에서 유의할 것은 가향주의 특징인 향기를 살리기 위한 방법을 찾아야 할 것이며, 보다 간편하고 맑은 술을 빚을 수 있다는 점에서 고두밥을 이용한 방법이 좋겠다는 것이 필자의

“밑술을 고두밥으로 하되 탕수를 사용한다는 것과 덧술에 사용되는 탕수의 양은 밑술의 발효상태와 덧술 제조시기에 따라 가감할 수 있다는 점이 특징이라고 하겠다. 즉, 밑술의 상태가 좋으면 물의 양을 늘리고, 그렇지 못하면 줄이는 방법이 그것이다.”

견해이다.

차꽃 역시 갓 봉오리를 터뜨린 꽃을 채취하는 것이 좋고, 가능하면 이른 아침이면 더욱 싱싱하고 좋은 향기를 간직한 꽃을 얻을 수 있다는 점에서 정성이 요구된다고 하겠다.

필자가 차꽃을 채취할 수 있었던 것은 고창에 사는 이상훈씨 댁 마당에서였다. 어느 날 '술방사람들'과의 모임이 있어, 참가했다가 밤새 술 푸고 담배에 찌든 시간을 보내게 되었는데, 그 이튿날 머리를 맑히고 산책 겸해서 운동장처럼 넓은 마당을 거닐게 되었다. 울타리를 따라 200m도 더 되는 산책길을 따라 차나무가 식재되어 있고, 마침 꽃이 한참 피고 지는 때였다. 주인의 허락도 없이 꽃을 따서 주머니에 담고 서둘러 상경하였다. 그 길로 꽃잎을 씻고 건조에 들어갔고, 마침 다음주 화요일이 '가향주반'의 실습시간어서 이 차꽃을 이용한 양조를 할 수 있게 되었다. 운 좋게도 단 한번의 실습으로 결과가 좋은 차꽃술을 얻을 수 있었다. 그러나 나의 무심함은 이 때에도 여지없이 드러나서 회원들과 함께 시음을 하면서도 차꽃의 주인에게는 아직까지 술 한잔을 권해보질 못했으니…….

다음의 방문은 밑술을 고두밥으로 하되 탕수를 사용한다는 것과 덧술에 사용되는 탕수의 양은 밑술의 발효상태와 덧술 제조시기에 따라 가감할 수 있다는 점이 특징이라고 하겠다. 즉, 밑술의 상태가 좋으면 물의 양을 늘리고, 그렇지 못하면 줄이는 방법이 그것이다. 또한 차꽃술이 완성되었을 때 느껴지는 맛과 향기, 알코올도수의 조정은 물의 양을 가감함으로써 조정할 필요가 있다는 것이다. 예의 차꽃은 여느 가향재료보다 향기가 좋고, 발효도 잘된다는 점에서 적극 추천하고 싶은 가향재라고 하겠다.

차꽃술〈개발주〉

술 재료

밑술 : 멥쌀 2㎏, 누룩 1.25㎏, 물 9ℓ
덧술 : 찹쌀 10㎏, 누룩 500g, 차꽃 3 ~ 4g, 탕수 1.8 ~ 3.6ℓ

밑술 빚는 법

1. 멥쌀을 백세하여 하룻밤 불렸다가 가루로 빻는다.
2. 준비한 분량의 물이 끓으면 쌀가루를 넣고, 주걱으로 저어주면서 퍼지도록 끓여서 죽을 쑨다.
3. 누룩은 햇볕에 내어 2~3일간 완전히 건조시키고 냄새를 제거한다.
4. 죽을 고루 펼쳐 차게 식힌 후에 누룩을 넣고, 고루 버무려 술밑을 빚는다.
5. 준비한 술독에 술밑을 담아 안친 뒤, 예의 방법대로 하여 3일간 발효시킨다.

4 4 4 4 5 5

덧술 빚는 법

1. 찹쌀을 물에 깨끗이 씻어 하룻밤 재웠다가, 건져서 고두밥을 짓는다.
2. 물을 팔팔 끓인 뒤 차게 식히고, 고두밥도 무르게 익었으면 차게 식혀 둔다.
3. 밑술과 고두밥, 누룩, 식혀 둔 물을 고루 섞고 치대어 술밑을 빚는다.
4. 차꽃은 반쯤 핀 것을 채취하여 흐르는 물에 살짝 헹군 후, 그늘지고 바람이 잘 통하는 곳이나 따뜻한 구들에 널어서 완전히 건조시킨다.
5. 준비한 차꽃을 재차 술밑에 버무려 섞고, 술독에 담아 안친다.
6. 술독은 예의 방법대로 하여 비교적 따뜻한 곳에서 발효시키고, 익는대로 용수를 박아 두었다가 말갛게 고이면 두고두고 떠서 마신다.

하엽청

〈증보산림경제〉

평생 술과 같이 해 온 필자이지만 아직까지도 나는 술 마시는 일에는 게으르다. 어쩔 수 없이 술을 마셔야 할 일이 있어도 술자리가 부담스럽고, 그 술자리가 길어지는 것이 더욱 싫다. 그리고 한술 더 떠서 과연 '전통주' 라고 하면 그 술이 어떤 것이든 다 건강에 좋으냐 아니냐 하는 문제로 고민할 때가 많다. 그리고 그런 질문을 받을 때마다 나는 "단연코 몸에 좋은 술은 없다."고 말하고 싶다.

평소 우리 전통술은 '백약지장(百藥之長)이요, 반주(飯酒)로 즐기면 평균수명을 5년은 더 늘일 수 있다.'고 전통주에 대한 홍보와 대중화운동을 전개해오고 있고, 왜 건강에 좋은 술이 없을 것인가 마는, 그 이유가 우리나라 사람들은 마셔도 너무 많이 마시기 때문이다. '어떤 술이 어떻게 좋다'고 하면 목구멍에 홍수가 나도록 퍼 마시고 마는데 어떻게 건강에 좋을 수 있겠느냐는 것이 나의 생각이기 때문이다.

그러면서도 다시 전통주를 보다 더 대중화 하고, 지금보다 훨씬 더 승화된 음주문화는 물론이고 좀 더 성숙된 양조문화를 선도해 보고자, 〈꽃으로 빚는 가향주 101가지〉를 쓰고 있다.

이 책 가운데 〈증보산림경제〉라는 고주방문에 수록된 하엽청(荷葉淸)도 향기가 좋은 가향주이자, 건강에 좋은 약용약주의 하나이다. 술 재료 가운데 연잎을 사용하는 것이 본법이나, 연잎이 없으면 인동초와 약쑥, 그리고 감국을 대신하여 빚는데 연꽃을 넣었을 때 좋은 향기가 난다는 술이다.

여기서 잊지 말아야 할 사실은, 하엽청과 똑같은 재료가 사용되는 주품이 있는

> “고두밥이 익었으면 넓은 자배기에 퍼 담고, 즉시 끓고 있는 물을 고루 부어서 고두밥이 다 빨아들일 때까지 기다리는데, 이때 중요한 것은 고두밥에 끓는 물을 고루 부어서 똑같이 익은 상태가 되도록 하는 일이다.”

데, 우선 떠오르는 전통주 중 하나가 대구광역시 달성구의 반남박씨 집안에 전승되어오는 가양주이자, 경상북도 지정 무형문화재이기도 한 달성 하향주가 그것이다.

달성 하향주는 본디 이 지방의 유가사라고 하는 사찰에 전해오는 술이었으나, 후일 이 지역에 사는 사람들에 의해 가양주이자 토속주로 자리잡았다고 하는데, 그 방법은 이들 세 가지 약재를 끓이는 가운데 발생하는 수증기로 고두밥을 찌는 것으로, 고두밥에 인동초와 국화, 약쑥의 향기와 성분이 배어들게 하는 2양주로, 하엽청과는 다른 점이다.

본 방문은 멥쌀 8㎏, 누룩가루 350g, 끓는 물 10.8ℓ, 연잎(인동초, 약쑥, 감국) 약간. 이 주재료의 전부로 한 번 빚는 단양주이다. 먼저 멥쌀을 백세하여 하룻밤 물에 불렸다가 건져서 고두밥을 짓는데, 고두밥이 익는 시간에 맞춰서 물을 팔팔 끓여서 고두밥이 익었으면 넓은 자배기에 퍼 담고, 즉시 끓고 있는 물을 고루 부어서 고두밥이 다 빨아들일 때까지 기다리는데, 이때 중요한 것은 고두밥에 끓는 물을 고루 부어서 똑같이 익은 상태가 되도록 하는 일이다. 고두밥이 밥처럼 되면 뚜껑을 덮어서 하룻밤 재워 차게 식히고, 시간이 없으면 고루 펼쳐서 식혀 놓는다. 이어서 고두밥에 누룩가루를 넣고, 고루 버무려 술밑을 빚는데, 물기가 없으므로 힘껏 치대어 누룩과 고두밥이 고루 혼화되어야 발효가 잘 일어난다는 사실을 잊어서는 안 된다.

또 술독에 연잎이나 인동초와 약쑥, 감국을 한 켜 깔고, 그 위에 술밑을 담아 안친다. 술독은 예의 방법대로 하여 14~15일간 발효시켜 익기를 기다렸다가, 용수를 박아 청주를 떠내는데, 잘 익으면 청주 7ℓ 정도 얻을 수 있다. 그 맛과 향이 기이하다싶을 정도로 좋으며, 밑술을 송편으로 빚고 물 없이 고두밥으로만 빚어 잘 익은 하향주(청주)와 같다. 찌꺼기는 체로 걸러 탁주로 마셔도 한결같다.

하엽청 〈증보산림경제〉

술 재료

멥쌀 8㎏, 누룩가루 350g, 끓는 물 10.8ℓ, 연잎(인동초, 약쑥, 감국) 약간.

술 빚는 법

1. 멥쌀을 백세하여 하룻밤 물에 불렸다가 건져서 고두밥을 짓는다.
2. 물을 팔팔 끓여서 고두밥에 붓는다.
3. 고두밥이 물을 빨아들였으면 펼쳐 헤쳐서 차게 식힌다.
4. 고두밥에 누룩가루를 넣고, 고루 버무려 술밑을 빚는다.
5. 술독에 연잎(또는 인동초와 약쑥, 감국)을 한 켜 깔고, 그 위에 술밑을 담아 안친다.
6. 술독은 예의 방법대로 하여 14~15일간 발효시킨다.
7. 술이 익으면 용수를 박아 청주를 떠내고, 찌꺼기는 체로 걸러 탁주를 빚는다.

大母 심유미 씨가 자신의 특기주인 청연주를 빚어 독에 안치는 모습.

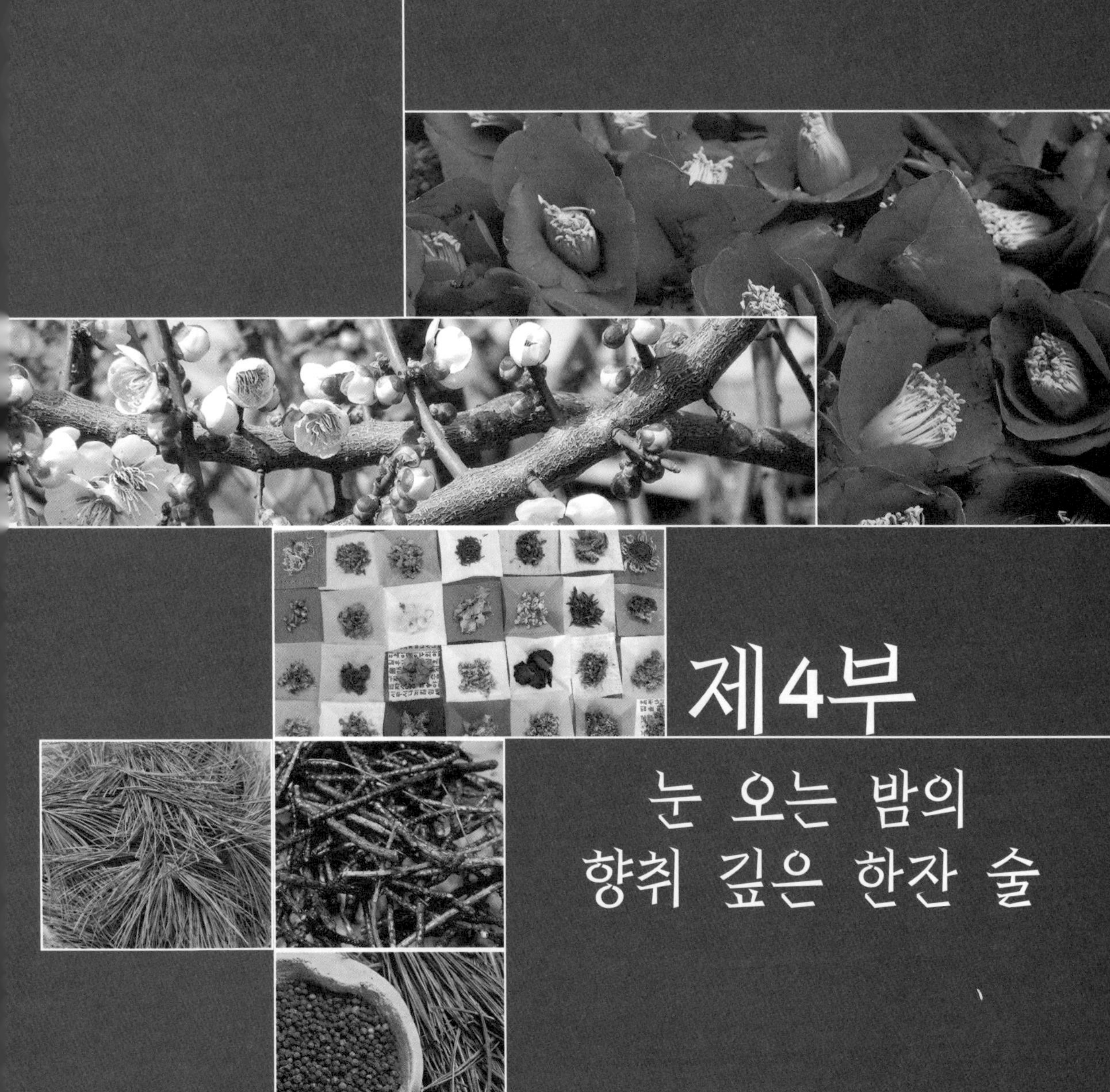

제4부

눈 오는 밤의
향취 깊은 한잔 술

동백화주

〈개발주〉

부재료를 술에 넣고자 할 때에는 분명한 목적이 있어야 한다. 그리고 사용하고자 하는 재료의 빛깔과 향기, 맛은 물론이고 가능하다면 성분에 대해서도 파악하고 있어야만 한다. 그런데 불행하게도 아직까지 본고에서 다루고자 하는 바, 식물의 잎이나 꽃을 중심으로 한 성분분석이나 효능에 대해 밝혀진 자료가 없다. 기껏해야 야생화에 대한 전문 서적이 몇 종 발간되어 있긴 하지만 채취와 재배법, 자생지, 개화 시기, 관리 방법을 중심으로 한 내용이어서 큰 도움이 되지 못한다. 동백꽃에 대한 자료도 거의 전무한 상태이다.

필자의 지식으로는 동백꽃이 향기가 좋고 꿀이 많아 벌들이 선호하는 밀원의 한 가지라는 사실과 함께, 어렸을 때 벼이삭의 줄기를 빨대 삼아 동백꽃에서 꿀을 빨아먹었던 기억이 새삼스러울 뿐이다. 다만 민간에서 동백꽃 말린 것을 1일 4g씩 달여서 식전에 3회 나눠 마시면 임질에 걸렸을 때 효과가 좋다고 알려져 있을 정도이다.

동백꽃은 2월부터 피기 시작하여 점차 북상하여 4월이면 중부 지방에서도 꽃을 볼 수가 있다. 동백꽃은 보통 통꽃으로 크고 아름다운 붉은 꽃을 피우는데 5장 또는 7장의 꽃잎으로 연결되어 밑 부분에서 합쳐지고, 중심부에는 짙은 노란색의 꽃밥이 많이 달려 있는데 그 빛깔이 매우 붉고 꿀이 많아 단맛이 난다. 꽃을 따서 말리다 보면 빛깔이 더욱 진하게 변하는 것을 볼 수 있는데 부피는 30% 정도 작아진다.

> 건조시킨 꽃을 이용하고자 할 때에도 생화와 같은 방법으로 하되, 먼저 꽃잎을 안친 후에 술밑을 안치는 방법으로 하여 켜켜로 안치고 맨 마지막에 꽃잎을 덮어주는 것으로 끝내야 술 빛깔과 향기가 좋은 술을 얻을 수 있다.

동백꽃도 만개한 꽃보다는 반만 피어 있는 꽃이 향기도 좋고 꿀이 많아 술 빚기에 좋다. 동백꽃은 꽃송이를 채취하되 씻은 후에는 꽃받침을 전부 제거하는 것이 술 빛깔이나 맛이 좋다. 동백꽃술은 생화나 건조품 모두 가능한데, 생화로 빚는 것을 권장하고 싶다. 생화로 빚었을 때가 향기도 좋고 실패가 덜하기 때문이다.

흐르는 물에 꽃을 씻는데, 송이송이 거꾸로 세워서 꽃 안에 물이 들어가지 않게 하여 씻고, 부유물이나 이물질을 제거한 후에 탈수기를 이용하여 꽃에 묻은 수분을 전부 제거하여야만 한다. 반개한 꽃을 채취하였을 때는 특히 수분 제거가 용이하지 못하므로 술자루나 삼베주머니에 담아서 탈수기에 넣고, 몇 차례 탈수시키는 방법이 요구된다. 꽃잎이 겹겹으로 이루어져 있고 꽃술이 안쪽 깊숙이 자리하고 있기 때문에 한번으로는 수분제거가 되지 않는 특징이 있기 때문이다.

따라서 한차례 탈수시킨 후에 술자루(삼베주머니)에서 꽃을 다 꺼낸 후에 다시 담고 재차 탈수기에 넣어 탈수시키는 방법으로 몇 차례 반복하면 수분을 완전히 제거시킬 수가 있다.

꽃에 묻은 수분을 완전히 제거하였으면 꽃받침을 전부 따낸 후, 빚어 둔 술밑과 꽃잎 순으로 안치는데 켜켜로 안치는 방법이라야 술 빛깔과 향기가 좋은 술을 얻을 수 있다. 다만 생화를 썼을 때는 발효가 용이하지 못할 수 있으므로 누룩의 양을 늘려주어야 한다. 생화에는 지방 성분이 있어 발효시 술덧의 표면에 엷은 막이 형성되어 산소 공급을 차단시키는 결과를 초래하여, 자칫 산패를 불러올 수 있기 때문이다. 경험을 말하자면, 건조시킨 꽃을 이용하고자 할 때에도 생화와 같은 방법으로 하되, 먼저 꽃잎을 안친 후에 술밑을 안치는 방법으로 하여 켜켜로 안치고 맨 마지막에 꽃잎을 덮어주는 것으로 끝내야 술 빛깔과 향기가 좋은 술을 얻을 수 있다.

동백화주〈개발주〉

술 재료

밑술 : 멥쌀 2㎏, 누룩가루 1.25㎏, 물 13.5ℓ

덧술 : 찹쌀 10㎏, 동백꽃(건조시킨 것) 5g

밑술 빚는 법

1. 멥쌀을 백세작말하여 솥에 담아 놓는다.
2. 물 13.5ℓ를 부으면서 멍울진 것 없이 하여 아이죽을 만든 다음, 팔팔 끓여서 차게 식힌다.
3. 누룩가루를 차게 식힌 죽에 넣고, 고루 섞어 술밑을 빚는다.
4. 준비한 술독에 술밑을 담아 안친 뒤, 예의 방법대로 하여 3~2일간 발효시킨다.

덧술 빚는 법

1. 찹쌀을 물에 깨끗이 씻은 뒤 하룻밤 재웠다가 건져서 고두밥을 짓고, 무르게 푹 익혀졌으면 차게 식혀 둔다.
2. 밑술과 고두밥, 식혀 둔 물을 고루 섞고 치대어 술밑을 빚는다.
3. 동백꽃 10g을 먼저 술독에 안치고, 그 위에 고루 섞은 술밑과 나머지 꽃을 켜켜로 안친다.
4. 술독은 예의 방법대로 하여 비교적 서늘한 곳에서 발효시키고, 익는 대로 떠서 마신다.

* 주발효 후 냉각시 위로 떠오른 꽃은 술덧 속으로 쑤셔 넣어 주어야 꽃으로 인한 술의 변질을 막을 수 있다.

* 꽃을 많이 넣으면 쓴맛이 난다.

매화주

〈임원십육지, 개발주〉

약용으로 사용되는 몇 안 되는 과실 가운데 매실이란 것이 있다. 이 매실은 향기도 좋거니와 오매(烏梅) 외에도 술과 장아찌 등 식용으로도 널리 사용되는데, 매실의 꽃을 가리켜 매화(梅花)라고 한다. 매화는 그 향기가 청아하고 기품이 있으며, 엄동설한을 다 이겨내고 가장 먼저 피는 꽃이라고 하여 굳은 의지와 절개를 상징하기도 한다. 이 때문에 선비들과 시인묵객들 사이에서 완상의 으뜸이 되는 꽃으로 사랑받아 왔다.

남쪽 제주도 지방에서는 음력 2월이면 활짝 핀 매화를 목격할 수 있으며, 보통 3월초에서 4월 초순이 되어야 본격적으로 꽃을 볼 수 있다.

매화는 꽃의 빛깔에 따라 백매(白梅)와 홍매(紅梅) 두 종이 있는데, 홍매보다 백매가 더 향기가 좋은데다, 그 빛깔은 희다 못하여 푸른 빛깔을 띠므로 청매(青梅)라고도 불리고 있다. 매화에도 매실에 함유되어 있는 구연산과 사과산을 함유하고 있어, 피로회복과 소화불량 등에 효과를 나타낸다.

매화는 술 뿐만 아니라 차로도 널리 사랑받고 있는데, 작설차를 마실 때 반쯤 핀 매화 한 송이를 찻잔에 띄우면 코끝이 호강하게 된다.

하지만 유감스럽게도 서울에서는 매화를 구하기가 힘들어 자주 뵙는 문우(文友) 혜관 스님의 승낙을 받아 불교문학연수원을 찾아 매화나무에서 도둑질하듯 하루 종일 꽃을 따다 매화주를 빚곤 했는데, 더

> 생화를 쓰는 방법은 향기가 좋으나 오래가지 못하고 누룩냄새가 많이 나며, 술맛이 쓰다는 것이 단점이었다. 더욱 깊은 매화향을 즐길 수 있는 방법을 찾게 되었는데, 술을 빚을 때에 건조시킨 매화를 넣고 버무리는 방법이 그것이다.

이상 폐를 끼칠 수 없어 금년에는 섬진강의 매화마을에 사는 아내의 친구에게 신세를 지기도 했다.

하루 종일 매화 향기에 젖었던 기쁨과 함께 마음껏 꽃을 딸 수 있도록 허락해준 친구에게 아직 매화주 한 병 보내지 못한 아쉬움을 안고 있다. 술 빚을 때 마음과는 다르게 술이 익고 나면 그 친구 생각은 까맣게 잊어버린 채, 이 사람 저 사람 술맛 보이느라 정신이 없어진다. 그만큼 매화주는 내게 인상적인 술이요, 향기가 좋은 술로 각인되어 있다.

꽃은 반개한 것을 골라 따는 것이 가장 좋고, 만개한 꽃이라도 꽃잎이 떨어지지 않는 것으로 골라서 채취하도록 한다. 가능한 길가나 낮은 지역보다는 언덕배기나 골 깊은 곳의 꽃을 채취하는 것이 향이 더 좋다.

채취한 꽃은 흐르는 물에 잠깐 헹궈서 먼지나 흙 같은 이물질만을 씻어낸다. 꽃잎이 물에 잠겨 있는 시간이 길어질수록 향기도 사라지고, 꽃잎의 갈변현상이 빨리 진행되므로, 단시간에 물기를 빼서 그늘지고 서늘한 곳에서 수분을 제거한다.

생것을 사용하여 술을 빚고자 할 때에는 덧술에도 누룩을 사용하도록 하고, 술을 빚을 계획이 없어 나중에 이용하려면 음건하여 종이봉투에 담아 보관했다가 이용한다. 건조시킨 꽃은 그 부피가 현저하게 줄어들므로 생것을 이용할 때보다 꽃의 양을 많이 넣어주고, 누룩을 넣지 않는 방법이라야 꽃향기가 좋다.

〈임원십육지〉의 매화주는 화향입주법으로, 생화를 쓰는 방법은 향기가 좋으나 오래가지 못하고 누룩냄새가 많이 나며, 술맛이 쓰다는 것이 단점이었다. 따라서 더욱 깊은 매화향을 즐길 수 있는 방법을 찾게 되었는데, 술을 빚을 때에 건조시킨 매화를 넣고 버무리는 방법이 그것이다. 그런 의미에서 〈개발주〉의 매화주는 직접혼합법을 차용한 것으로, 〈임원십육지〉의 방법보다 짙은 향기와 감칠맛을 느낄 수 있었다.

매화주〈임원십육지〉

술 재료

밑술 : 멥쌀 4㎏, 누룩 2.5㎏, 물 9ℓ

덧술 : 찹쌀 4㎏, 매화 200g(말린 것 3 ~ 4g), 물 9ℓ

밑술 빚는 법

1. 멥쌀을 예의 방법대로 하여 고두밥을 짓고 차게 식힌다.
2. 차게 식힌 고두밥에 누룩과 물을 섞어 술밑을 빚는다.
3. 술독에 술밑을 담아 안치고, 예의 방법대로 하여 5일간 발효시킨다.

덧술 빚는 법

1. 술이 고이기 시작하면, 찹쌀을 예의 방법대로 하여 고두밥을 짓는다.
2. 고두밥을 풀어 헤쳐서 차게 식힌 뒤, 밑술에 물과 함께 섞는다.
3. 밑술과 고두밥이 고루 섞이도록 버무려서 술독에 담아 안친 다음, 5일간 발효시키면 술이 익는다.
4. 술이 익어 밥알이 동동 떠올라 있으면, 매화를 명주 주머니에 담아서 술독 안 술 위에 손가락 한마디 만큼 떼어 매달아 놓는다(오른쪽 페이지 화향입주방 참조).
5. 하룻밤 지난 뒤에 매화 주머니를 거두고 술을 떠서 마신다.

화향입주방

꽃을 채취하여 흐르는 물에 씻은 후 응달에서 건조시킨다. 베보자기나 명주주머니에 준비한 꽃을 넣고 주머니를 술독 안 주면 위 손가락 한 마디만큼 떼어 매달아 놓는다.

1

2

大母 김희전 씨가 매화 주머니를 술독에 매다는 모습.

매화주〈개발주〉

술 재료

밑술 : 멥쌀 1.6㎏, 누룩가루 1㎏, 끓는 물 5.4ℓ

덧술 : 찹쌀 8㎏, 매화 3 ~ 5g(말린 것)

밑술 빚는 법

1. 멥쌀 2되를 백세작말하여 끓는 물을 부으면서 고루 익도록 저어 주어 범벅을 갠다.
2. 범벅을 서늘한 곳에서 천천히 차게 식힌다.
3. 누룩가루 2되를 차게 식힌 범벅에 넣고, 고루 버무려 술밑을 빚는다.
4. 준비한 술독에 술밑을 담아 안친 뒤, 예의 방법대로 하여 3일간 발효시킨다.

덧술 빚는 법

1. 찹쌀을 물에 깨끗이 씻은 뒤, 하룻밤 재웠다가 씻어 건져서 고두밥을 짓는다.
2. 고두밥이 무르게 푹 익혀졌으면 차게 식혀 둔다.
3. 밑술에 고두밥을 고루 섞고, 치대어 술밑을 빚는다.
4. 술독에 매화를 먼저 한 켜 깔고, 그 위에 술밑을 절반 안친 다음 다시 매화를 깔고 나머지 술밑을 안친다.
5. 술밑을 다 안친 후 나머지 매화 한 주먹으로 위를 덮고, 술독은 예의 방법대로 밀봉하여 21일간 발효시킨다.

백엽주

〈염헌집〉

우리나라 사람들은 세모와 돌아오는 새해의 설날부터 한 달 가까이 몸을 삼가고 정신을 가다듬는 것으로 예를 삼는데, 이때 가족과 지인들의 건강을 서로 축원하는 아름다운 풍습이 있었다.

연말에는 특별히 빚은 납주를 마시고 새해부터는 차례를 지내고 술에 대황, 길경, 창출, 백출, 오두, 천초 등을 술에 넣어 잠깐 끓여 마시는 도소주(屠蘇酒)를 비롯하여 천초나 잣나무잎을 넣은 초주나 초백주, 백엽주 등의 음주풍속을 즐겼다. 이들 약재의 강하고 좋은 향기가 사악한 기운을 물리쳐주어 한해 동안 건강하게 지낼 수 있다고 믿었던 것이다.

이러한 풍속은 고려시대부터 성행하여 조선시대에는 시인묵객들 사이에서 크게 유행했던 것으로 전하는데, 위로는 임금에서부터 아래로는 일반 백성들에 이르기까지 연례적인 행사로 이어졌음을 알 수 있으며, 궁궐에서는 신년하례 때 신하가 임금께 바치기도 하고, 임금이 대신들에게 내리는 선사주로 자리잡았던 대표적인 음주문화의 하나였음을 알 수 있다.

그 예로 조선시대 전기의 문신이었던 남용익(1628~1692)의 〈호곡집〉에 수록된‘歲除夜持被玉堂有吟(섣달 그믐날 밤 옥당에서 읊다)’라는 시 가운데, ‘寵渥纔頒椒柏酒(총악재반초백주) 淸香偏惹鷓鴣煙(청향편야자고연)’이라고 하여 ‘임금님은 자애롭게도 이제 막 초백주를 나누어 주시니, 맑은 술 향기에 온통 자고 새 굽는

> 초주나 백엽주, 초백주는 그 제조과정이 간단하고 용이하여, 한꺼번에 많은 사람들이 마실 수 있다는 점에서도 널리 애음되었을 것이라는 생각을 할 수 있다. 초주는 후추를, 백엽주는 잣잎을, 초백주는 천초와 잣나무잎을 띄우거나 일정기간 우려낸 것이기 때문이다.

냄새라네.' 하는 내용과, 동시대의 시인으로 유명했던 임상원(1638~1697)의 〈염헌집〉에 수록된 오언시 중 '제야(除夜)'라는 시에도 '椒花助歡娛 柏葉供勸酒(초주 받으니 마음이 즐겁고, 백엽주 서로 권하네.)' 라는 내용이 있다.

이로써 세모에 초주나 백엽주를 마시면서 새해를 맞이하는가 하면, 임금이 마시고 더불어 신하에게 내리는 선사주의 하나로, 또 신분의 구별 없이 널리 유행하였다는 사실은, 설을 비롯한 여러 명절마다의 절기주 문화가 성행하였다는 것을 확인할 수 있으며, 함께 백엽주를 마시면서 새로이 시작되는 성스러운 날을 뜻깊게 맞이하고 일년 내내 건강하게 지내고자 하는 인간의 순수한 본성을 엿볼 수 있다고 하겠다.

사실, 그간 궁중의 술에 대한 이렇다 할 자료가 없는 현실에서 "임금님은 자애롭게도 이제 막 초백주를 나누어 주시니, 맑은 술 향기에 온통 자고 새 굽는 냄새라네." "초주 받으니 마음이 즐겁고, 백엽주 서로 권하네" 라고 노래한 시편들을 통하여 단편적이나마 조선시대 궁중의 음주풍속에 대한 그 전형을 짐작할 수 있게 되었으며, 이러한 문화는 사대부들을 통하여 민간에 뿌리내리게 되었을 것이라는 추측까지도 할 수 있게 되었다.

어떻든 초주나 백엽주, 초백주는 그 제조과정이 간단하고 용이하여, 한꺼번에 많은 사람들이 마실 수 있다는 점에서도 널리 애음되었을 것이라는 생각을 할 수 있다. 그 방법은 이미 빚어진 막걸리나 청주, 소주를 불문하고 어떤 술이라도 가능하다는 것이다. 초주는 후추를, 백엽주는 잣잎을, 초백주는 천초와 잣나무잎을 띄우거나 일정기간 우려낸 것이기 때문이다. 이들 재료는 약효도 좋거니와 방향이 강하여 단시간에도 그 향기와 약성이 강하게 나타나기 때문이며, 특히 매우 자극적이라는 점에서 벽사의 의미를 살릴 수 있었을 것으로 생각된다. 지나친 재료의 사용은 술맛을 떨어뜨린다는 점에서 적정량의 배합과 침출시간이 요구된다.

백엽주〈염헌집〉

술 재료

청주 18ℓ, 잣나무잎 12g

술 빚는 법

1. 술은 청주를 준비하되, 없으면 술체로 거른 탁주나 막걸리도 좋다. 아니면 소주를 준비한다.
2. 잣나무잎은 모엽을 제거하여 준비한다.
3. 잣나무잎을 흐르는 물에 깨끗하게 씻어서 물기를 제거한다.
4. 술독에 분량의 술을 붓고 준비한 잣나무잎을 넣은 뒤, 여러 겹의 한지로 밀봉한 다음, 뚜껑을 덮어 2~3일간 지낸다.
5. 잣나무잎을 조리로 건져낸 다음, 술을 한지로 여과하여 병에 담아두고 마신다.

4

4

4

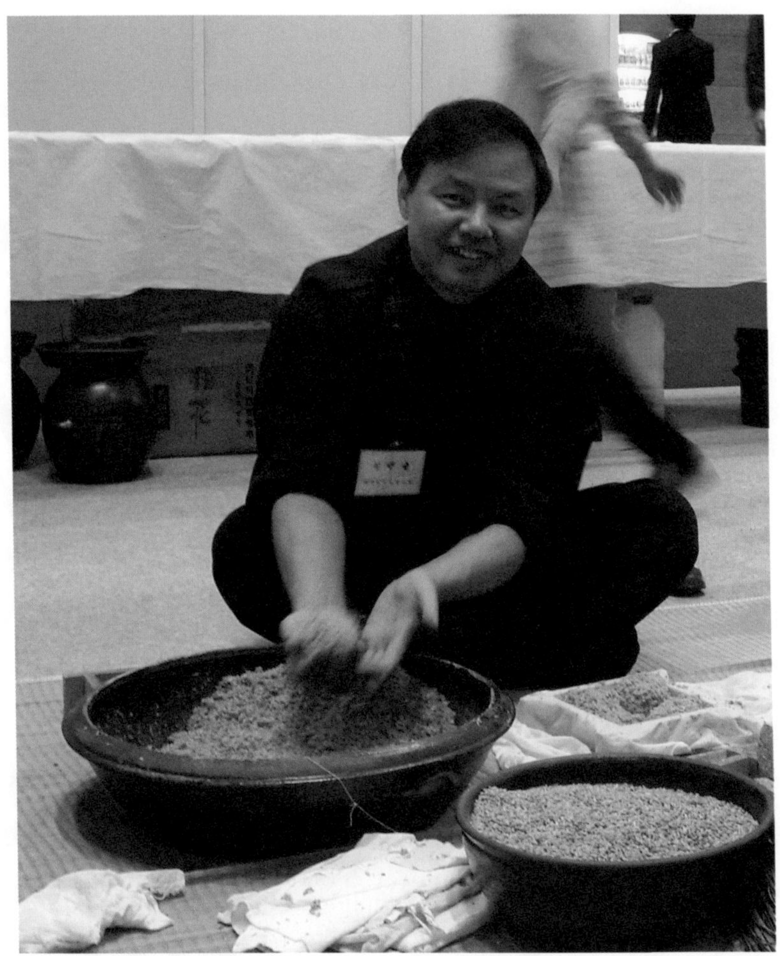

酒人 곽성근 씨의 누룩 빚기 시연 모습.

백엽주(柏葉酒)

〈주중지약법〉

백엽주는 잣나무잎을 재료로 한 약주의 하나이다. 잣나무잎의 향취가 좋아 술에 넣어 그 맛과 향기를 즐기게 된 것이 백엽주가 등장하게 된 계기로 생각된다. 같은 침엽수인 소나무가 민간인들 사이에서 술과 차, 약 등 가장 다양하면서도 널리 이용된 소재라고 한다면, 잣나무잎을 이용한 경우는 술에 한정되었음을 알 수 있다.

우리나라 전통음식이나 과자류, 차류, 주류 등에 잣나무잎을 이용한 경우는 드물기 때문이다. 특히 기호음료로서 잣나무잎을 직접 넣어 발효시킨 주류는 그 흔적을 찾을 수 없으며, 단지 이미 완성된 발효주나 소주에 잣잎을 넣어 그 향취를 즐기는 풍속이 있을 뿐이라는 사실이 이를 증명한다.

따라서 이미 완성된 곡주(발효주)나 소주에 잣잎을 넣어 그 향취를 즐기는 풍속으로서, 백엽주에 대한 술 이름과 주방문에 대한 기록은 조선시대 중기의 농경백과사전 격인 〈임원십육지〉에서 찾아 볼 수 있다. 그리고 이 백엽주가 어떻게 언제 음용되었는지는 고려시대의 문인들이 남긴 시집과 저서 등에서 비교적 자세하게 살필 수가 있다.

그 예를 들면, 조선시대 후기 대문장가이자 시인이었던 정내교(1681~1759)의 〈완암집〉에 수록된 '元朝丙寅(병인년 설날 아침)'이란 시 가운데도 '他鄕佳節屬元朝 柏酒椒盤事寂廖(타향에서 명절인 설날 아침을 맞이하니 잣잎술과 소반에 후추 담아 상 차리는 일 쓸쓸하네)'와 남용익(1628~1692)의 〈호곡집〉에도 '寵渥纔頒椒柏酒 淸香偏惹鵖煙(임금님은 자애롭게도 이제 막 빚은 초백주를 나누어 주시니 맑은 술 향기에 온통 자고새 굽는 냄새라)'고 읊은 시가 있다. 또한 신석번(1595~1675)의 〈백원선생문집〉에 수록된 시 '제야서회(除夜書懷)' 중 '桃符謾誦迎新帖 栢葉聊傾送舊危(도부만송영신첩 백엽료경송구위)'이라고 하여 '도부를 외면서 새해를 맞이하는 첩문을 짓고, 백엽주를 마시며 작년의 액운을 보내네.'와 서거

> 잣나무잎에는 솔잎과 같은 여러 가지 향기 성분 외에 특수한 약효가 있어, 정신을 안정시켜주며 기분을 좋게 하는가 하면, 그 효능으로 피를 맑게 하고 혈관을 넓혀주는 작용이 있는 것으로 밝혀져 있다.

정(1420~1488)의 〈사가시집〉에 실린 시류 '제석(除夕)'이란 시에서도 '椒花傳舊頌 柏葉泛新醅(초화전구송 백엽범신배)'라 하여 '초화가 옛 노래를 전할 때, 백엽을 새 술에 띄운다.' 하고 읊은 내용으로 미루어 완성된 술에 잣나무잎을 띄워 마셨음을 엿볼 수 있다.

이렇듯 향기가 강한 잣나무잎과 산초를 띄운 백엽주나 초백주가 정초와 연말의 경건한 몸가짐과 함께 건강을 염려한 민간의 벽사풍속에서 유래하여 궁중의 선사주로도 애용되었음을 알 수 있다.

특히 침엽수과목의 잣나무잎에는 솔잎과 같은 여러 가지 향기 성분 외에 특수한 약효가 있어, 정신을 안정시켜주며 기분을 좋게 하는가 하면, 그 효능으로 피를 맑게 하고 혈관을 넓혀주는 작용이 있는 것으로 밝혀져 있다. 따라서 백엽주와 같은 가향약주 제조와 음주풍속을 다만 민간차원의 벽사풍속으로 치부해서는 안 될 것으로 여겨지며, 우리 조상들의 오랜 생활을 통해서 깨닫게 된 선험적이며 누적된 체험에 바탕한 지혜로운 삶을 본받을 필요가 있다.

백엽주〈주중지약법〉

술 재료

청주(탁주, 소주) 18ℓ, 천초 10g(잣나무잎 20g), 삼베주머니 1개

술 빚는 법

1. 술독은 오지독이나 자기항아리를 준비하고 훈증하여 살균한 다음, 차게 식을 때까지 엎어둔다.
2. 술은 청주를 준비하되 없으면 술체로 거른 탁주나 막걸리도 좋다. 아니면 소주를 준비한다.
3. 삼베주머니를 끓는 물에 넣고 잠깐 삶아서 물기를 제거한다.
4. 준비한 천초는 껍질부스러기나 열매자루를 떼어내고 손으로 비벼서 이물질을 제거한다.
5. 잣나무잎은 모엽을 제거하여 준비한다.
6. 천초와 잣나무잎을 흐르는 물에 깨끗하게 씻어서 물기를 제거한다.
7. 천초와 잣나무잎을 삼베자루에 넣고 내용물이 빠져나오지 않도록 주둥이를 끈으로 묶어둔다.
8. 삼베자루를 술독에 넣고 준비한 분량의 술을 부은 뒤, 여러 겹의 한지로 밀봉 한 다음 뚜껑을 덮어 2~3일간 지낸다.
9. 삼베자루를 건져낸 다음 술을 한지로 여과하여 병에 담는다.

7

8

백화주(百花酒)

〈고려대규합총서〉

술에 꽃향기를 불어 넣는 가향주 중 으뜸은 백화주가 아닐까 싶다. 백화주라고 하는 술 이름이 암시하듯 백화(百花)란 백 가지 꽃을 지칭하는 한정된 개념이 아니라 온갖 꽃을 가리킨다. 온갖 꽃향기가 어우러진 술 향기는 어떠한 향기와 맛을 주는 걸까?

우선 백화주는 엄동설한에 반쯤 핀 설중매의 꽃잎을 비롯하여 1년 동안 동백꽃, 개나리, 진달래, 살구꽃, 복숭아꽃, 자두꽃, 배꽃, 냉이꽃, 산수유꽃, 연꽃, 구기자꽃, 앵두꽃, 국화, 창포꽃, 붓꽃, 민들레, 목련, 백일홍, 장미, 맨드라미, 벚꽃 등 온갖 꽃을 꽃이 피는 때에 송이째 따서 물에 깨끗이 씻어 그늘에 말린 다음, 종이봉투에 담아 보관해 두었다가 중양절에 이 꽃을 이용하여 술을 빚는다.

백화주 빚는 법을 옛 문헌을 통해 상고하면 〈음식보〉, 〈민천집설〉, 〈증보산림경제〉, 〈규곤요람〉, 〈김승지댁주방문〉, 〈규합총서〉, 〈임원십육지〉 등이 있는데, 〈규합총서〉에는 '꽃 가운데는 채취했을 당시 생물(生物)일 때에는 비록 향기가 좋더라도 마른 후에는 향기가 가시게 되는 것이 대부분이다. 그런데 국화나 라일락과 같이 마른 후에도 향기가 그대로 남아 있는 꽃을 주장을 삼고 복숭아, 살구꽃, 매화, 연꽃, 구기자꽃, 냉이꽃 등은 약효가 인정되는 꽃이므로 그 양을 넉넉히 넣도록 하는 것이 좋다.'고 하였다. 또 〈규곤요람〉에는 '금은화, 국화, 송화, 매화 등 온갖 꽃을 백가지로 모아서 말렸다가, 모시자루에 담아 항아리 밑바닥에 넣고 술을 빚는다.'고 수록되어 있음을 볼 수 있다.

> 술을 빚은 지 20일 만에 용수를 박고 다음 날 채주하였는데, 무엇보다 그 향기가 뛰어났다. 마치 온갖 향수를 뿌려 놓은 것처럼 기이한 방향으로 정신이 혼미해질 정도였으며, 맛이 특별히 뛰어났다.

백화주를 빚는 법에서 한 가지 유의할 일은 술 빚는 시기와 물의 선택이다. 〈규합총서〉에 이르기를 '꽃을 모으되 송이째 그늘에 말렸다가 중양절에 술을 빚는다.' 하였고, '술을 빚는 물은 특별히 강 한가운데서 떠온 물이나 돌 틈에 괴는 물을 써야 한다.'고 기록하고 있는데, 이는 술맛과 관련지어 생각해 볼 수 있다. 즉, 강 한가운데에서 길어 온 물과 돌 틈에 괸 물은 집안이나 마을의 우물물과는 다른, 다시 말해서 센물을 사용하는 것이 꽃이 지니고 있는 향기를 좋게 하기 때문이고, 중양절에 술을 빚는 까닭은 양의 수인 9가 겹쳤다고 해서 이 날은 양(陽)의 기운이 가장 왕성한 날로 여긴데서 기인한다.

술은 양(陽)인데 양의 기운이 충만한 날에 술을 빚으면, 술에 양의 기운이 왕성해지게 되므로, 술을 마심으로써 모든 사악한 음의 기운을 물리칠 수 있다고 믿었던 것이다.

이러한 백화주는 원기(元氣)를 보(補)하는 효능이 뛰어난 것으로 알려지고 있는데, 본 백화주는 〈고려대규합총서〉의 방문을 따르되, 자두꽃을 주재료로 삼아 재현해낸 것으로서, 감향주를 밑술로 삼아 물 없이 고두밥과 백화만을 사용하여 덧술을 하여 빚었다.

술을 빚은 지 20일 만에 용수를 박고 다음 날 채주하였는데, 무엇보다 그 향기가 뛰어났다. 마치 온갖 향수를 뿌려 놓은 것처럼 기이한 방향으로 정신이 혼미해질 정도였으며, 맛이 특별히 뛰어났다. 부재료로 사용되는 꽃을 쉽게 구할 수 없어, 한번 빚어보는 것으로 만족해야만 했던 것이 안타까웠으며, 백화주를 맛보지 않고서는 가향주의 참맛을 논할 자격이 없다는 생각이 드는 술이었다.

백화주 재료로 사용되는 다양한 꽃.

백화주〈고려대규합총서〉

술 재료

밑술 : 찹쌀 1.6㎏, 누룩가루 500g, 끓는 물 9~10.8ℓ

덧술 : 멥쌀 3.2㎏, 누룩가루 500g, 끓는 물 7.2ℓ

2차 덧술 : 찹쌀 12㎏, 멥쌀 4㎏, 누룩가루 40g, 밀가루 150g, 백화(각 2~3g씩, 국화 27g), 끓인 물 3.6ℓ

밑술 빚는 법

1. 국화가 흐드러지게 피는 음력 중양 때 찹쌀을 백세작말하여, 뜨거운 물로 익반죽한다.
2. 익반죽한 반대기를 한 주먹씩 떼어 구멍떡(공병)을 빚는다.
3. 솥에 물을 붓고 끓으면 구멍떡을 하나씩 넣으면서 삶는데, 익어 물 위로 떠오르면 건져낸다.
4. 삶은 구멍떡을 주걱으로 으깨면서 치대는데, 잘 풀어지지 않거든 떡 삶았던 물을 쳐가면서 주걱으로 들어 올려서 늘어질 만큼 풀어 놓는다.
5. 죽같이 풀어 놓은 떡에 법제한 누룩가루를 섞고, 고루 치대어 술밑을 빚는다.
6. 소독하여 마련해 둔 술독에 술밑을 담아 안치고, 베보자기를 덮어 봉한다.
7. 술독은 덥지 않고 바람기 없는 곳에 두는데, 받침대를 깔고 그 위에 앉혀서 3~5일간 발효시킨다.

덧술 빚는 법

1. 밑술이 위 아래가 노랗게 괴어오르면, 멥쌀을 백세한 후 물에 담가 불렸다가 씻어 헹군 후 작말한다.
2. 쌀가루를 자배기에 담아 끓는 물을 붓고, 죽같이 개어서 범벅을 만든 다음 얼음같이 차게 식힌다.
3. 범벅에 밑술과 누룩가루를 합하고, 고루 버무려 술밑을 빚는다.
4. 짚불 연기를 쐬어 소독해 둔 술독에 술밑을 담아 안치고, 베보자기로 여러 겹을 덮어 봉한다.
5. 술독은 덥지 않고 바람기 없는 곳에 두는데, 받침대를 깔고 그 위에 앉혀서 3~5일간 발효시킨다.

2차 덧술 빚는 법

1. 덧술이 다 괴었거든, 찹쌀과 멥쌀을 각각 백세하여 고두밥을 짓는다.
2. 고두밥을 찔 때 인절미처럼 물을 주어 찌되, 메밥에는 물을 더 주어 흠뻑 불게 찌고, 고루 펼쳐서 얼음같이 차게 식힌다.
3. 차게 식힌 고두밥에 밀가루와 덧술을 합하고, 고루 버무려 술밑을 빚되, 너무 되거든 끓여 식힌 물을 쌀 된 되로 2되를 섞고 치댄다.
4. 소독하여 마련해 둔 독에 술밑을 안치는데, 각각 등분하여 준비한 백화를 한데 합하고 백화와 술밑을 켜켜로 안친다.
5. 국화는 별도로 생것으로 꽃잎을 따서 17g을 맨 위에 안치고, 누룩가루 한줌을 뿌려준다.
6. 술밑을 손으로 눌러 공기를 빼고 고르게 한 뒤, 김이 새지 않게 봉하여 예의 방법대로 발효시킨다.

송엽주(松葉酒)

〈음식법〉

예로부터 '솔잎을 장기간 생식하면 늙지 않고 몸이 가벼워지며 힘이 나고 흰머리가 검어지며, 추위와 배고픔을 모르게 된다.'고 하여, 소위 '신선들의 식품'으로 알려져 왔다. 민간에서 빚는 가양주로서, 사용되는 부재료 가운데 가장 많은 빈도를 나타내는 재료가 솔잎이라고 해도 과언이 아니다.

조선 중기의 〈동의보감〉에도 솔잎은 '풍습창을 낫게 하고 머리털을 나게 하며, 오장을 편하게 하며, 식량 대용으로 쓴다.'고 기록되어 있어, 이러한 믿음을 가능케 한다. 실제로 솔잎 중에는 비타민 A, C, K, 팔미틴산, 라우린산, 테르핀, 시스테르펜을 함유하고 있어, 혈관벽을 강화시켜 주는 효능과 함께 혈행을 개선하여 고혈압과 심장병, 류마티스, 신경통 등에 효과가 뛰어나다.

솔잎은 나무의 종류에 따라 달라지는데, 크게 적송과 흑송으로 분류할 수 있다.

솔잎을 비롯 송순, 솔방울, 송피 등 약으로 쓰는 소나무는 수피가 갈색 또는 붉은색을 띠고 잎이 부드러운 적송으로, 주로 깊은 산속에 분포하므로, 잘 선별해야 한다.

솔잎은 이른 봄에 새로 자라는 어린 솔잎을 채취하는 것으로 알고 있는데, 송편과 같이 떡의 방부 목적과 향기를 위주로 하는 경우가 아니면, 한겨울에 채취하는 것이 약효가 뛰어나다고 한다. 이른 봄에는 소나무의 생육속도가 빠르기 때문에 약효가 흩어지는 경향이 있는 반면, 한겨울에는 소나무를 비롯한 모든 식물의 생육이 억제되기 때문에 안정적인 약효를 얻을 수 있다는 것이 그 이유이다. 한편, 중국에서 불로장수의 약으로 알려지고 있는 '적송선주(積

"대부분의 전승 가양주법으로 빚어지는 송엽주는 솔잎을 쌀과 함께 쪄서 사용하는 간편성과 직접 혼합방식을 취하고 있는 공통점을 나타내고 있으며, 이로 인해 술에서 솔잎의 향과 떫은 맛이 지나치고 술 빛깔도 암갈색으로 나타나고 있음에 유의할 필요가 있다."

送仙酒)'도 적송의 잎과 열매, 껍질로 만든 술이라고 하며, 우리나라 주방문에서는 '만병을 다스린다'고 한 것을 볼 수 있다.

반면, 흑송은 흔히 '해송', '왜송'으로 불려지고 있는 수종으로서, 수피가 검거나 짙은 회색이고 잎은 길고 크며, 주로 해안가에 자생하는데, 적송에 비해 약효가 많이 떨어지고, 그 맛도 떫은맛과 쓴맛이 많아 특히 술을 빚기에는 좋지 못한 것으로 알려지고 있다. 이 때문에 〈음식법〉을 비롯하여 〈증보산림경제〉, 〈역주방문〉 등 조선시대 술 관련 여러 주방문을 보면, 솔잎을 그대로 사용하기보다는 물에 오랫동안 삶아서 떫고 쓴맛을 우려내거나 해소한 뒤에 사용하고, 더러 한 차례 우려낸 뒤 두 번째 삶은 물을 이용하고 있음을 볼 수가 있다. 솔잎이 오랫동안 술덧과 섞인 채로 있게 되면 쓴맛과 떫은 맛이 점차 강해지기 때문이다.

한편, 대부분의 전승 가양주법으로 빚어지는 송엽주는 솔잎을 쌀과 함께 쪄서 사용하는 간편성과 직접 혼합방식을 취하고 있는 공통점을 나타내고 있으며, 이로 인해 술에서 솔잎의 향과 떫은 맛이 지나치고 술 빛깔도 암갈색으로 나타나고 있음에 유의할 필요가 있다.

〈음식법〉의 송엽주도 솔잎을 달인 물로 양조용수를 대신하고 한 번 빚는 단양주이다. 〈증보산림경제〉와 〈역주방문〉, 〈술 만드는 법〉의 주방문도 약간의 차이가 있을 뿐이다. 〈음식법〉의 송엽주를 빚어 본 사람이면, 우선 발효가 원활하지 못하다는 것과 자칫 시어지는 경험 때문에 기피하게 되는데, 같은 이유 때문에 대중화되지 못한 것 같다. 이는 솔잎의 탄닌과 고유성분 때문으로, 가능하면 별도의 주모(밑술)을 빚어두었다가 술을 빚도록 하고, 그래도 맛이나 향기가 좋지 못하거든 누룩의 양을 늘리는데 이 때에는 쌀의 양도 늘려서 술을 빚어 볼 필요가 있다.

송엽주〈음식법〉

술 재료

멥쌀 16㎏, 솔잎 1.8~2㎏, 누룩가루 1㎏, 물 108ℓ

술 빚는 법

1. 솔잎을 물에 넣고 삶다가, 물이 36ℓ가 되면 솔잎과 찌꺼기를 제거한다.
2. 멥쌀을 백세작말하여 솔잎 달인 물에 넣고 예의 방법대로 하여 죽을 쑨 뒤, 차게 식힌다.
3. 죽이 차게 식었으면 소독하여 준비한 술독에 담아 안친다.
4. 법제한 누룩가루를 죽이 담긴 술독에 넣고 고루 버무린다.
5. 술독은 예의 방법대로 하여 21일간 발효시킨다.
6. 술자루에 담아 압착, 여과하여 채주한다.

1 2 3 5

* 방문 말미에 '만병을 다스린다.'고 하였다.

송엽주〈역주방문, 술 만드는 법〉

술 재료

멥쌀 16㎏, 솔잎 4㎏, 누룩가루 1㎏, 물 108ℓ

술 빚는 법

1. 솔잎을 물에 깨끗이 씻어 물에 삶은 후, 그 물을 따라버리고 다시 동량의 새 물을 붓고 재차 삶아 솔잎을 제거한다.
2. 멥쌀을 백세작말하여 솔잎 삶은 물과 섞고 끓여 죽을 쑨 후, 넓은 그릇에 펴서 차게 식힌다.
3. 죽에 누룩가루를 넣고, 고루 버무려 술밑을 빚는다.
4. 술독에 술밑을 담아 안친 후, 예의 방법대로 하여 발효시킨다.

* '세일(설날)이 지난 후에 마신다.'고 기록되어 있는 것으로 보아, 한겨울에 빚는 것으로 여겨진다.

송엽주〈선산 지방〉

술 재료

밑술 : 찹쌀 8㎏, 누룩가루 7㎏, 솔잎 1.3㎏, 물 36ℓ

덧술 : 찹쌀 16㎏, 누룩가루 1.5㎏, 솔잎 1.3㎏, 물 54ℓ

밑술 빚는 법

1. 찹쌀을 백세하여 하룻밤 불렸다가, 건져서 물기가 빠지면 시루에 안쳐 고두밥을 짓는다.
2. 고두밥은 고루 펼쳐서 차게 식힌다.
3. 누룩가루와 물, 솔잎을 고두밥에 넣고 고루 버무려서 술밑을 빚는다.
4. 술독에 술밑을 담아 안치고, 예의 방법대로 하여 7일 동안 발효시키면 술이 익는다.

덧술 빚는 법

1. 찹쌀을 백세하여 하루 동안 물에 불렸다가 건져서 물기를 뺀다.
2. 솔잎을 깨끗이 씻어 물기를 뺀다.
3. 시루에 찹쌀과 솔잎을 켜켜로 안쳐 고두밥을 짓고, 무르게 익었으면 펼쳐서 차게 식힌다.
4. 고두밥에 누룩가루와 물을 합하고, 고루 버무렸다가 다시 밑술과 섞는다.
9. 술독에 술밑을 담아 안치고, 예의 방법대로 하여 10~15일간 발효시킨다.

송엽주〈양주 지방〉

술 재료
밑술 : 멥쌀 16㎏, 누룩 2.5㎏, 물 9ℓ
덧술 : 찹쌀 16㎏, 누룩 500g, 솔잎 120g, 물 9ℓ

밑술 빚는 법

1. 멥쌀을 백세하여, 하룻밤 불렸다가 건져서, 물기가 빠지면 시루에 안쳐 고두밥을 짓는다.
2. 고두밥은 고루 펼쳐서 차게 식힌다.
3. 고두밥에 누룩과 물을 넣고, 고루 버무려 술밑을 빚은 후, 소독하여 준비한 술독에 담아 안친다.
4. 술독은 예의 방법대로 하여 7일 동안 발효시키면 술이 익는다.

덧술 빚는 법

1. 찹쌀을 백세하여 하룻밤 불렸다가 건져서 물기를 뺀다.
2. 솔잎을 물에 깨끗이 씻어 물기가 빠지게 둔다.
3. 시루에 쌀 한 켜, 솔잎 한 켜씩 켜켜로 안쳐 고두밥을 짓는다.
4. 고두밥을 고루 펼쳐서 차게 식힌다.
5. 차게 식힌 고두밥에 누룩과 물을 섞어 버무려 덧술을 만들고, 밑술을 쏟아 부어준 뒤 재차 고루 버무린다.
6. 술덧을 술독에 담아 안치고, 예의 방법대로 하여 10~15일간 발효시킨다.
7. 술이 익었으면 용수를 박아 술을 떠낸다.

* 솔잎을 시루에 한 번 쪄서 사용하면 더욱 좋다.

송엽주〈영남 지방〉

술 재료

밑술 : 멥쌀 1.6㎏, 누룩가루 1㎏, 보리 삶은 물 1.8ℓ

덧술 : 멥쌀 16㎏, 누룩 5㎏, 솔잎 건조한 것 15g, 물 36ℓ

밑술 빚는 법

1. 보리 700g을 기름기 없는 냄비나 프라이팬에 볶은 뒤, 물 2ℓ를 붓고 삶아서 찌꺼기는 버리고, 순수한 보리 삶은 물 1.8ℓ를 준비한다.
2. 멥쌀을 백세작말하여 보리 삶은 물로 된죽을 쑨 뒤 차게 식힌다.
3. 누룩은 법제하여 고운 가루를 만든 뒤, 죽에 넣고 고루 버무려 술밑을 빚는다.
4. 소독하여 준비한 술독에 술밑을 담아 안치고, 예의 방법대로 2일가량 발효시킨다.

덧술 빚는 법

1. 솔잎을 물로 깨끗이 씻은 뒤, 찜통이나 시루에 안쳐 찐 다음 차게 식힌다.
2. 멥쌀을 깨끗이 씻어 예의 방법대로 하여 고두밥을 짓고, 차게 식혀 준비한다.
3. 차게 식은 고두밥에 누룩, 쪄서 차게 식힌 솔잎, 물을 밑술과 함께 섞어 고루 버무려 술밑을 빚는다.
4. 소독하여 준비한 술독에 술밑을 담아 안치고, 예의 방법대로 하여 7~10일간 발효시킨 다음, 술이 익으면 용수를 박아 채주하여 마신다.

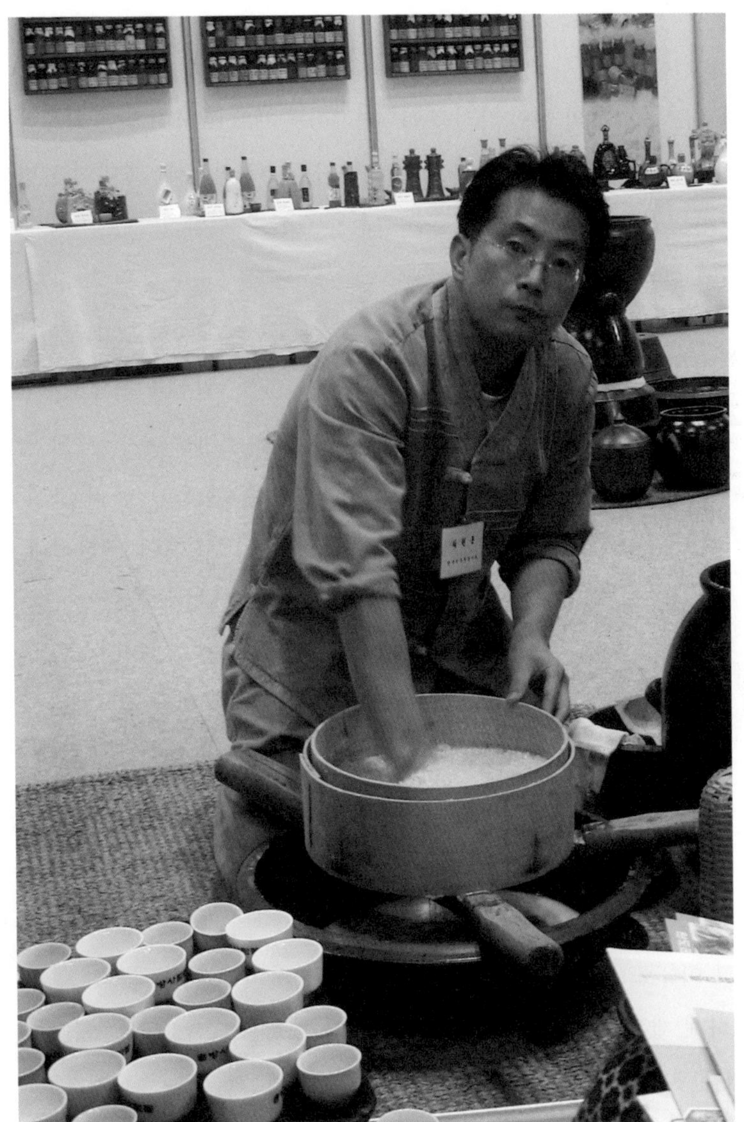

酒人 최원준 씨의 술 거르기 시연.

송절주(松節酒)

〈고려대규합총서〉

올해 자란 소나무의 여린 가지의 마디(松節)를 재료로 하여 빚은 약용약주의 하나이다. 엷은 황갈색을 띠며 강한 소나무 향기를 자랑하는데, 그 맛이 달면서도 떫고 쓴맛이 조화를 이루고 있어 그윽한 향취를 느낄 수 있다.

송절주의 유래에 대한 정확한 고증은 없으나, 〈임원십육지(林園十六志)〉를 비롯하여 〈규합총서(閨合叢書)〉 등에 소개된 것으로 보아 조선시대 중엽부터 시작된 것으로 추정하고 있으며, 유일하게 서울지방의 민가에서 전승되고 있다.

〈고려대규합총서〉를 비롯하여 동일한 방법의 방문이 〈규합총서〉에 '신중 송절주'로 수록되어 있고, 몇몇 기록에서 그 이름만을 찾아볼 수 있다. 따라서 송절주는 일부 중산층과 양반가에서 약용과 치료목적으로 빚어졌을 것이란 추측이 가능하다. 그 이유로 〈고려대규합총서〉의 방문과는 차이가 있긴 하지만 현재 서울시 무형문화재 제2호로 지정되어 있는 송절주의 제조법과 전승되고 있는 효능을 통해서 이를 뒷받침해 보기로 하겠다.

서울 송절주는, 멥쌀을 깨끗이 씻어 가루로 만든 후에 끓인 물을 붓고 잘 개어 식힌 다음, 누룩가루와 밀가루를 함께 버무려 넣고, 여기에 송절을 넣고 삶아낸 물을 부어 술밑을 만들어 발효시킨다. 이어 멥쌀과 찹쌀로 지에밥을 쪄서 밑술과 함께 버무린다. 재차 삶은 송절을 항아리 밑에 넣고, 그 위에 술밑과 버무린 지에밥

“ 기록에 의한 송절주 방문이 맛과 향취에서 앞선다. 이는 밑술 제조법에서 그 이유를 찾을 수 있다. 즉 밑술에 사용된 송절의 추출 성분이 두 차례의 발효과정을 거치면서, 새로이 생성된 화합물과 함께 조화되어 그 맛이 부드러워지고, 약효 또한 좋아진다는 것이다. ”

을 넣은 다음, 부재료로 진득찰 · 당귀 · 희첨 등 약재와 함께 송절 삶은 물을 붓고 잘 싸매어 익힌다고 한다. 이렇게 해서 완성된 송절주의 주질(酒質)은 부재료로 첨가된 약재로 인해 치담 · 치풍 · 신경통 등에 좋은 것으로 전해오고 있다.

한편, 〈고려대규합총서〉의 송절주 제조방법은 '희게 쓴 멥쌀가루와 끓인 물로 개어 얼음같이 식힌 뒤 누룩가루, 밀가루를 넣고 버무려 단단히 매어 차도 덥도 않은 곳에 두었다가 송절을 진하게 고은 물을 채우고, 다시 멥쌀과 찹쌀로 고두밥을 찌되, 송절 삶은 물을 주어가며 폭 쪄 내어 식힌 후 술밑을 고루고루 섞고 송절 건지와 술밑을 안친 후 익히되, 계절별로 국화나 진달래 유자 껍질을 매달아 익힌다.'고 하였다. 〈규합총서〉의 방문도 〈고려대규합총서〉의 방문과 일치한다.

이러한 송절주는 '꽃향기와 솔향기가 입에 가득하여 맛이 기이하고 풍담을 없이 하고 원기를 보익하여 팔다리를 못 쓰던 사람도 신기한 효험을 본다.'고 〈고려대규합총서〉에 기록되어 있어, 그 맛과 향기는 물론이고 약효 또한 뛰어나다는 것을 알 수가 있다.

송절주를 방문마다 각각 빚어 본 결과 송절주를 빚을 때 주의해야 할 사항은 채취한 송절을 말렸다가 사용하는 것이 술 빚기에 좋다는 것이고, 가전비법보다는 기록에 의한 송절주 방문이 맛과 향취에서 앞선다. 이는 밑술 제조법에서 그 이유를 찾을 수 있다. 즉 밑술에 사용된 송절의 추출 성분이 두 차례의 발효과정을 거치면서, 새로이 생성된 화합물과 함께 조화되어 그 맛이 부드러워지고, 약효 또한 좋아진다는 것이다.

송절주〈고려대규합총서〉

술 재료

밑술 : 멥쌀 4㎏, 누룩가루 500g, 밀가루 400g, 송절 달인 물 5.4ℓ(송절 1.4㎏, 물 54ℓ)

덧술 : 멥쌀 4㎏, 찹쌀 8㎏, 밑술의 송절 달인 물 34.6ℓ

밑술 빚는 법

1. 소나무 마디(송절)를 물에 깨끗이 씻어 물(54ℓ)을 붓고 진하게 달여 40ℓ가 되면 차게 식혀 놓는다.
2. 멥쌀을 백세한 후 물에 담갔다가 씻어 건져서 작말하고 넓은 그릇에 담아 놓는다.
3. 물을 팔팔 끓여 쌀가루에 붓고 주걱으로 범벅을 개어 얼음같이 차게 식힌다.
4. 범벅이 식었으면 누룩가루와 밀가루를 합하고, 고루 버무려 술밑을 빚는다.
5. 술밑을 술독에 담아 안치고, 차지도 덥지도 않은 곳에 안쳐 놓는다.
6. 식혀 둔 송절 달인 물 5.4ℓ 정도를 술독에 부어 독을 85% 정도 채운다.
7. 사용하고 남은 송절 달인 물은 덧술에 사용한다.

1 3 3 4

덧술 빚는 법

1. 멥쌀과 찹쌀을 각각 백세하여 물에 담가 불렸다가 씻어 건져서 고두밥을 짓는다.
2. 쌀 된 되로 송절 달인 물(34.6ℓ)을 계량하였다가 메밥에 많이 뿌려가면서 찌고, 익으면 퍼내어 얼음같이 차게 식힌다.
3. 고두밥 각각에 밑술을 비율대로 합하고, 고루 버무려 술밑을 빚는다.
4. 소독해 준비해 둔 술독에 송절 건더기를 건져 먼저 안치고, 메밥을 안친 다음 찰밥을 안친다.
5. 날씨가 차고 더운지를 보아, 차지도 덥지도 않은 곳에 술독을 안치고 예의 방법대로 하여 발효시킨다.

신증 송절주(新增 松節酒)〈규합총서〉

술 재료

밑술 : 멥쌀 4㎏, 누룩가루 500g, 밀가루 400g, 물 9ℓ

덧술 : 멥쌀 4㎏, 찹쌀 8㎏, 송절 1.4㎏, 물 54ℓ

밑술 빚는 법

1. 멥쌀을 백세하여 하룻밤 불렸다가 건져서 작말한 다음, 넓은 그릇에 담아 놓는다.
2. 물을 팔팔 끓여서 쌀가루에 붓고, 범벅을 개어 얼음같이 차게 식힌다.
3. 범벅에 누룩가루, 밀가루를 섞어 넣고 고루 버무려 술밑을 빚는다.
4. 술독에 술밑을 담아 안치고, 예의 방법대로 하여 덥지도 차지도 않은 곳에 둔다.

덧술 빚는 법

1. 송절을 깨끗이 씻어 계량한 물을 붓고, 진하게 달여서 얻은 40ℓ를 차게 식힌다.
2. 멥쌀과 찹쌀을 각각 백세하여 물에 하룻밤 담갔다가, 건져서 각각 고두밥을 짓는다.
3. 멥쌀 고두밥에 송절 달인 물을 부으며 쩌서 익었으면 차게 식힌다.
4. 송절 달인 물에서 건진 송절을 술독에 먼저 담아 안친다.
5. 밑술과 멥쌀 고두밥, 찹쌀 고두밥을 합하여 고루 버무린 뒤, 예의 방법대로 하여 차지도 덥지도 않은 곳에서 익힌다.
6. 술독에 가을이면 국화, 봄이면 진달래 꽃, 겨울이면 유자껍질을 잠기지 않게 매달아 놓는다.

* '꽃향기와 솔향기가 입에 가득하여 맛이 기이하고 풍담(風痰)을 없이 하고 원기를 보익하여 팔다리를 못 쓰던 사람도 신기한 효험을 본다.'고 하였다.

적선주

〈후생록〉

우선 '적선주(謫仙酒)'라고 하는 술 이름과 관련하여 그 의미를 생각해 볼 필요가 있겠다. '적선(謫仙)'이라 함은 '속세로 귀양 온 신선'이라는 뜻으로 풀이되고 있고, 전해오는 설로는 중국 당나라 때의 시선(詩仙)으로 추앙받던 이태백을 가리킨다고도 하는데, 이태백의 시 가운데는 이 적선주에 대한 언급을 아직 찾지 못했다.

어떻든 술 빚는 법에 있어, 굳이 원칙이나 전형을 찾고자 하면 고개를 설레설레 흔드는 사람이 있기 마련이다. 그 과정이 까다롭고 힘든 술이라면 말할 것도 없다. 그 대표적인 술로 〈후생록〉의 적선주를 들 수 있겠다.

적선주는 일견하기에 일반적인 방문의 송순주라고 할 수 있겠는데, 방문에서 보듯 그 과정이 매우 단순하고, 또한 술빚기도 한 번에 끝내는 단양주이다.

한창 송순이 자랄 무렵인 5월 중순 ~ 6월 중순에 송순을 1섬 정도 채취하여 큰 독에 채워 넣고 팔팔 끓는 물을 이용하여 송순의 향기와 성분을 우려낸 물로 술을 빚는 것이 여느 송순주 법과 다르다.

이러한 예는 다소 차이가 있긴 하지만 〈음식법〉을 비롯하여 〈역주방문〉, 〈술 만드는 법〉의 송엽주에서 찾아볼 수 있다.

〈음식법〉을 비롯하여 〈역주방문〉, 〈술 만드는 법〉의 방문은 송순이 아닌 솔잎을 두 번 달인 물을 사용하는데, 고두밥이 아닌 죽을 쑨 뒤 누룩을 섞어 술밑을 빚는 점에서는 차이가 있으나, 다 같이 부재료의 추출물을 사용하고 있고, 또 단양주

> 송순주에서 찾을 수 있는 약효와 그 효능에 의한 장수 또는 신선설은 과장이 아닐 수 없으나, 어떤 술이든지 과음하지 않고 적당량을 장기복용 하다보면, 신진대사와 소화흡수를 도와 그 효능은 백약지장(百藥之長)이라고 하였으니, 건강한 음주를 먼저 생각할 일이다.

라는 점에서는 공통점을 찾을 수 있다.

적선주를 빚어본 경험으로는 채취해 온 송순을 흐르는 물에 매우 깨끗하게 씻었다가 탈수를 하여 약간 꾸들꾸들하게 말린 다음에 사용하여야 한다는 것이다. 또한 고두밥을 무르게 짓되 질어지지 않도록 하고, 고두밥과 누룩을 섞어 고루 버무린 다음, 송순 삶은 물을 5되 가량 떠서 다시 혼합하여 술밑을 빚었다가 술독에 담아 안친 후 고루 저어주는 요령이 필요하다는 것이다. 그렇지 않고 고두밥을 술독에 쏟아 붓고 밀봉하게 되면, 누룩이 제대로 풀리지 않아 앙금이 생기게 되고 발효도 수월치 못해, 자칫 신맛이 센 송순주가 만들어진다는 것이다.

이렇게 해서 잘 발효된 송순주, 곧 적선주는 '향과 약효가 뛰어나 신선들처럼 오래 살 수 있다.'고 해서 붙여진 술 이름으로, 적선은 선계에서 죄를 지어 쫓겨 난 신선을 가리키는데, 속세에서는 이태백을 지칭한다고 한다.

따라서 적선주는 신선들의 술이라는 의미를 갖는데, 송순주에서 찾을 수 있는 약효와 그 효능에 의한 장수 또는 신선설은 과장이 아닐 수 없으나, 어떤 술이든지 과음하지 않고 적당량을 장기복용 하다보면, 신진대사와 소화흡수를 도와 그 효능은 백약지장(百藥之長)이라고 하였으니, 건강한 음주를 먼저 생각할 일이다.

적선주〈후생록〉

술 재료

송순 700g, 찹쌀 8㎏, 누룩가루 500g, 물 18ℓ

술 빚는 법

1. 한창 송순이 자랄 무렵(5월 중순 ~ 6월 중순)에 송순을 많이 채취하여 큰 독에 채워 넣는다.
2. 송순을 채운 독에 팔팔 끓는 물을 가득 채운다.
3. 3일 지난 후에 송순을 건져내고, 물에 뜨거나 가라앉은 찌꺼기를 체에 밭쳐 제거한 다음, 다시 술독에 담는다.
4. 찹쌀을 백세하여 무른 고두밥을 짓고 고루 펼쳐 차게 식힌다.
5. 찹쌀고두밥과 누룩가루를 솔잎 우린 물에 한데 버무려 술밑을 빚고, 술독에 담아 안친 후 예의 방법대로 하여 밀봉한다.
6. 15일이 지난 후에 사용한다. 그 맛이 매우 독하여 여러 날이 지나도 맛이 변하지 않는다.

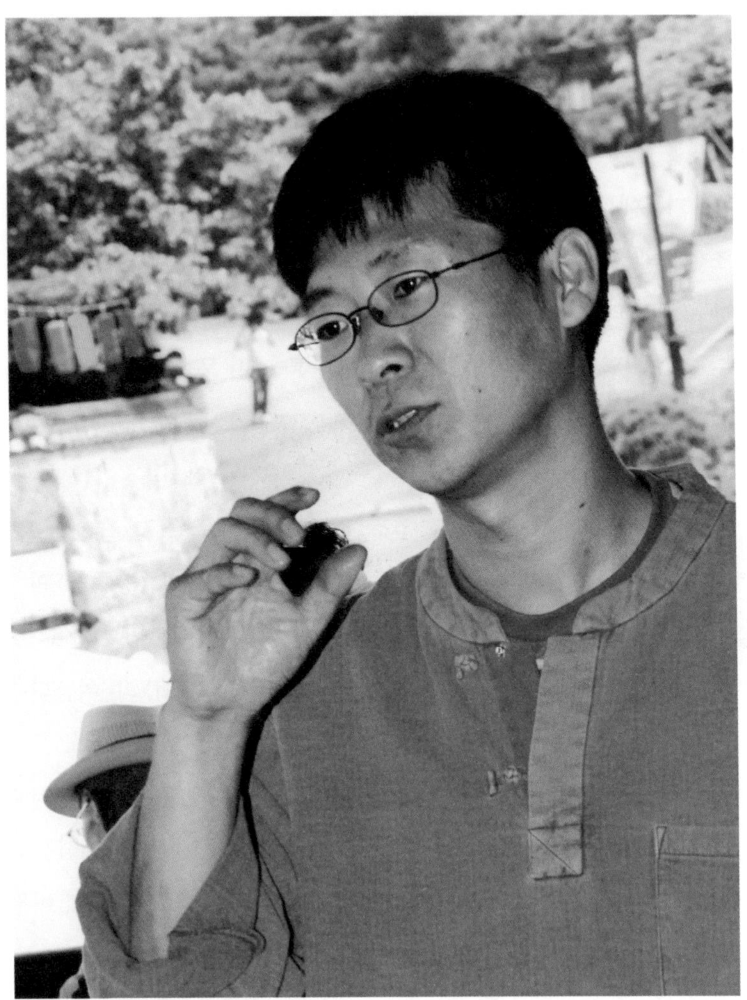

酒人 김동식 씨의 한담.

지주(地酒)

〈임원십육지〉

290년경의 〈삼국지(三國志) 고구려전(高句麗傳)〉에 '고구려의 건국 초기인 28년에 지주를 빚어 한(漢)나라의 요동태수를 물리치는 등 양조기술이 뛰어났다.'고 한 기록을 볼 수 있어, 고대 우리나라의 양조기술을 엿볼 수 있다.

그런데 기록에 '지주(旨酒)'라고 되어 있긴 하나, 어떤 방식으로 제조된 술이었는지, 조선시대 기록에 나타난 지주(旨酒)와 동일한 것인지를 확인할 수는 없다. 또한 '지주(地酒)라는 술은 어떠한 유래를 갖고 있는지, 그 역사가 얼마나 되는지도 알 수 없다. 〈임원십육지(정조지)〉 외의 다른 어떤 문헌이나 기록에서도 찾아볼 수 없기 때문이다. 따라서 술 이름과 관련하여 음(소리, 音)으로만 생각하면 〈양주방〉의 '층층지주'를 비롯하여 〈술 만드는 법〉의 '여름디주'가 있고, 그 밖에도 '하절지주'와 '동절지주', '지주' 등을 떠올릴 수 있는데, 동일한 주품을 옮기는 과정에서 한자 표기를 잘못했을 수도 있다는 생각을 해볼 수도 있는데, 이들 주품과는 방문이 다르다는 사실로 미루어, 지주(旨酒)와 동일한 주품이라고 단정 짓기도 힘들다는 것이다.

다만, 〈임원십육지〉의 '지주(地酒)'는 술 빚는 법에 있어, 일반 가정에서 빚는 송엽주에 다름 아니라는 걸 알 수 있다. 또한 술을 발효시키는 방법으로 비춰보면, 이 술이 송하주(松下酒)의 방문을 답습하고 있다는 것을 알 수 있다.

따라서 〈임원십육지〉의 지주는 발효시키는 방법에 따른 표기임을 알 수 있다. 즉, 빚은 술을 발효시키기 위해 땅 속에 묻는 방법을 취하고 있는데, 이 때문에 술

“ 지주는 술 재료 중 물의 양이 나와 있지 않으며, 술을 빚어 발효시키는데 있어 기록대로 과연 7일 만에 채주할 수 있느냐의 문제로서, 실제로 이 방문은 여름철 술이거나, 28~35일이나 걸리는 장기 발효주라는 것이다. ”

이름을 지주라고 명명하게 되었다는 것이다. 그런데 이런 관점에서 생각해 볼 수 있는 것은, 이 방문과 송하주의 차이점이다. 지주가 술의 발효 중 또는 빚은 후 술독을 땅속에 묻어 발효시키는 방문인데 반해, 송하주는 숙성된 술을 소나무 밑에 묻고, 그 소나무의 뿌리를 술독 속에 담그는 방법이라는 점에서 그 차이를 읽을 수 있다.

그러나 여기서 몇 가지 고려해 볼 것은, 우선 술 재료를 놓고 볼 때는 송엽주이고, 술 빚는 방법으로 보면 송하주인 이 방문을 다른 기록이나 문헌, 또는 다른 가양주법에서는 찾아보기 힘들다는 사실이다. 또 하나는 술 재료 중 물의 양이 나와 있지 않으며, 술을 빚어 발효시키는데 있어 기록대로 과연 7일 만에 채주할 수 있느냐의 문제로서, 실제로 이 방문은 여름철 술이거나, 28~35일이나 걸리는 장기 발효주라는 것이다.

이는 부재료로 들어가는 솔잎으로 인해 발효가 더디고, 특히 땅속에 묻어 발효시키는 저온발효방법을 취하고 있다는 점에서 실제 기록과는 다름을 알 수 있다.

그렇다면 방문의 발효기간 7일은 어떻게 이해해야 하는가이다. 미루어 짐작컨대 방문의 발효기간 7일은 술의 주발효가 끝나는 기간으로 이해하여야 한다는 것, 그리고 장기 발효시 술의 산패를 가져올 수 있으므로, 술이 시어지기 전에 채주하여 마시는 방법을 취했을 것이라 추측을 할 수 있다.

따라서 예측되는 음주 후의 부작용 등에 대해서는 채주한 술을 숙성시킨 후 마시는 방법과, 과음하지 않는 요령이 필요하다고 하겠다.

지주(地酒)〈임원십육지〉

술 재료

멥쌀 8㎏, 누룩가루 1,5㎏, 솔잎 40g, 물 (9~18ℓ)

술 빚는 법

1. 멥쌀을 백세하여 물에 하룻밤 담가 불린다.
2. 쌀을 건져서 시루에 안치고 고두밥을 짓는다.
3. 고두밥을 고루 펼쳐서 차게 식힌다.
4. 솔잎은 잘게 썰어 고두밥과 함께 시루에 찌거나, 끓는 물에 살짝 삶아 내어 차게 식힌다.
5. 고두밥에 솔잎과 누룩가루, 물을 합하고 고루 버무려 술밑을 빚는다.
6. 술독에 술밑을 담아 안치고, 예의 방법대로 단단히 밀봉한다.
7. 땅을 파고 술독을 묻은 뒤, 소나무 가지로 집을 지어 햇볕을 가린다.
8. 땅 속에 묻은 지 7일 후에 술독을 파내어 채주한다.

大母 한상숙 씨의 술빚는 모습.

초백주

〈임원십육지〉

〈동국세시기〉에 이르기를 '설날 차례를 물리고 초백주(椒栢酒)를 마신다'고 하였다. 또 이때 보통의 술에도 '잣잎을 띄워 마신다' 하였고, 〈형초세시기〉에는 '초하룻날 집안이 함께 모여 차례로 세배하고 도소주를 마시는데 나이 적은 사람부터 이 술을 마신다.'고 하는 풍속을 기록하고 있다. 이상의 기록으로 미루어 초백주가 연중 가장 큰 명절인 설날에 마시는 도소주와 같은 의미를 담고 있었음을 알 수 있다.

초백주란 '초(椒)'라고 하는 천초(川椒)와 '백(栢)'이라고 하는 백엽(栢葉), 곧 잣나무잎을 넣어 만든 가향약주로 〈임원십육지〉에 수록되어 전해오고 있으며, 조선시대 사대부와 선비들의 시문집에 빠지지 않고 등장하는 술의 하나이다. 일반적으로 약주는 술을 빚을 때 준비한 약재를 함께 넣고 발효시킨 술을 가리키거나 소주에 한 가지 또는 여러 가지 약재를 넣고 일정기간 우려 낸 약용 목적의 술을 가리키는데, 도소주에서도 그렇듯이 초백주는 이미 숙성을 끝낸 발효주에 천초와 잣나무잎으로 넣고 잠깐 끓인 술로서, 알코올 도수가 낮아 어린 아이들도 한두 잔은 거뜬히 마실 수가 있다.

초백주의 천초는, 붉은색의 열매로서 완전히 익게 되면 검붉은색으로 변하게 되는데, 술이나 물에 녹이게 되면 강한 향기와 함께 붉은색의 색소가 추출된다. 이 붉은색과 강한 향기가 잡귀와 악병을 물리치는 힘이 있다고 믿는 주술적 의미를 담고 있다.

“ 초백주의 설날 음주풍속은 과거 시대의 미신적인 음주문화나 한갓 옛 풍속이 아니라, 조상들의 오랜 경험에 따른 지혜가 녹아들어 있는 뛰어난 양조기술이자, 건강하고 아름다운 우리 고유의 음주문화로 받아들여야 할 것으로 생각된다. ”

잣나무 잎은 사시사철 푸른색을 띠는 강인함과 함께 특유의 강한 방향과 정유 성분을 함유하고 있어, 나쁜 냄새와 부정한 것을 물리치는 힘이 있다고 믿은 데서 천초와 잣나무잎을 이용한 약주를 빚어 마시게 되었다고 여겨진다. 따라서 설날의 초백주는 새해가 시작되는 첫날에 이 술을 마심으로써 악귀와 질병을 물리치고 연중 내내 건강하게 지낼 수 있다는 벽사풍속에서 유래된 관습이라고 할 수 있다.

천초와 잣나무잎 등에는 실제로 악한 기운을 물리치고 건강을 유지할 수 있는 약효가 인정되고 있다. 산초나무의 열매인 천초의 열매껍질에는 정유성분과 매운맛 성분인 산솔 화합물, 히페린, 불포화지방산아미드 등이 있고, 열매에는 경련독인 크산톡신, 마비성분인 크산톡신산, 캄파스테롤 등이 있다. 열매의 매운 맛은 국소마비작용이 있다. 특히 산솔 화합물은 구충 작용이 있고 여러 가지 병원성 세균에 대한 항균 작용이 있어 소염, 항균, 진통 작용을 들어 위장염, 위 확장 등에 쓸 수 있다. 또 잣잎에는 정유와 플라보노이드, 아스코르빈산, 유니페르산 등이 함유되어 있어, 방부 효과와 이뇨 작용이 있으며, 기침을 멎게 하고, 땀내는 약으로도 쓰이고 있음을 볼 때 이들 약성이 알코올과 함께 어우러지면 천초와 잣나무잎의 약성을 최대한 빠르고 효과적으로 흡수하게 되어 각종 질병에 대한 적응능력이 향상되어 결국 건강해지게 된다.

따라서 초백주의 설날 음주풍속은 과거 시대의 미신적인 음주문화나 한갓 옛 풍속이 아니라, 조상들의 오랜 경험에 따른 지혜가 녹아들어 있는 뛰어난 양조기술이자, 건강하고 아름다운 우리 고유의 음주문화로 받아들여야 할 것으로 생각된다.

초백주〈임원십육지〉

술 재료

청주(탁주, 소주) 18ℓ, 천초 10g, 잣나무잎 20g, 삼베주머니 1개

술 빚는 법

1. 술독은 오지독이나 자기항아리를 준비하고 훈증하여 살균한 다음, 차게 식을 때까지 엎어둔다.
2. 술은 청주를 준비하되, 없으면 술체로 거른 탁주나 막걸리도 좋다. 아니면 소주를 준비한다.
3. 삼베주머니를 끓는 물에 넣고 잠깐 삶아서 물기를 제거한다.
4. 준비한 천초는 껍질부스러기나 열매자루를 떼어내고 손으로 비벼서 이물질을 제거한다.
5. 잣나무잎은 모엽을 제거하여 준비한다.
6. 천초와 잣나무잎을 흐르는 물에 깨끗하게 씻어서 물기를 제거한다.
7. 천초와 잣나무잎을 삼베자루에 넣고 내용물이 빠져나오지 않도록 주둥이를 끈으로 묶어둔다.
8. 삼베자루를 술독에 넣고 준비한 분량의 술을 부은 뒤, 여러 겹의 한지로 밀봉한 다음, 뚜껑을 덮어 2~3일간 지낸다.
9. 삼베자루를 건져낸 다음, 술을 한지로 여과하여 병에 담는다.

酒人 박록담 씨의 술빚는 모습.

호랭이술

〈정선 · 양평 지방〉

우리나라 전통주나 토속주의 역사를 어느 정도 알고 있다면, 양평의 '호랭이술'이라는 술 이름에 담긴 의미가 매우 크다는 것을 이해할 수 있게 된다. 호랭이술은 정선에서 누대에 걸쳐 터를 닦고 살아 온 강릉 최씨 집안의 가양주로, 양평의 남평 문씨(중시조 ; 문익점)의 23세손 되는 범식 씨 집안에 전해지게 된 것이다.

우리나라에 '주세법(酒稅法)'이 제정된 것은 1909년의 일로, 이때부터 일제에 의해 그간 가양주(家釀酒)로 전승되어 빚어왔던 모든 술빚기가 금지되고, 양조장(釀造場) 제조 제도로 바뀌게 되었다. 이 주세법은 주세 징수에 주안을 두고 있었던 만큼, 술의 품질 개선에는 소홀하게 되었다.

1914년 1월 제정된 '주세령'에 의하면, '면허를 받지 아니하고 술을 제조한 자는 이천 원 이하의 벌금에 처한다', '면허를 받지 아니하고 술빚기, 혹은 술 재료를 제조하거나 또는 판매하기 위하여 일본 누룩이나 조선 누룩을 제조한 자는 오백 원 이하의 벌금에 처한다.'고 하여, 주류제조 단속이 표면화되었는데, 이때부터 각 지방과 집안마다의 독특한 술빚기와 주류 제조 비법이 사라지게 되었던 것이다. 당시 밀주를 하다가 단속반원들에게 적발이 되면 엄청난 벌금을 물게 되었는데, '주세령'에 의하면 벌금이 '이천 원 이하'로 되어 있으며, '이 시절의 이천 원은 어미 돼지 두 마리를 팔아도 부족했다.'는 여러 전통주 기능 보유자들의 설명이 있고 보면, 사실 서민들의 처지에서는 밀주 단속반원들이 호랑이보다 무서웠을 법하다.

> 발효가 끝난 밑술에 찹쌀로 고두밥을 지어서 넣는데, 이때 엿길금을 물에 풀어서 식혜를 만들 듯 끓여서 차게 식으면 고두밥과 함께 밑술에 쏟아 붓는다.

당시만 해도 집집마다 술 빚는 일이 집안 대사(大事)의 하나였고, 또 조상 대대로 대물림해 온 전통의 습속이었던 만큼, 어떻게든 가양주의 맥을 이어야겠다는 전통계승의식으로서 밀주 제조가 성행하게 되었다. 이에 밀주 단속반원들의 눈과 귀를 속이기 위한 음어(陰語)들이 하나 둘 생겨나게 되었으며, '술 있느냐'는 말을 '호랭이 있느냐', '벽 있느냐'는 음어로 대신하게 되었다고 하는 사실이다.

호랭이술은 멥쌀과 생솔잎을 켜켜히 안쳐서 고두밥을 쪄서 식히고, 누룩을 콩알 크기로 잘게 부숴서 양조용수를 섞어 고루 치댄 뒤, 술독에 안치고 겨울철이면 7~15일 정도 지나야 발효가 끝나 술이 익는다. 이는 솔잎의 양이 많기 때문이다.

평상시 가용으로 쓰려면 바로 용수를 박고 청주를 떠서 마시거나, 체를 이용해 걸러서 탁주로 이용하고, 집안 대사나 봉제사에 또는 귀한 손님 접대에 특별하게 쓰려면 덧술을 하여 약주를 만들기도 하고, 술이 남았거나 날씨가 뜨거워져 쉬이 상할 염려가 있으면, 오랫동안 저장이 가능하도록 증류시켜 소주로 마시기도 한다.

봉제사나 대사에 쓸 약주를 빚을 때에는 발효가 끝난 밑술에 찹쌀로 고두밥을 지어서 넣는데, 이때 엿기름을 물에 풀어서 식혜를 만들 듯 끓여서 차게 식으면 고두밥과 함께 밑술에 쏟아 붓는다. 발효가 끝난 술은 밥알이 동동 뜨고 맑은 솔향기와 함께 밝은 담황색의 술 빛깔을 자랑하는데, 찹쌀가루나 밀가루에 쇠고기 다진 것과 고추장, 된장, 풋고추를 넣고 반대기를 만들어 쪄서 말려두었던 장떡을 안주 삼아 마시면 더욱 홍취를 느낄 수 있다.

이로써 호랭이술은 목적과 용도에 따라 변용이 자유로웠던 전통 가양주의 전형을 담고 있는 토속주임을 알 수 있다.

호랭이술〈정선 · 양평 지방〉

술 재료

밑술 : 멥쌀 10㎏, 찹쌀 10㎏, 누룩가루 6.25㎏, 생솔잎 1㎏, 물 7.2~10.8ℓ

덧술 : 엿기름가루 450g, 물 9ℓ

밑술 빚는 법

1. 멥쌀을 깨끗이 씻어 10시간 이상 불렸다가, 건져서 시루에 안쳐 고두밥을 짓는데, 이때 깨끗이 씻은 생솔잎 1㎏을 시루떡을 안치듯 켜켜히 안친다.
2. 불을 지펴서 고두밥이 다 지어졌으면, 돗자리나 멍석 위에 덩어리진 것 없이하여 고루 펴서 얼음같이 차게 식힌다.
3. 누룩을 콩알 크기로 잘게 부숴서 식혀 두었던 고두밥과 준비한 분량의 물과 섞어 고루치대어 술밑을 빚는다.
4. 소독을 마친 술독에 술밑을 안친다.
5. 술독은 베보자기로 주둥이를 덮어 실내온도 25도 정도 되는 곳에서 여름철이면 4~5일, 겨울철이면 7~15일 정도 지내면 발효가 끝나 밑술이 익는다.

덧술 빚는 법

1. 덧술은 찹쌀을 물에 깨끗이 씻은 뒤, 하룻밤 불렸다가 건져서 물기가 빠지면 시루에 안쳐 고두밥을 짓고, 풀어 헤쳐서 차게 식힌다.
2. 엿기름가루 1㎏을 9ℓ의 물에 풀어서 식혜를 만들듯 끓여서 차게 식으면, 고두밥과 함께 밑술에 쏟아 붓는다.
3. 덧술은 밑술과 잘 섞이도록 고루 저어준 뒤, 베보자기로 술독 주둥이를 덮고 밑술 발효에서와 같은 장소, 같은 온도에서 6~7일 지내면 술이 익는다.
4. 발효가 끝난 술은 밥알이 동동 뜨고, 맑은 술 향기와 함께 밝은 담황색의 술 빛깔을 자랑한다.
5. 용수를 박아 그 안에 고인 맑은 술만을 떠내서 마시기도 하고, 1차 체로 거른 뒤 한지로 여과하여 마신다.

호산춘(湖山春)

〈문경 지방〉

1991년 11월 23일 경상북도 지정 무형문화재 제18호로 지정된 전통명주이다. 경북 문경시 산북면 대하리 주변 지역에 모여 살고 있는 장수 황씨(長水黃氏) 소윤공파 황규욱 씨 집안의 가양주로, 제주 겸 손님 접대용으로 쓰던 가향주이다. 황규욱은 조선시대 명 재상으로 유명했던 황희의 4대손이었던 황정이 이곳에 낙향하여 터전을 일구게 되었다고 전하며, 장수 황씨 집안의 며느리 권숙자씨가 기능보유자이다. 황규욱은 권숙자 씨의 아들로 장수 황씨의 22대손이다.

문경의 호산춘(湖山春)은 담황색(淡黃色)을 띠며, 솔잎이 첨가되어 솔향이 그윽하고, 맛이 부드러우면서도 짜릿한 느낌을 주는데, 알코올 도수 18도로 약리작용이 뛰어난 건강주로 알려지고 있다. 손에 묻으면 끈적거릴 정도로 진한 술인 문경 호산춘은 정부의 민속주 발굴정책에 의하여 1987년 5월 17일 교통부장관의 추천을 받아 1990년 6월 12일 관광 토속주(土俗酒)로 지정된 이후, 그 역사성과 전통성을 인정받아 1991년 다시 경상북도 지정 무형문화재가 된 전통 가향주이다.

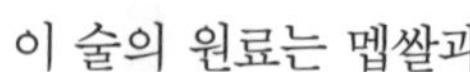

이 술의 원료는 멥쌀과 찹쌀, 곡자, 솔잎, 물로 빚고 저온에서 장기발효를 하여 맛과 향이 뛰어나다. 술이 완성되기까지는 약 20여일이 걸리며, 현 기능보유자 권숙자(權淑子) 씨의 아들 황규욱과 자부(子婦) 송일지 씨가 호산춘 제조기능 전수조교로 대를 이은 전통 전수에 임하고 있다.

문경 호산춘에 대한 유래는 두 가지가 전한다. 약 200년 전 당시 여유 있는 생활

“ 설기가 질지도 되지도 않아야 술의 발효가 잘 일어나고 오염을 방지할 수가 있다. 또한 밑술은 설기와 누룩을 한데 섞어 호박덩이만큼 큰 반대기를 지어 술독에 안친 후, 남은 물을 쏟아 붓는 방법으로 술밑을 빚어 안친다는 것이 이 방문의 특징이다. ”

을 하던 장수 황씨들은 향기롭고 맛있는 술을 즐기는 것을 좋아했는데, 시(詩) 짓기를 즐기는 풍류객 황의민이 자기 집에서 빚은 술에 본인의 시호인 호산(湖山)에, 술에 취했을 때 홍취를 느끼게 하는 춘색을 상징하는 춘(春)자를 넣어 '호산춘'이라는 이름을 붙인 것이 오늘날의 '문경 호산춘'의 시작이라고도 하고, 조선시대 명주였던 호산춘의 제조법에서 유래하여 문경의 지리적 기후와 환경이 산 깊고 물이 맑다는 뜻과 환경변화에 따른 가양주법의 솔잎을 가미하여 제조한 술이라는 뜻에서 '병호(壺)' 자를 '물호(湖)' 자로 바꾸어 부르게 되었다는 것이 황규욱씨의 설명이다.

따라서 문경 호산춘은 현재 문헌의 기록에서 볼 수 있는 호산춘(壺山春)과는 다른 주품이라고 할 수 있는데, 문경 지방의 호산춘은 솔잎이 첨가되어 솔향이 그윽한 술로서, 쌀 1되에서 술 1되를 빚어내는데, 산북면 대하마을에서 나는 물을 새벽 0시에서 4시 사이에 길어와 끓이고 식혀서 술을 빚어야 제 맛을 낼 수 있다고 알려져 있다.

술을 빚을 때 유의할 일은 밑술에 사용할 솔잎이 중요하고 특히 설기를 잘 쪄야 한다는 것이다. 설기가 질지도 되지도 않아야 술의 발효가 잘 일어나고 오염을 방지할 수가 있다. 또한 밑술은 설기와 누룩을 한데 섞어 호박덩이만큼 큰 반대기를 지어 술독에 안친 후, 남은 물을 쏟아 붓는 방법으로 술밑을 빚어 안친다는 것이 이 방문의 특징이다. 문경 호산춘은 덧술에도 밑술에서와 같이 솔잎과 누룩, 끓인 물이 들어가는데, 밑술은 멥쌀로 지은 설기인 반면 덧술은 찹쌀 고두밥이라는 것이 다를 뿐이다.

호산춘〈문경 지방〉

술 재료

밑술 : 멥쌀 8㎏, 누룩가루 1.8㎏, 솔잎 130g, 끓인 물 9ℓ

덧술 : 찹쌀 16㎏, 누룩가루 1㎏, 솔잎 170g, 끓인 물 9ℓ

밑술 빚는 법

1. 멥쌀을 백세작말하여 시루에 준비한 분량의 솔잎을 깔고, 쌀가루를 안쳐서 백설기를 지은 다음, 고루 펼쳐서 차게 식힌다.
2. 물을 팔팔 끓여서 차게 식히고, 법제한 누룩을 가루로 빻아 준비한다.
3. 백설기와 누룩가루를 섞고 물을 쳐가면서 술밑을 빚고, 메주덩어리처럼 뭉쳐서 술독에 담아 안친다. 나머지 물을 붓는다.
4. 술독은 예의 방법대로 하여 실내에서 7일간 발효시키면 밑술이 된다.

덧술 빚는 법

1. 찹쌀을 백세하여 물기를 빼서 시루에 안치는데, 준비한 분량의 솔잎 중 3할을 시루 맨 밑바닥에 깐다.
2. 시루에 찹쌀을 안치는데, 중간과 맨 위에 나머지 솔잎을 넣고 고두밥을 짓고, 물을 팔팔 끓여서 차게 식힌다.
3. 고두밥이 익으면 고루 펼쳐서 차게 식힌 뒤, 누룩과 끓여서 식힌 물, 밑술을 함께 고루 섞어 술밑을 빚는다.
4. 술밑을 새 술독에 담아 안친 다음, 예의 방법대로 하여 보자기를 덮고 20일간 발효시킨다.
5. 술이 익으면 술자루에 담고 눌러 짜서 여과시켜 마신다.